高职高专"十四五"建筑及工程管理类专业系列教材

建筑装饰工程招投标与组织管理

主　编　孙来忠　韦　莉

副主编　曾立云　杨敬博　程伟庆

U0282142

西安交通大学出版社
XI'AN JIAOTONG UNIVERSITY PRESS

内 容 提 要

　　全书共分为11个项目，包括：建筑装饰工程市场概论，建筑装饰工程招标，建筑装饰工程投标，建筑装饰工程开标、评标与定标，建筑装饰工程合同管理，建筑装饰施工组织概论，流水施工原理，网络计划技术，建筑装饰工程施工组织总设计，建筑装饰单位工程施工组织设计和建筑装饰施工项目管理等内容。

　　全书内容新颖，针对性强，为校企合作型教材，可作为高职院校建筑装饰工程技术和室内设计等相关专业的教学用书，也可供建筑装饰行业相关人员参考使用。

前　　言

　　本书以能力培养为主线，注重实用性与针对性，恰当地融合理论知识与实践能力，针对土建类高职高专学生应掌握的政策法规、标准规范、专业知识和操作能力要求，注重培养学生的实际工作能力和后续学习考证能力，使学生较快成为具有实际工作能力的建筑装饰施工管理人才。

　　在内容上，注重收集和引入工程实例，深入浅出、简明扼要、图文并茂、通俗易懂，融汇专业技术知识和项目管理知识，以及相关法规、标准和规范于一体，内容丰富。在编排上，每个项目在开始时提出学习目标和学习重点难点，在项目结束时进行项目小结、经典案例分析和能力训练，前呼后应，循序渐进，使学习者目标明确，思路清晰，从而掌握建筑装饰工程招投标、合同管理、施工组织及项目管理的基本概念、基本原理和方法，同时通过案例分析学习和能力训练获得进行建筑装饰单位工程从招投标、合同管理到施工方案设计和施工组织管理的能力。

　　本书由孙来忠、韦莉担任主编，曾立云、杨敬博、程伟庆担任副主编。具体编写分工如下：项目一由甘肃建筑职业技术学院杨敬博编写，项目二、项目三、项目六、项目九由甘肃建筑职业技术学院韦莉编写，项目四、项目五、项目七、项目八由甘肃建筑职业技术学院孙来忠编写，项目十由兰州交通大学环境与市政工程学院曾立云编写，项目十一由兰州克力装饰公司程伟庆编写。

　　在本书编写中，得到了全国高职高专教育土建类专业教学指导委员会领导和专家的大力支持和帮助，本书还引用和参考了有关单位和个人的专业文献、资料，未在书中一一注明出处，在此对这些作者表示感谢。

　　由于编者的水平有限，书中错误和疏漏之处在所难免，恳请广大读者和专家批评指正。

编　　者
2016 年 1 月

目　　录

项目一　建筑装饰工程市场概论

学习目标

通过本章内容的学习，了解建筑装饰工程的基础知识，熟悉建筑装饰市场的工程类型和建筑装饰企业资质等级的分类。

教学重点

1. 建筑装饰市场的工程类型；
2. 建筑装饰企业资质等级。

任务一　建筑装饰工程基础知识

建筑装饰工程是指为使建筑物内外空间达到一定的环境质量要求，使用装饰装修材料，对建筑物外表和内部进行装饰处理的工程建设活动。

在现代施工实践中，人们往往把装饰和装修二者统称为装饰工程。随着人类科学技术和文化艺术的发展，建筑装饰已逐步发展成一门综合的、系统的、科学的环境艺术，并在建筑业中形成了一个新专业，即建筑装饰工程专业。

➤ 一、建筑装饰工程的内容

建筑装饰工程包括广泛多样的内容，根据国内外建筑装饰行业的习惯，建筑装饰工程主要可分为以下几项内容：地面工程、抹灰工程、饰面板（砖）工程、幕墙工程、涂饰工程、门窗工程、吊顶工程、轻质隔（断）墙工程裱糊与软包工程、细部工程。

目前，建筑装饰工程的内容和范围仍在进一步扩展，除上述内容外，有些地区将灯饰、卫生器具、家具、陈列品、绿化等内容也列入其中。

➤ 二、建筑装饰行业的发展

1. 建筑装饰行业的发展历史

我国传统建筑及其装饰艺术是中华民族极为珍贵的文化财富，具有悠久的历史和独特的风格。

早在原始社会时期，居住建筑就有圆形、方形、"吕"字形平面以及三至五间房连在一起的形式，或构筑于密集的木柱上或用石块堆砌。陕西西安半坡遗址的建筑残存比较有代表性地反映了原始社会建筑水平。

人类进入奴隶社会时期,统治者大批役使奴隶,修建了大规模的宫室建筑群,以及苑囿、台池等,并对建筑表面采用涡纹、卷云纹等图案进行装饰,这表明当时人类已经开始在建筑物中使用彩绘及雕刻等装饰手段。

封建社会时期,宫殿、庙宇多用金黄、红等鲜艳色彩,并绘以龙、凤等象征权威和吉祥的图案。屋顶上用彩色琉璃瓦,并在脊上饰以吻兽等塑件;砖、石台基雕成须弥座。民居建筑则就地取材,多用素雅色调,以山水、动植物图案或几何花纹作装饰,形成不同地域的地方色彩。建筑装饰工艺技术在此时期得到了进一步的发展。

新中国成立以来,随着建筑装饰工程新材料、新技术、新工艺的发展,现代化建筑不断涌现,如北京国际贸易中心、京广中心,上海东方明珠电视塔,广州国际贸易中心,深圳国贸中心等。

2. 建筑装饰行业的发展前景

建筑装饰行业的发展前景,可以粗略地预测为两大趋势:一种是以高科技为基础的全智能建筑装饰,另一种是在现代高科技的基础上,追求回归自然的生态建筑装饰。

与此同时,从事建筑装饰工程的企业也根据该行业的发展前景制定了发展方向。

(1)建筑装饰工程是建筑工程的一个分部工程,可以为其他行业发展创造条件。

(2)重点关注一些大型企业和新建设的开发区等建设项目。

(3)参与一些大型房地产项目的配套服务,如前期的样板房的设计、施工,后期高品位的家装。

(4)积极参与政府开发的项目,以提高企业的知名度,创造社会价值和经济价值。

➤ 三、建筑装饰行业在国民经济中的地位和作用

建筑业是我国国民经济的支柱产业之一。随着国民经济的发展,社会的进步和人民生活水平的提高,建筑数量不断增加,建筑标准也不断提高,装饰工程在建筑业中的地位也不断上升。此外,建筑装饰的发展,还带动了多种新型建筑材料、装饰装修工程机具工业及其他相关行业的发展。建筑装饰这个新兴行业,将进一步为建筑业发展作出重要贡献。

建筑装饰行业在国民经济中的作用主要体现在以下几个方面。

1. 优化环境,创造使用条件

建筑装饰工程施工有利于改善建筑内外空间环境的清洁卫生条件,提高建筑物的热工、声响、光照等物理性能,优化人类生活和工作的物质环境。同时,通过装饰施工,对于建筑空间的合理规划与艺术分隔,配以各类方便使用并具装饰价值的装饰设置和家具等,对于增加建筑的有效面积,创造完备的使用条件,有着不可替代的实际意义。

2. 保护结构物,延长使用年限

建筑装饰工程依靠现代装饰材料及科学合理的施工技术,对建筑结构进行有效的构造与包覆施工,使之避免直接经受风吹雨打、湿气侵袭、有害介质的腐蚀,以及机械作用的伤害等,从而保证建筑结构的完好并延长其使用寿命。

3. 美化建筑,增强艺术效果

建筑装饰工程处于人们能够直接感受到的空间范围之内,无时无刻不在影响着人们的视觉、触觉、意识和情感;其艺术效果和所形成的氛围,强烈而深切地影响着人们的审美情趣,甚至影响人们的意志和行动。

4. 综合处理，协调建筑结构与设备之间的关系

现代建筑为满足使用功能的要求，需要大量的构配件和各种设备进行纵横布置及安装组合，使建筑空间形成管线穿插，设置和设施交错，各局部各工种之间关系复杂错综的客观状况。解决这种现象最有效的方法就是依赖建筑装饰施工，通过装饰工程，可以根据功能要求及审美理想的结合处理而较好地协调各方面的矛盾，使之布局合理，穿插有序，隐现有致，方便使用并形式和谐。

5. 繁荣市场，服务经济建设

建筑装饰业的蓬勃发展，标志着社会的进步和人们精神面貌的变化。对于繁荣市场，搞活经济，特别是促进旅游业的发展，发挥了重要作用。建筑装饰事业的发展丰富了城乡建筑环境的面貌，使我国建筑在辉煌的民族传统风格中融入现代环境艺术的气息，更具有时代感、历史感和深刻的社会意义，有效地扩大我国建筑在国际上的影响。

任务二　建筑装饰市场的工程类型

建筑装饰市场作为整个建筑市场中的一个专业市场，不仅装饰工程量大，发展速度快，工程类型也多种多样。

➤ 一、政府或国有企事业单位的建筑装饰工程

政府或国有企事业单位委托的建筑装饰工程，多为大型或巨型建筑物，要求档次高，对外影响大，而且多数代表国家建筑装饰行业的水平。这种建筑，业主通常会组成正统专业性的工程管理机构，一般由业主代表，设计代表，土建总包代表，监理公司代表，质检部门代表，消防管理部门代表，各水、暖、电、通风空调、装饰等分包公司代表组成，对工程进行全面管理。

因此，对于政府或国有企事业单位的建筑装饰工程应从以下几个方面着手实施：

1. 落实施工项目管理目标责任制

在建筑装饰工程项目任务下达前，在计划成本的控制下，针对每一工作岗位，组织负责施工管理人员进行培训、考核，落实施工项目管理目标责任制，有利于调动各级人员的积极性，从体制上保证工程质量。

2. 积极做好装修前准备工作，编制有效的施工组织设计

政府或国有企事业单位的建筑装饰工程，具有主题鲜明的设计思想和新颖的设计效果图，其施工工艺复杂，材料品种繁多，装修施工开始前应做好充分的准备工作。

（1）施工项目管理人员的准备。施工项目管理人员包括项目负责人（项目经理）、施工员、技术员、质检员、材料员、统计核算员、安全管理员等，应根据工程规模及难易程度确定管理人员的数量并进行职能分配。项目经理作为项目的负责人，在工程部的领导下，组织本项目人员认真熟悉图纸，与营业部沟通现场用工及材料用量，提出人员及机具计划，在公司要求工期内制订详细的施工进度计划。

（2）施工项目操作人员的准备。根据项目劳动力计划和施工项目的进展情况，准备各工种人员，并对其进行入场前的教育及相应技术安全培训，保证施工过程中更好地控制施工进度和施工质量。

（3）施工技术的准备。熟悉施工图纸，对图纸中存在的问题进行汇总，并提出具体的修正解决方案，最大限度地解决问题。

（4）施工材料及机具的准备。认真核对各分项材料用量，保证材料供应；对施工机具进行检修维护，保证施工顺利进行。

3. 确保工程项目质量

政府或国有企事业单位的建筑装饰工程基本上由国内装饰企业承包施工，因为工程大，要求高，工程往往由几家装饰公司承包施工，因此在施工过程中应注意避免以下几个问题。

（1）业主不能将工程全部交给监理或抛开监理全面直接管理。

（2）业主一提到变更索赔就回避，不能做到严格履行合同。

（3）监理不能全过程在施工现场，因为装饰工程隐蔽项目多，不在现场无从掌握质量。

（4）承包商施工设备不够，施工人员水平不够或质量控制不严，资料遗失严重。

（5）承包商拟通过不合理变更和索赔来为低价项目产生利润。

总之，大型装修工程的施工项目管理是较为复杂的工作，必须万无一失，随时做好防备工作，方方面面均需有所准备，同心协力，才能按时保质地完成施工任务。

➤ 二、商业设施和办公楼装饰工程

商业设施和办公楼装饰工程主要包括店面、娱乐场所及办公室等的装饰，这类装饰工程的业主包括国有公司、集体公司、股份公司等；一般要求设计合理，新颖独特，选材讲究。商业设施和办公楼装饰工程施工过程中应注意以下几个方面：

1. 消防

商业设施和办公楼装饰工程中大多要做隔断，如果隔断要到顶部时，就需要进行烟感和喷淋的改动，这需要装饰公司与消防公司共同协商解决。

2. 中央空调

商业设施和办公楼装修前，应先把中央空调改造平面图交予物业公司审核，并找正规的中央空调安装公司进行安装。工程竣工后，还应将中央空调工程竣工图交给物业公司。

3. 强(弱)电工程

强(弱)电工程是商业设施和办公楼装饰工程中最主要的一点，因为它关系着整个公司的正常工作，所以也不能忽视。首先要找专业有资质的综合布线公司，由专业技术人员到现场进行实际测量，把强(弱)电工程中的预留开关、插座以及各种线路走向全部体现规划到图纸上，然后交给物业公司审核。

4. 办公家具

在办公室装修前要先找好家具公司，因为大多数办公室都需要设置高隔断，很多线路、插座都要与隔断相连接，所以家具公司一定要与电气工程师有个紧密的衔接，图纸应由这两方共同确定完后再拿到物业公司审核。

➤ 三、宾馆饭店装饰工程

宾馆饭店装饰工程投资大、单方造价高、装饰档次高，同时利润也高，是中外装饰企业竞争的主要目标。宾馆饭店装饰工程应符合以下标准：

(1)饭店布局合理，功能划分合理，设施使用方便、安全。

(2)内外装修采用高档、豪华材料，工艺精致，突出风格。

(3)有中央空调(别墅式度假村除外)，各区域通风良好。

(4)有与饭店星级相适应的计算机管理系统。

(5)有背景音乐系统。

(6)前厅装饰装修要求。

①面积宽敞，与接待能力相适应。

②有与饭店规模、星级相适应的总服务台。

③气氛豪华、风格独特、色调协调、光线充足。

④有饭店和客人同时开启的贵重物品保险箱，且位置安全、隐蔽，能够保护客人的隐私。

⑤在非经营区设客人休息场所。

⑥门厅及主要公共区域有残疾人出入坡道，配备轮椅。

⑦有残疾人专用卫生间或厕位，能为残疾人提供特殊服务。

(7)客房装饰装修要求。

①至少有 40 间(套)可供出租的客房。

②70%客房的面积(不含卫生间和走廊)不小于 20 m²。

③装修豪华，有豪华的软垫床、写字台、衣橱及衣架、茶几、坐椅或简易沙发、床头柜、床头灯、台灯、落地灯、全身镜、行李架等高级配套家具。室内满铺高级地毯，或优质木地板等。采用区域照明且目的物照明度良好。

④有卫生间，装有高级抽水恭桶、梳妆台(配备面盆、梳妆镜)、浴缸并带淋浴喷头(有单独淋浴间的可以不带淋浴喷头)，配有浴帘、晾衣绳，并采取有效的防滑措施；卫生间采用豪华建筑材料装修地面、墙面，色调高雅柔和，采用分区照明且目的物照明度良好；有良好的排风系统、220 V 电源插座、电话副机；配有吹风机和体重秤；24 h 供应冷、热水。

⑤有可直接拨通国内和国际长途的电话，电话机旁备有使用说明及市内电话簿。

⑥有彩色电视机、音响设备，并有闭路电视演播系统。播放频道不少于 16 个，其中有卫星电视节目或自办节目，备有频道指示说明和节目单。播放内容应符合中国政府规定。自办节目至少有 2 个频道，每日不少于 2 次播放，晚间结束播放时间不早于凌晨 1 时。

⑦具备十分有效的防噪音及隔音措施。

⑧有内窗帘及外层遮光窗帘。

(8)餐厅及酒吧装饰装修要求。

①有布局合理、装饰豪华的中、西餐厅。

②有适量的宴会单间或小宴会厅。

③有位置合理、装饰高雅、具有特色、独立封闭式的酒吧。

(9)厨房装饰装修要求。

①位置合理、布局科学，保证传菜路线短且不与其他公共区域交叉。

②墙面满铺瓷砖，用防滑材料满铺地面，有吊顶。

③冷菜间、面点间独立分隔，有足够的冷气设备。冷菜间内有空气消毒设施。

④粗加工车间与操作间隔离，操作间温度适宜，冷气供给应比客房更为充足。

⑤有足够的冷库。

⑥洗碗间位置合理。

⑦有专门放置临时垃圾的设施并保持其封闭。

⑧厨房与餐厅之间,有起隔音、隔热和隔气味作用的进出分开的弹簧门。

⑨采取有效的消杀蚊蝇、蟑螂等虫害措施。

(10)公共区域装饰装修要求。

①有停车场(地下停车场或停车楼)。

②有足够的高质量客用电梯,轿厢装修高雅,并有服务电梯。

③有公用电话,并配备市内电话簿。

④有男女分设的公共卫生间。

⑤有商场,出售旅行日常用品、旅游纪念品、工艺品等。

⑥有商务中心,代售邮票,代发信件,办理电报、传真、国际国内长途电话、国内行李托运、冲洗胶卷等;提供打字、复印等服务。

⑦有医务室。

⑧有应急供电专用线和应急照明灯。

➤ 四、家庭装饰工程

家庭装饰工程是在原建筑物的基础上,通过艺术和技术手段,对室内空间进行重新组织和施工处理,以求美化生活、改造环境,为人们创造一个更加舒适理想的生活空间。

家庭装饰工程应符合下列要求:

1. 设计要求

设计师在进行家庭装饰设计时,应根据用户的要求和建筑空间的实际情况,综合各种因素,经过细致推敲、周密思考、精心设计,并把最终成果用图样表达出来。

2. 施工准备

家庭装饰施工前,施工人员必须认真阅读设计图样,充分理解设计师的设计意图。根据设计要求结合施工经验,制订出切实可行的施工方案,完美地实现设计师的设计意图。

3. 组织施工

合理地组织施工是保证工程质量和工期的前提。施工前应根据图样和设计要求,制订出施工方案,组织好施工人员,根据工期合理安排各工种、工序的施工。组织安排好各种施工机具和设备,尽可能采用先进的施工工艺和设备,合理安排材料的采购、运输与保管。加强施工现场的组织和管理,避免不应有的混乱现象;建立健全质量保证体系,确保工程质量和进度。

任务三　建筑装饰工程承包企业资质等级

建筑装饰工程必须符合一定的质量、安全标准,能满足人们对装饰装修综合效果的要求。因此,作为建筑装饰工程的承包企业,必须具备相应的资质等级。

➤ 一、建筑装饰工程设计承包企业资质等级

建筑装饰设计资质分级标准,是核定建筑装饰设计单位设计资质等级的依据。根据住房

和城乡建设部《建设工程勘察和设计单位资质管理规定》的原则,结合建筑装饰设计技术要求的实际,建筑装饰设计资质设甲、乙、丙三个级别。

1. 甲级建筑装饰设计单位

甲级建筑装饰设计单位承担建筑装饰设计项目的范围不受限制。甲级资质建筑装饰设计单位的认定标准如下:

(1)从事建筑装饰设计业务6年以上,独立承担过不少于5项单位工程造价在1000万元以上的高档建筑装饰设计并已建成,无设计质量事故。

(2)单位有较好的社会信誉并有相适应的经济实力,工商注册资本不少于100万元。

(3)单位专职技术骨干人员不少于15人,其中,从事建筑装饰设计(建筑学、设计、环境艺术、工艺美术、艺术设计专业)的人员不少于8人,从事结构、电气、给水排水、暖通、空调专业设计的人员各不少于1人。建筑装饰设计主持人应具有高级技术职称或相当于高级技术职称的任职资历。

(4)参加过国家或地方建筑装饰设计标准、规范及标准设计图集的编制工作或行业的业务建设工作。

(5)有完善的质量保证体系,技术、经营、人事、财务、档案等管理制度健全。

(6)达到国家建设行政主管部门规定的技术装备及应用水平考核标准。

(7)有固定工作场所,建筑面积不少于专职技术骨干每人15 m²。

2. 乙级建筑装饰设计单位

乙级建筑装饰设计单位承担民用建筑工程设计等级二级及二级以下的民用建筑工程装饰设计项目。乙级资质建筑装饰设计单位的认定标准如下:

(1)从事建筑装饰设计业务4年以上,独立承担过不少于3项单位工程造价在500万元以上的建筑装饰设计并已建成,无设计质量事故。

(2)单位有较好的社会信誉并有相适应的经济实力,工商注册资本不少于50万元。

(3)单位专职技术骨干人员不少于10人,其中,从事建筑装饰设计(建筑学、设计、环境艺术、工艺美术、艺术设计专业)的人员不少于5人。从事结构、电气、给水排水专业设计的人员各不少于1人,其他专业人员配置合理。建筑装饰设计主持人应具有高级技术职称或相当于高级技术职称的任职资历。

(4)有完善的质量保证体系,技术、经营、人事、财务、档案等管理制度健全。

(5)达到国家建设行政主管部门规定的技术装备及应用水平的考核标准。

(6)有固定工作场所,建筑面积不少于专职技术骨干每人15 m²。

3. 丙级建筑装饰设计单位

丙级建筑装饰设计单位承担民用建筑工程设计等级三级及三级以下的民用建筑工程装饰设计项目。丙级建筑装饰设计单位的资质认定标准如下:

(1)从事建筑装饰设计业务两年以上,独立承担过不少于3项单位工程造价在250万元以上的建筑装饰设计并已建成,无设计质量事故。

(2)单位有较好的社会信誉并有相适应的经济实力,工商注册资本不少于20万元。

(3)单位专职技术骨干人员不少于6人,其中,从事建筑装饰设计(建筑学、设计、环境艺术、工艺美术、艺术设计专业)的人员不少于3人,从事结构、电气专业设计的人员各不少于1

人,其他专业人员配置合理。单位中的建筑装饰设计主持人应具有中级技术职称或相当于中级技术职称的任职资历。

(4)推行质量管理,有必要的质量保证体系及技术、经营、人事、财务、档案等管理制度。

(5)计算机数量达到专职技术骨干人均一台,计算机施工图出图率不低于75%。

(6)有固定工作场所,建筑面积不少于专职技术骨干每人 15 m²。

➤ 二、建筑装饰工程施工承包企业资质等级

为了加强对建筑装饰活动的监督管理,维护公共利益和建筑市场秩序,保证建筑装饰工程质量安全,根据《中华人民共和国建筑法》《中华人民共和国行政许可法》《建设工程质量管理条例》《建设工程安全生产管理条例》等法律、行政法规的规定,结合建筑装饰施工技术要求的实际,建筑装饰施工企业资质分一、二、三共三个级别。

1. 一级建筑装饰施工企业

一级建筑装饰施工企业可承担各类建筑室内、室外装修装饰工程(建筑幕墙工程除外)的施工。

一级建筑装饰施工企业资质认定标准如下:

(1)企业近 5 年承担过 3 项以上单位工程造价 1000 万元以上或三星级以上宾馆大堂的装修装饰工程施工,工程质量合格。

(2)企业经理具有 8 年以上从事工程管理工作经历或具有高级职称;总工程师具有 8 年以上从事建筑装修装饰施工技术管理工作经历并具有相关专业高级职称;总会计师具有中级以上会计职称。

企业有职称的工程技术和经济管理人员不少于 40 人,其中工程技术人员不少于 30 人,且建筑学或环境艺术、结构、暖通、给排水、电气等专业人员齐全;工程技术人员中,具有中级以上职称的人员不少于 10 人。

企业具有的一级资质项目经理不少于 5 人。

(3)企业注册资本金 1000 万元以上,企业净资产 1200 万元以上。

(4)企业近 3 年最高年工程结算收入 3000 万元以上。

2. 二级建筑装饰施工企业

二级建筑装饰施工企业可承担单位工程造价 1200 万元及以下建筑室内、室外装修装饰工程(建筑幕墙工程除外)的施工。

二级建筑装饰施工企业资质认定标准如下:

(1)企业近 5 年承担过 2 项以上单位工程造价 600 万元以上的装修装饰工程或 10 项以上单位工程造价 50 万元以上的装修装饰工程施工,工程质量合格。

(2)企业经理具有 5 年以上从事工程管理工作经历或具有中级以上职称;技术负责人具有 5 年以上从事装修装饰施工技术管理工作经历并具有相关专业中级以上职称;财务负责人具有中级以上会计职称。

企业有职称的工程技术和经济管理人员不少于 25 人,其中工程技术人员不少于 20 人,且建筑学或环境艺术、结构、暖通、给排水、电气等专业人员齐全;工程技术人员中,具有中级以上职称的人员不少于 5 人。

企业具有的二级资质以上项目经理不少于5人。

（3）企业注册资本金600万元以上，企业净资产600万元以上。

（4）企业近3年最高年工程结算收入1000万元以上。

3．三级建筑装饰施工企业

三级建筑装饰施工企业可承担单位工程造价60万元及以下建筑室内、室外装修装饰工程（建筑幕墙工程除外）的施工。

三级建筑装饰施工企业资质认定标准如下：

（1）企业近3年承担过3项以上单位工程造价20万元以上的装修装饰工程施工，工程质量合格。

（2）企业经理具有3年以上从事工程管理工作经历；技术负责人具有5年以上从事装修装饰施工技术管理工作经历并具有相关专业中级以上职称；财务负责人具有初级以上会计职称。

企业有职称的工程技术和经济管理人员不少于15人，其中工程技术人员不少于10人，且建筑学或环境艺术、暖通、给排水、电气等专业人员齐全；工程技术人员中，具有中级以上职称的人员不少于2人。

企业具有的三级资质以上项目经理不少于2人。

（3）企业注册资本金50万元以上，企业净资产60万元以上。

（4）企业近3年最高年工程结算收入100万元以上。

项目小结

1．建筑装饰工程的基础知识

（1）建筑装饰工程主要可分为以下几项内容：

地面工程、抹灰工程、饰面板（砖）工程、幕墙工程、涂饰工程、门窗工程、吊顶工程、轻质隔（断）墙工程裱糊与软包工程、细部工程。

（2）建筑装饰行业在国民经济中的地位和作用。

①优化环境，创造使用条件；

②保护结构物，延长使用年限；

③美化建筑，增强艺术效果；

④综合处理，协调建筑结构与设备之间的关系；

⑤繁荣市场，服务经济建设。

2．建筑装饰市场的工程类型

（1）政府或国有企业单位的建筑装饰工程。

（2）商业设施的办公楼装饰工程。

（3）宾馆饭店装饰工程。

（4）家庭装饰工程。

3．建筑装饰企业资质等级

（1）建筑装饰工程设计承包企业资质等级。

①甲级建筑装饰设计单位；

②乙级建筑装饰设计单位；

③丙级建筑装饰设计单位。

（2）建筑装饰工程施工承包企业资质等级。

①一级建筑装饰施工企业；

②二级建筑装饰施工企业；

③三级建筑装饰施工企业。

 案例分析

原告：甲电讯公司

第一被告：丙建筑设计院

第二被告：乙建筑承包公司

基本案情：甲电讯公司因建办公楼与乙建筑承包公司签订了工程总承包合同。其后，经甲同意，乙分别与丙建筑设计院和丁建筑工程公司签订了工程勘察设计合同和工程施工合同。勘察设计合同约定：由丙对甲的办公楼及其附属工程提供设计服务，并按勘察设计合同的约定交付有关的设计文件和资料。施工合约定：由丁根据丙提供的设计图纸进行施工，工程竣工时依据国家有关验收规定及设计图纸进行质量验收。合同签订后，丙按时将设计文件和有关资料交付给丁，丁依据设计图纸进施工。工程竣工后，甲会同有关质量监督部门对工程进行验收，发现工程存在严重质量问题，是由于设计不符合规范所致。原来丙未对现场进行仔细勘察即自行进行设计，寻致设计不合理，给甲带来了重大损失。丙以与甲没有合同关系为由拒绝承担责任，乙又以自己不是设计人为由推卸责任，甲遂以丙为被告向法院起诉。

法院受理后，追加乙为共同被告，判决乙与丙对工程建设质量问题承担连带责任。

问题：

（1）本案中的法律主体及相互关系是什么？

（2）对出现的质量问题，以上法律主体将如何承担责任？

（3）本案中的法律主体及相互关系是什么？

参考答案：

（1）本案中，甲是发包人，乙是总承包人，丙和丁是分包人，《建筑法》第二十九条规定："建筑工程总承包单位可以将承包工程中的部分工程发包给具有相应资质条件的分包单位；但是，除总承包合同中约定的分包外，必须经建设单位认可。施工总承包的，建筑工程主体结构的施工必须由总承包单位自行完成。建筑工程总承包单位按照总承包合同的约定对建设单位负责；分包单位按照分包合同的约定对总承包单位负责。总承包单位就分包工程对建设单位承担连带责任。禁止总承包单位将工程分包给不具备相应资质条件的单位。禁止分包单位将其承包的工程再分包。"

（2）对工程质量问题，乙作为总承包人应承担责任，而丙和丁也应该依法分别向发包人甲承担责任总承包人以不是自己勘察设计和建筑安装的理由企图不对发包人承担责任，以及分包人以与发包人没有合同关系为由不向发包人承担责任，这是不行的。

（3）本案必须说明的是，《建筑法》第二十八条规定："禁止承包单位将其承包的全部建筑工程转包给他人，禁止承包单位将其承包的全部建筑工程肢解以后以分包的名义分别转包给他人。"本案中乙作为总承包人不自行施工，而将工程全部转包他人，虽经发包人同意，但违反法

项目一 11

建筑装饰工程市场概论

律禁止性规定,其与丙和丁所签订的两个分包合同均是无效合同。建设行政主管部门应依照《建筑法》和《建设工程质量管理条例》的有关规定,对其进行行政处罚。

 能力训练

一、单项选择题

1. 外埠建筑装饰装修企业来本市承揽工程项目前,持相关资料到(　)登记备案后方可承揽建筑装饰装修工程。

A. 县建设行政管理部门　　　　　　B. 市建设行政管理部门

C. 省建设行政管理部门　　　　　　D. 其他行政管理部门

答案:B

2. 从事建筑装饰设计、施工、监理活动的专业技术人员,应当依法取得相应的(　),并在其资格等级证书许可的范围内从事建筑装饰装修活动。

A. 执业资格证书　　B. 资质证书　　C. 职称证书　　　　D. 资格等级证书

答案:A

3. 两个以上不同资质等级的企业联合共同承包的,应当按照(　)单位的业务许可范围承揽工程。

A. 资质等级低的　　　　　　　　　B. 资质等级高的

C. 由双方协商决定其一方的　　　　D. 资质等级低或资质等级高的均可

答案:D

4. 建设单位应当将建筑装修工程发包给(　)的单位。

A. 愿意承包装修　　B. 可以完成装修　　C. 具有相应资质等级

答案:C

5. 建筑装饰装修工程设计的修改由(　)负责。

A. 施工企业　　　　B. 建设单位　　　　C. 建设行政主管部门

D. 原设计单位或者具有相应资质等级的设计单位

答案:D

6. 建筑装饰装修企业资质实行(　)制度,考核结果记入企业信用档案,作为企业资质升级、降级或者吊销的依据。

A. 动态考核　　　　B. 年检　　　　　　C. 备案　　　　　　D. 登记

答案:A

二、多项选择题

1. 从事建筑装饰装修设计、施工活动的企业应当具备下列条件(　　　)。

A. 具有独立的法人资格和相应的注册资本

B. 取得建设行政管理部门颁发的资质证书

C. 施工企业应当依法取得安全生产许可证

D. 具有从事相关设计、施工、监理活动所应有的技术装备

E. 具有从事相关设计、施工、监理活动所应有的技术装备

答案:ABCDE

2. 未取得资质证书或者超越资质等级从事建筑装饰装修活动的,由建设行政管理部门( )。

A. 责令停止违法行为　　　　　　B. 限期改正　　　C. 没收违法所得

D. 处五千元以上五万元以下罚款

E. 超越资质等级的,可以暂扣或吊销资质证书

答案:ABCDE

3. 建筑装饰施工企业应当在施工现场设立( )。

A. 公示牌　　　　　B. 公示企业名称　　C. 施工负责人联系方式

D. 开、竣工日期　　　　　　E. 投诉电话

答案:ABCDE

4. 建筑装饰装修活动中发生争议的,可以( )。

A. 双方协商

B. 向装饰装修行业协会申请调解

C. 向工商行政管理部门申请调解

D. 合同中有仲裁约定的,按约定申请仲裁

E. 向人民法院提起诉讼

答案:ABDE

5. 下列说法正确的是( )。

A. 建筑装饰工程设计的修改由原单位负责,建筑装饰施工企业在保证质量的前提下可酌情对工程进行修改

B. 施工单位应当按照工程设计图纸和施工技术标准施工,并对施工质量负责

C. 设计单位应当按照国家标准和相关要求进行设计,并对设计质量负责

D. 建筑装饰装修监理单位,应当依法实施工程监理,并承担相应的监理责任

E. 建筑装饰工程实行质量保修制度

答案:BCDE

6. 不符合领取施工许可证的条件有( )。

A. 已办理建筑装饰工程规划批准手续

B. 已办理建筑装饰工程消防批准手续

C. 建设单位尚未将工程承包给施工企业

D. 施工图纸及技术资料准备完毕

E. 三十万元以下三百平米以下的公共建筑装饰装修工程

答案:CE

7. 有关部门可以降低其资质等级的行为有( )。

A. 超越本单位资质等级承揽工程的

B. 施工企业出借资质证书允许他人以本企业的名义承揽工程

C. 承包单位将承包的工程转包的

D. 在工程承包中行贿发包单位的

E. 施工企业对安全事故隐患不采取任何措施矛以消除且情节严重的

答案:ABDE

项目二　建筑装饰工程招标

 学习目标

通过本章内容的学习,熟悉建筑装饰工程招标的范围,重点掌握建筑装饰工程招标方式及程序,招标文件、标底的编制。

 教学重点

1. 招标方式与程序;
2. 招标文件及标底的编制。

任务一　建筑装饰工程招标范围

建设工程招标是指发包人率先提出工程的条件和要求,发布招标公告吸引或直接邀请众多投标人参加投标,并按照规定格式从中选择承包人的行为。

建筑装饰工程的招标分为设计招标和施工招标。

➤ 一、建筑装饰工程设计招标范围

建筑装饰工程设计招标是按照建筑市场经济规律的管理模式,用竞争性招标方式择优选择工程设计单位,并通过合同的约束在限定投资的范围内保质保量地完成建筑装饰工程设计任务。

建筑装饰工程设计招标,一般是对单位建筑装饰工程造价每平方米 3000 元以下的大型高档建筑项目的公共部分(如大堂、多功能厅、会议厅、大小餐厅、高级办公空间、娱乐空间等精装饰部分)进行装饰设计招标。

建筑装饰工程设计招标时,招标人一般要求投标当事人先绘制平面图、主要立面图、剖面图、彩色效果图及设计估算报价书等方案设计文件,待方案设计中标后,再进行施工图绘制。也有要求方案图和施工图同时绘制投标的。

➤ 二、建筑装饰工程施工招标范围

建筑装饰工程是建筑工程的组成部分,根据国际惯例和政府主管部门的规定,建筑装饰工程的招投标仍属于建筑工程的招标投标范围,由国家和地方建委(建设局)招投标主管部门统一管理。

1. 必须招标的范围

根据《中华人民共和国招标投标法》的规定,在中华人民共和国境内进行的下列工程项目必须进行招标:

(1)大型基础设施、公用事业等关系社会公共利益、公众安全的项目。

(2)全部或者部分使用国有资金或者国家融资的项目。

(3)使用国际组织或者外国政府贷款、援助资金的项目。

根据《工程建设项目招标范围和规模标准规定》的规定,上述各类工程建设项目(包括项目的勘察、设计、施工、监理以及与工程建设有关的重要设备、材料等的采购)达到下列标准之一的,必须进行招标。

①施工单项合同估算价在 200 万元人民币以上的。

②重要设备、材料等货物的采购,单项合同估算价在 100 万元人民币以上的。

③勘察、设计、监理等服务的采购,单项合同估算价在 50 万元人民币以上的。

④单项合同估算价低于上述①、②、③项规定的标准,但项目总投资额在 3000 万元人民币以上的。

2. 可以不进行招标的范围

根据《中华人民共和国招标投标法》的规定,属于下列情形之一的,经县级以上地方人民政府建设行政主管部门批准,可以不进行招标。

(1)涉及国家安全、国家秘密的工程。

(2)抢险救灾工程。

(3)利用扶贫资金实行以工代赈、需要使用农民工等特殊情况的工程。

(4)建筑造型有特殊要求的设计。

(5)采用特定专利技术、专有技术进行设计或施工的。

(6)停建或者缓建后恢复建设的单位工程,且承包人未发生变更的。

(7)施工企业自建自用的工程,且施工企业资质等级符合工程要求的。

(8)在建工程追加的附属小型工程或者主体加层工程,且承包人未发生变更的。

(9)法律、法规、规章规定的其他情形。

➤ 三、建筑装饰工程施工招标的形式和内容

建筑装饰工程施工招标,是对建筑高级装饰部分进行的装饰施工招标。一般包括包工包料、包工不包料和建设方供主材、承包方供辅料及包清工等几种形式。

建筑装饰工程施工招标包括室内公共空间装饰工程和建筑外部装饰工程(如玻璃幕墙工程、外墙石材饰面工程、外墙复合铝板工程等),有些包括水、暖、电、通风等工种的支路管线工程,有的也包括建筑室外工程及周边环境艺术工程(如园林绿化、造景、门前广场、雕塑品等)。

任务二　建筑装饰工程招标方式及招标程序

建筑装饰工程招标可以是全过程的招标,其工作内容包括设计、施工和使用后的维修;也可以是阶段性建设任务的招标,如设计、施工、材料供应等;可以是整个项目的招标,也可以是

单项工程的招标。招标的内容应该包括装饰工程的质量、工期、投资、材料、工艺以及报价等条件。

建筑装饰工程招标分为公开招标和邀请招标两种方式。

一、公开招标

公开招标，又称为无限竞争招标，是由招标人以招标公告的方式邀请不特定的法人或者其他组织投标，并通过国家指定的报刊、广播、电视及信息网络等媒介发布招标公告，有意向的投标人接受资格预审、购买招标文件，参加投标的招标方式。

1. 公开招标的特点

公开招标是最具竞争性的招标方式，其参与竞争的投标人数量最多；只要符合相应的资质条件，投标人愿意便可参加投标，不受限制，因而竞争也最为激烈。它可以为招标人选择报价合理、施工工期短、信誉好的承包商，为招标人提供最大限度的选择范围。

公开招标程序最严密、最规范，有利于招标人防范风险，保证招标的效果；有利于防范招标投标活动操作人员和监督人员的舞弊现象。

公开招标也有缺点，如由于投标的承包商多，招标工作量大，组织工作复杂，需投入较多的人力、物力，招标过程所需时间较长等。

2. 公开招标的适用范围

公开招标是适用范围最为广泛、最有发展前景的招标方式。在国际上，招标通常都是指公开招标，在某种程度上，公开招标已成为招标的代名词。《中华人民共和国招标投标法》规定，凡法律法规要求招标的建设项目必须采用公开招标的方式，若因某些原因需要采用邀请招标的，必须经招标投标管理机构批准。

3. 公开招标的程序

建筑装饰工程招标是工程建设招标活动中的一个重要组成部分，主要是从业主的角度揭示其工作内容。所谓招标程序是指招标活动内容的逻辑关系，不同的招标方式，具有不同的活动内容。

建筑装饰工程公开招标程序如下：

(1)成立招标组织。根据招标人是否具有招标资质，招标组织可分为自行招标和委托招标两种。

①招标人实施自行招标，应具备编制招标文件和组织评标的能力，具体包括以下几项：

A. 具有项目法人资格（或者法人资格）。

B. 具有与招标项目规模和复杂程度相适应的工程技术、概（预）算、财务和工程管理等专业技术力量。

C. 有从事同类工程建设项目招标的经验。

D. 设有专门的招标机构或者拥有 3 名以上专职招标业务人员。

E. 熟悉和掌握招标投标法及有关法规规章。

②招标人不具备自行招标条件，或招标人具备自行招标条件而不想自行招标时，可以委托招标代理机构进行招标。招标代理机构受招标人委托代理招标，必须签订书面委托代理合同；招标代理机构必须按照有关规定，在资质证书容许的范围内开展业务活动。

招标代理的资质主要根据以下条件确定：

A. 机构的营业场所和资金情况。

B. 技术、经济专业人员的数量、职称和工作经验情况。

C. 机构在招标代理方面的工作业绩。

特别需要指出的是，越级代理属于一种无权代理行为，不受法律保护。

（2）编制招标文件。建筑装饰工程招标文件主要应对下列内容进行说明：

①工程综合说明，包括装饰装修工程项目概况、内容、地点，原建筑物工程说明等。

②装饰装修工程图纸及技术说明。

③材料供应方式和工程量清单。

④装饰装修工程的特殊要求，如新材料、新工艺的应用等。

⑤装饰装修工程的主要合同条款要求，如付款、结算办法。

⑥投标须知及其他有关内容。

（3）编制标底。标底是招标工程的预期价格，标底文件主要包括以下几个方面：

①标底综合编制说明。

②标底价格审定书、标底价格计算书、带有价格的工程量清单等。

③主材用量。

④标底附件（如各种材料及设备的价格来源，现场的地址、水文，地上情况的有关资料，编制标底所依据的施工组织设计）。

（4）发布招标信息。《中华人民共和国招标投标法》规定，招标人采用公开招标方式的，应发布招标公告，招标公告应通过国家指定的报刊、信息网络或其他媒介公布。

（5）投标单位资格预审。资格预审是指招标人在招标开始前或者开始初期，由招标人对申请参加的投标人进行资格审查，主要包括以下方面内容的审查：

①企业经营执照、经营范围、资质等级。

②企业的信誉：了解企业过去承包工程的工程质量及合同履行情况。

③企业人员素质、装备素质、管理素质。

④企业财务状况等。

（6）招标文件的发售。根据世界银行的要求，发售招标文件的时间可延长到投标截止时间，招标文件的价格应合理。

（7）组织现场勘察。按照招标文件规定的日程，组织投标人现场勘察，介绍现场情况，解答投标人对现场情况、招标文件、设计图纸等提出的问题，并以补充招标文件的形式书面通知所有投标人。

（8）接收投标文件。在规定的投标截止时间内接收投标文件。

（9）评标。采用统一的标准和方法，对符合要求的投标进行评比，选定最佳投标人。

（10）决标谈判。评标委员会推荐 2～3 个合格候选人，由招标人对最后决标进行价格、付款等优惠条件的谈判。

（11）定标。评标委员会提出中标候选人推荐意见，确定中标人。

（12）发中标通知书。在规定的投标有效期内，招标人以书面形式向中标人发出中标通知书，同时将中标结果通知未中标的投标人。

➢ 二、邀请招标

邀请招标,又称为有限竞争性招标,是指招标人以投标邀请书的方式邀请特定的法人或其他组织投标。

1. 邀请招标的特点

(1)招标所需的时间较短,且招标费用较节省。由于被邀请的投标人是经招标人事先选定,具备对招标工程投标资格的承包企业,不需要资格预审;被邀请的投标人数量有限,可减少评标阶段的工作量及费用支出,因此,邀请招标比公开招标时间短、费用少。

(2)目标集中,招标的组织工作容易,程序比公开招标简化。邀请招标的投标人往往为三至五家,比公开招标少,因此评标工作量减少,程序简单。

邀请招标也具有一些缺点:邀请招标不利于招标人获得最优报价,取得最佳投资效益。由于参加的投标人少,竞争性较差,招标人在选择被邀请人前所掌握的信息不可避免地存在一定局限性;业主很难了解市场上所有承包商的情况,常会忽略一些在技术、报价方面都更具竞争力的企业,使业主不易获得最合理的报价。

2. 邀请招标的适用范围

邀请招标方式在大多数国家中适用于私人投资的中、小型建筑工程项目。在我国,一般一些规模较小的项目都采用邀请招标方式。

国家重点建设项目和省、自治区、直辖市人民政府确定的地方重点建设项目,以及全部使用国有资金投资或者国有资金投资占控股(或主导地位)的建设工程项目,应当公开招标;有下列情形之一的,经批准可以进行邀请招标。

(1)项目技术复杂或有特殊要求,其潜在投标人数量少。

(2)自然地域环境限制。

(3)涉及国家安全、国家秘密、抢险救灾,不宜公开招标的。

(4)拟公开招标的费用与项目的价值相比不经济。

(5)法律、法规规定不宜公开招标的。

3. 邀请招标中所选投标人的条件

邀请招标不发布招标公告,招标人根据自己的经验和所掌握的各种信息资料,向具备承接该项工程施工能力、资信良好的三个以上承包商发出投标邀请书,收到邀请书的单位参加投标。招标人采用邀请招标方式时,特邀的投标人必须能胜任招标工程项目的实施任务。

邀请招标中所选投标人应具备以下条件:

(1)投标人当前和过去的财务状况均良好。

(2)投标人近期内成功地承包过与招标工程类似的项目,有较丰富的经验。

(3)投标人有较好的信誉。

(4)投标人的技术装备、劳动力素质、管理水平等均符合招标工程的要求。

(5)投标人在施工期内有足够的力量承担招标工程的任务。

总之,被邀请的投标人必须具有经济实力、信誉实力、技术实力和管理实力,能胜任招标工程。

4. 邀请招标的程序

由于邀请招标的投标人是招标人预先通过调查、考察选定的,投标邀请书也是由招标人直接发给投标人的,因此,邀请招标无需发布资格预审通告和招标公告。除此之外,邀请招标的程序完全与公开招标相同。

任务三　建筑装饰工程招标申请与招标文件

➤ 一、招标申请

　　具备建筑装饰工程施工招标条件的工程项目,由建设方向政府主管部门提出招标申请。经审查批准后,即可开始准备招标文件。

　　工程项目招标申请如表2-1所示。

表2-1　工程项目招标申请表

工程编号:字第_____号　　　　　　　　　　　　　　　　　日期:　　年　月　日

招标人概况	招标单位			法人代表		
	单位性质			经办人		
	单位地址			联系电话		
招标工程概况	工程名称			建设规模		
	建设地址			结构形式		
	层数	地上	层	檐高		
		地下	层	跨(高)度		
	其他					
项目批准文号及日期						
工程规划、用地许可文件及日期						
设计出图情况						
投资情况	总投资额　　　　　　　万元,投资来源如下:					
	政府投资 %	图有企(事)业自筹 %	国外贷款 %
	国家融资 %	私企、民间投资 %	外商投资 %
拟选择招标方式						
招标单位	经办人(签名)　　　　　　　　　　　　　　　　　(盖章)　　年　月　日					
招投标管理办公室审核意见	经办人(签名)　　　　　　　　　　　　　　　　　(盖章)　　年　月　日					
说明:本表由招标单位或委托机构填写,一式三份,招投标管理站一份,招标单位(人)一份,委托代理机构一份。						

➤ 二、招标文件

招标文件是规范整个招标过程,确定招标人与投标人权利义务的重要依据,招标文件的重要性主要体现在以下几个方面:

(1)招标文件是招标人的未来工程的描述,主要包括拟建工程的概论、技术要求、工期要求等。

(2)招标文件是招标人对投标过程的描述,主要包括提交投标文件截止时间、开标时间和地点、评标的标准和方法、投标保证金的规定以及其他必要的描述。

(3)招标文件是招标人对投标人资格条件的描述。这一点对于潜在的投标人是非常重要的,因为这意味着决定了潜在的投标人是否有机会参与竞争。

(4)招标文件是投标人编制投标文件的依据。招标文件中规定了投标文件和投标文件的填写格式等事项,投标人必须按照招标文件的要求编制投标书。

(5)招标文件是招标人和投标人订立合同的基础。招标文件不仅包括招标项目的技术要求、投标报价要求和评标标准等所有实质性要求和条件,还包括签订合同的主要条款。中标的投标文件应当对招标文件的实质性要求和条件作出响应。

招标文件主要包括招标公告(或投标邀请书)、投标人须知、评标办法、合同条款及格式、工程量清单、图纸、技术标准和要求、投标文件格式及投标人须知前附表规定的其他材料。

(一)招标公告(或投标邀请书)

1. 招标公告

招标公告应当载明招标人的名称和地址,招标项目的性质、数量、实施地点和时间,投标截止日期以及获取招标文件的办法等事项。招标人或其委托的招标代理机构应当保证招标公告内容的真实、准确和完整。

拟发布的招标公告文件,应当由招标人或其委托的招标代理机构的主要负责人签名并加盖公章。招标人或其委托的招标代理机构发布招标公告,应当向指定媒介提供营业执照(或法人证书)、项目批准文件的复印件等证明文件。

招标人或其委托的招标代理机构,应至少在一家指定的媒介发布招标公告。指定报纸在发布招标公告的同时,应将招标公告如实抄送指定网络。招标人或其委托的招标代理机构,在两个以上媒介发布的同一招标项目的招标公告,其内容应当相同。

招标公告的内容及格式如下:

(1)招标条件。招标公告中,招标条件的填写格式及填写说明如下:

本招标项目 ___[1]___ (项目名称)已由 ___[2]___ (项目审批、核准和备案机关名称)以 ___[3]___ (批文名称及编号)批准建设,项目业主为 ___[4]___ ,建设资金来自 ___[5]___ (资金来源),项目出资比例为 ___[6]___ ,招标人为 ___[7]___ ,项目已具备招标条件,现对该项目的施工进行公开招标。

[1]项目名称须与招标文件封面上的项目名称保持一致。

[2]指本项目审批、核准或备案机关名称。

[3]指项目审批、核准或备案文件的名称及编号。

[4]指本项目审批、核准或备案文件中载明的项目建设单位。

[5]指资金来源。

[6]指项目的出资比例。

[7]指负责本次招标的招标人名称,应与招标文件封面上的招标人名称一致。

(2)项目概况与招标范围。主要说明本次招标项目的建设地点、规模、计划工期、招标范围、标段划分等。

(3)投标人资格要求。招标公告中,投标人资格要求的填写格式及填写说明如下:

①本次招标要求投标人须具备　[1]　资质,　[2]　业绩,并在人员、设备、资金等方面具有相应的施工能力。

②本次招标　[3]　(接受或不接受)联合体投标。联合体投标的,应满足下列要求:　[4]　。

③各投标人均可就上述标段中的　[5]　(具体数量)个标段投标。

[1]由招标人根据项目具体特点和实际需要,明确提出投标人应具有的最低资质要求。

[2]由招标人根据项目具体特点和实际需要,明确提出投标人应具有的业绩要求。

[3]直接填写接受或不接受。

[4]明确各联合体投标人成员在资质、财务、业绩、信誉等方面应满足的最低要求。

[5]填写具体数量。

(4)招标文件的获取。招标公告中,招标文件的获取填写格式及填写说明如下:

①凡有意参加投标者,请于　[1]　年　[1]　月　[1]　日至　[1]　年　[1]　月　[1]　日(法定公休日、法定节假日除外),每日上午　[1]　时至　[1]　时,下午　[1]　时至　[1]　时(北京时间,下同),在　[2]　(详细地址)持单位介绍信购买招标文件。

②招标文件每套售价　[3]　元,售后不退。图纸押金　[4]　元,在退还图纸时退还(不计利息)。

③邮购招标文件的,需另加手续费(含邮费)　[5]　元。招标人在收到单位介绍信和邮购款(含手续费)后　[6]　日内寄送。

[1]填写具体的年月日和时间,应注意满足发售时间不少于5个工作日的要求。

[2]填写具体的招标文件发售地点,包括街道、门牌号、楼层、房间号等,不能以招标人名称替代招标文件发售地点。

[3]填写每套招标文件的售价,如500元。

[4]如5000元。

[5]填写具体的手续费(含邮费),如20元。

[6]填写具体日数,一般填写1或2日内即可。

(5)投标文件的递交。招标公告中,投标文件的递交填写格式与填写说明如下:

①投标文件递交的截止时间(投标截止时间,下同)为　[1]　年　[1]　月　[1]　日　[1]　时　[1]　分,地点为　[2]　。

②逾期送达的或者未送达指定地点的投标文件,招标人不予受理。

[1]填写具体的投标文件递交截止时间。招标人应当根据有关法律规定和项目具体特点合理确定。

[2]填写具体的投标文件接收地点,包括街道、门牌号、楼层和房间号等。

(6)发布公告的媒介。

本次招标公告同时在(发布公告的媒介名称)上发布。

(7)联系方式。

招标人：	招标代理机构：
地址：＿＿＿＿＿＿	地址：＿＿＿＿＿＿
邮编：＿＿＿＿＿＿	邮编：＿＿＿＿＿＿
联系人：＿＿＿＿＿	联系人：＿＿＿＿＿
电话：＿＿＿＿＿＿	电话：＿＿＿＿＿＿
传真：＿＿＿＿＿＿	传真：＿＿＿＿＿＿
电子邮件：＿＿＿＿	电子邮件：＿＿＿＿
网址：＿＿＿＿＿＿	网址：＿＿＿＿＿＿
开户银行：＿＿＿＿	开户银行：＿＿＿＿
账号：＿＿＿＿＿＿	账号：＿＿＿＿＿＿

＿＿＿年＿＿＿月＿＿＿日

2. 投标邀请书

招标人采用邀请招标方式,应向三个以上具备承担招标项目的能力、资信良好的法人或者其他组织发出投标邀请书。投标邀请书的格式参照上述"招标公告"及《中华人民共和国标准施工招标文件》的相关内容。

(二)投标人须知

1. 投标人须知前附表

投标人须知前附表用于进一步明确正文中的未尽事宜,由招标人根据招标项目具体特点和实际需要编制和填写,但务必与招标文件中其他章节相衔接,并不得与本章正文内容相抵触,否则抵触内容无效。

2. 总则

投标须知的总则包括项目概况,资金来源和落实情况,招标范围、计划工期和质量要求,投标人资格要求,费用承担(投标人准备和参加投标活动发生的费用自理),保密(参与招标投标活动的各方应对招标文件和投标文件中的商业和技术等秘密保密,违者应对由此造成的后果承担法律责任),语言文字,计量单位,踏勘现场,投标预备会,分包及偏离等内容。

需要说明以下几个问题:

(1)踏勘现场。招标人对于投标须知前附表要求组织踏勘现场的,招标人按投标人须知前附表规定的时间、地点等组织投标人踏勘项目现场。踏勘现场应符合下列规定:

①投标人踏勘现场发生的费用自理。

②除招标人的原因外,投标人自行负责在踏勘现场中所发生的人员伤亡和财产损失。

③招标人在踏勘现场中介绍的工程场地和相关的周边环境情况,供投标人在编制投标文件时参考,招标人不对投标人据此作出的判断和决策负责。

(2)投标预备会。投标人须知前附表规定召开投标预备会的,招标人按投标人须知前附表规定的时间和地点召开投标预备会,澄清投标人提出的问题。

①投标人应在投标人须知前附表规定的时间前,以书面形式将提出的问题送至招标人,以便招标人在会议期间澄清。

②投标预备会后,招标人在投标人须知前附表规定的时间内,将对投标人所提问题的澄

清,以书面方式通知所有购买招标文件的投标人;该澄清内容为招标文件的组成部分。

(3)分包。投标人拟在中标后将中标项目的部分非主体、非关键性工作进行分包的,应符合投标人须知前附表规定的分包内容、分包金额和接受分包的第三人资质要求等限制性条件。

(4)偏离。投标人须知前附表允许投标文件偏离招标文件某些要求的,偏离应当符合招标文件规定的偏离范围和幅度。

3．招标文件

投标人须知中,招标文件部分主要包括招标文件的组成、招标文件的澄清及招标文件的修改。

4．投标文件

投标人须知中,投标文件部分主要包括投标文件的组成、投标报价、投标有效期、投标保证金、资格审查资料、备选投标方案及投标文件的编制。

5．投标

本部分内容一般包括投标文件的密封和标注、投标文件的递交及投标文件的修改与撤回。

6．开标

本部分内容一般包括开标时间、地点和开标程序。

7．评标

投标人须知中,评标部分主要包括评标委员会组成、评标原则和评标办法。

8．合同授予

合同授予是投标须知中对授予合同问题的解释说明,主要内容包括合同授予标准、中标通知书、合同的签署、履约担保等。

(三)评标办法

评标办法是指主要对评标活动采用的评标方法、评审标准和评标程序等内容。

(四)合同条款及格式

合同条款及格式规定了合同所采用的文本格式。招标单位与中标单位依据所采用的合同格式,结合具体工程情况,协议签订合同条款。合同条款使用说明如下:

(1)合同条款根据国家有关法律、法规和部门规章,以及按合同管理的操作要求进行约定和设置。

(2)合同条款是以发包人委托监理人管理工程合同的模式下设定合同当事人的权利、义务和责任,区别于由发包人和承包人双方直接进行约定和操作的合同管理模式。

(3)合同条款对发包人、承包人的责任进行恰当地划分;在材料和设备、工程质量、计量、变更、违约责任等方面,对双方当事人权利、义务、责任作了相对具体、集中和具有操作性的规定,为明确责任、减少合同纠纷提供了条件。

(4)为了保证合同的完整性和严密性,便于合同管理并兼顾到各行业的不同特点,合同条款留有空间,供行业主管部门和招标人根据项目具体情况编制专用合同条款予以补充,使整个合同文件趋于完整和严密。

(5)合同条款同时适用于单价合同和总价合同。

(6)从合同的公平原则出发,合同条款引入了争议评审机制,供当事人选择使用,以更好地引导双方解决争议,提高合同管理效率。

(7)为增强合同管理可操作性,合同条款设置了几个主要的合同管理程序,包括工程进度控制程序、暂停施工程序、隐蔽部位覆盖检查程序、变更程序、工程进度付款及修正程序、竣工结算程序、竣工验收程序、最终结清程序、争议解决程序等。

通常,《合同协议书》格式如下:

合同协议书

(____发包人名称,以下简称"发包人")为实施____(项目名称),已接受____(承包人名称,以下简称"承包人")对该项目____标段施工的投标。发包人和承包人共同达成如下协议:

1.本协议书与下列文件一起构成合同文件:

(1)中标通知书;

(2)投标函及投标函附录;

(3)专用合同条款;

(4)通用合同条款;

(5)技术标准和要求;

(6)图纸;

(7)已标价工程量清单;

(8)其他合同文件。

2.上述文件互相补充和解释,如有不明确或不一致之处,以合同约定次序在先者为准。

3.签约合同价:人民币(大写)____元(¥____)。

4.承包人项目经理:_____。

5.工程质量符合_____标准。

6.承包人承诺按合同约定承担工程的实施、完成及缺陷修复。

7.发包人承诺按合同约定的条件、时间和方式向承包人支付合同价款。

8.承包人应按照监理人指示开工,工期为_____日历天。

9.本协议书一式_____份,合同双方各执一份。

10.合同未尽事宜,双方另行签订补充协议;补充协议是合同的组成部分。

发包人:_____(盖单位章)

承包人:_____(盖单位章)

法定代表人或其委托代理人:_____(签字)

____年____月____日

法定代表人或其委托代理人:_____(签字)

____年____月____日

(五)工程量清单

工程量清单是表现拟建工程的分部分项工程项目、措施项目、其他项目、规费项目和税金项目的名称和相应数量的明细清单。工程量清单包括分部分项工程量清单、措施项目清单、其他项目清单、规费项目清单和税金项目清单。

1. **工程量清单说明**

(1)工程量清单根据招标文件中包括的、有合同约束力的图纸,以及有关工程量清单的国家标准、行业标准、合同条款中约定的工程量计算规则编制。

（2）工程量清单应与招标文件中的投标人须知、通用合同条款、专用合同条款、技术标准和要求及图纸等一起阅读和理解。

（3）工程量清单仅是投标报价的共同基础，实际工程计量和工程价款的支付应遵循合同条款的约定及相关"技术标准和要求"的规定。

（4）补充子目工程量计算规则及子目工作内容说明，以解决招标文件所约定的国家或行业标准工程量计算规则中没有的子目，或者为方便计量而对所约定的工程量清单中规定的若干子目进行适当拆分或者合并问题。

2．工程量清单编制

（1）分部分项工程量清单。分部分项工程量清单应根据《建设工程工程量清单计价规范》（GB 50500—2008）中附录规定的项目编码、项目名称、项目特征、计量单位和工程量计算规则进行编制，这是构成分部分项工程量清单的五个要件，在分部分项工程量清单的组成中缺一不可。

（2）措施项目清单。措施项目清单应根据拟建工程的实际情况列项，可以计算工程量的项目清单宜采用分部分项工程量清单的方式编制，列出项目编码、项目名称、项目特征、计量单位和工程量计算规则；不能计算工程量的项目清单，以"项"为计量单位。

（3）其他项目清单。其他项目清单应按表2-2的内容列项。

表2-2　其他项目清单列项

序号	项目	内　　容
1	暂列金额	暂列金额是招标人在工程量清单中暂定并包括在合同价款中的一笔款项。
2	暂估价	暂估价是指招标阶段直至签订合同协议时，招标人在招标文件中提供的用于支付必然发生但暂时不能确定价格的材料以及专业工程的金额。暂估价包括材料暂估价和专业工程估价。
3	计日工	计日工是为解决现场发生的零星工作的计价而设立的，其为额外工作和变更的计价提供了一个方便快捷的途径。计日工适用的所谓零星工作一般是指合同约定之外的或者因变更而产生的、工程量清单中没有相应项目的额外工作，尤其是那些时间不允许事先商定价格的额外工作。计日工以完成零星工作所消耗的人工工时、材料数量、机械台班进行计量，并按照计日工表中填报的适用项目的单价进行计价支付。
4	总承包服务费	总承包服务费是为了解决招标人在法律、法规允许的条件下进行专业工程发包，以及自行供应材料、设备，并需要总承包人对发包的专业工程提供协调和配合服务，对供应的材料、设备提供收、发和保管服务以及进行施工现场管理时发生，并向总承包人支付的费用。招标人应预计该项费用并按投标人的投标报价向投标人支付该项费用。

注：当工程实际中出现此表未列出的其他项目时，可根据工程实际情况进行补充。

（4）规费项目清单。规费是根据省级政府或省级有关权力部门规定必须缴纳的，应计入建筑安装工程造价的费用。规费项目清单中应按工程排污费、工程定额测定费、社会保障费（包括养老保险费、失业保险费、医疗保险费）、住房公积金、危险作业意外伤害保险等内容列项。

（5）税金项目清单。税金项目清单应按营业税、城市维护建设税、教育附加费等内容列项。

建筑装饰工程工程量清单编制示例见图2-1、表2-3至表2-11。

××楼装饰装修工程
工程量清单

招　标　人：<u>××市房地产开发公司</u>　　　　工程造价
　　　　　　　（单位盖章）　　　　　　　　咨　询　人：<u>××工程造价咨询企业资质专用章</u>
　　　　　　　　　　　　　　　　　　　　　　　　　　　（单位资质专用章）

法定代表人　<u>××单位法定代表人</u>　　　　法定代表人　<u>××工程造价咨询企业法定代表人</u>
或其授权人：（签字或盖章）　　　　　　或其授权人：　（签字或盖章）

编制人：<u>××签字盖造价工程师或造价员专用章</u>　　复核人：<u>××签字盖造价工程师专用章</u>
　　　　　（造价人员签字盖专用章）　　　　　　　　　　（造价工程师签字盖专用章）

编制时间：××××年××月××日　　　　　复核时间：××××年××月××日

注：此为招标人委托工程造价咨询企业编制的工程量清单封面。

图 2-1　工程量清单

表 2-3　工程量清单说明
总　说　明

工程名称：××楼装饰装修　　　　　　　　　　　　　　　　　　　第　页　共　页

1.工程状况：该工程建筑面积 $500m^2$，其主要使用功能为商住楼；层数三层，混合结构，建筑高度 10.8m。

2.招标范围：装饰装修工程。

3.工程质量要求：合格。

4.工程量清单编制依据：

　4.1 由××市建筑工程设计事务所设计的施工图 1 套：

　4.2 由××房地产开发公司编制的《××楼建筑装饰工程施工招标书》《××楼建筑装饰工程招标答疑》；

　4.3 工程量清单计量按照《建设工程工程量清单计价规范》(GB 50500—2008)编制；

5.因工程质量要求优良,故所有装材料必须持有市以上有关部门颁发的《产品合格证书》及价格在中档以上的建筑装饰材料。

表 2-4　分部分项工程量清单与计价表

工程名称：××楼装饰装修工程　　　　　　标段：　　　　　　　　第　页　共　页

序号	项目编码	项目名称	项目特征描述	计量单位	工程量	金额（元）		
						综合单价	合价	其中：暂估价
B.1 楼地面工程								
1	020101001001	水泥砂浆楼地面	楼地面粉水泥砂浆，1:2水泥砂浆，厚20mm	m²	10.68			
2	020102001001	石材楼地面	一层营业厅大理石地面，混凝土垫层C10砾40，厚0.08m，0.80m×0.80m大理石面层	m²	83.25			
			（其他略）					
			分部小计					
B.2 墙、柱面工程								
3	020201001001	墙面一般抹灰	混合砂浆15mm厚，888涂料三遍	m²	926.15			
4	020204003001	块料墙面	瓷板墙裙，砖墙面层，17mm厚1:3水泥砂浆	m²	66.32			
			（其他略）					
			分部小计					
B.3 天棚工程								
5	020301001001	天棚抹灰	天棚抹灰（现浇板底），7mm厚1:1:4水泥石灰砂浆，5mm厚1:0.5:3水泥砂浆，888涂料三遍	m²	123.61			
6	020302002001	格栅吊顶	不上人型U型轻钢龙骨600×600间距，600×600石膏板面层	m²	162.40			
			（其他略）					
			分部小计					

工程名称：××楼装饰装修工程　　　　　标段：　　　　　　第　页　共　页

序号	项目编码	项目名称	项目特征描述	计量单位	工程量	金额(元)		
						综合单价	合价	其中:暂估价
B.4 门窗工程								
7	020401004001	胶合板门	胶合板门 M2，杉木框钉 5mm 胶合板，面层 3mm 厚榉木板，聚氨酯 5 遍，门碰、执手锁 11 个	樘	13			
8	020406002001	金属平开窗	铝合金平开窗，铝合金1.2mm厚，50 系列 5mm 厚白玻璃	樘	8			
			(其他略)					
			分部小计					
B.5 油漆、涂料、糊裱工程								
9	020506001001	抹灰面油漆	外墙门窗套外墙漆，水泥砂浆面上刷外墙漆	m²	42.82			
			分部小计					
			本页小计					
			合计					

注：根据原建设部，财政部发布的《建筑安装工程费用项目组成》(建标[2003]206 号)的规定，为计取规费等的使用，可在表中增设其中："直接费""人工费"或"人工费＋机械费"。

表 2-5 措施项目清单与计价表（一）

工程名称：××楼装饰装修工程　　　　　　标段：　　　　　　　　第　页　共　页

序号	项目名称	计算基础	费率(%)	金额(元)
1	安全文明施工费			
2	夜间施工费			
3	二次搬运费			
4	冬雨期施工费			
5	已完工程保护费			
合　　计				

注：1. 本表适用于以"项"计价的措施项目。

　　2. 根据原建设部，财政部发布的《建筑安装工程费用项目组成》（建标〔2003〕206 号）的规定，"计算基础"可为"直接费""人工费"或"人工费＋机械费"。

表 2-6 措施项目清单与计价表（二）

工程名称：××楼装饰装修工程　　　　　　标段：　　　　　　　　第　页　共　页

序号	项目编码	项目名称	项目特征描述	计量单位	工程量	金额(元)	
						综合单价	合　价
1	BB001	综合脚手架	多层建筑物（层高在 3.6m 以内）檐口高度在 20m 以内	m²	500.00		
			（其他略）				
本页小计							
合　　计							

注：本表适用于以综合单价形式计价的措施项目。

表 2-7 其他项目清单与计价汇总表

工程名称:××楼装饰装修工程　　　　　　　　标段:　　　　　　　　　　第 页 共 页

序号	项目名称	计量单位	金额(元)	备 注
1	暂列金额	项	10000.00	明细见表2-8
2	暂估价		—	
2.1	材料暂估价		—	明细见表2-9
2.2	专业工程暂估价	项	0.00	
3	计日工			明细见表2-10
4	总承包服务费			
	合　　　计			
注:材料暂估单价进入清单项目综合单价,此处不汇总。				

表 2-8 暂列金额明细表

工程名称:××楼装饰装修工程　　　　　　　　标段:　　　　　　　　　　第 页 共 页

序号	项目名称	计量单位	暂列金额(元)	备 注
1	政策性调整和材料价格风险	项	5000.00	
2	工程量清中工程量变更和设计变更	项	1000.00	
3	其他	项	1000.00	
	合　　　计		10000.00	
注:此表由招标人填写,也可只列暂定金额总额,投标人应将上述暂列金额计入投总价中。				

表 2-9 材料暂估单价表

工程名称:××楼装饰装修工程　　　　　　　　标段:　　　　　　　　　　第 页 共 页

序号	材料名称	计量单位	单价(元)	备 注
1	台阶花岗石	m^2	200.00	用在台阶装饰工程中
2	U形轻钢龙骨大龙骨$h=45$	m	3.61	用在部分吊顶工程中
	其他:(略)			
注:1.此表由招标人填写,并在备注栏说明暂估价的材料拟用在哪些清单项目上,投标人应将上述材料暂估单价计入工程量清单综合单价报价中。 2.材料包括原材料、燃料、构配件以及按规定应计入建筑安装工程造价的设备。				

表 2-10　计日工表

工程名称:××楼装饰装修工程　　　　　　　　标段:　　　　　　　　　　　第 页 共 页

序号	项目名称	单位	暂定数量	综合单价	合价
一	人工				
1	技工	工日	15		
	人工小计				
二	材料				
	材料小计				
三	机械				
	机械小计				
	总　计				

注:此表项目名称、数量由招标人填写,编制招标控制价时,单价由招标人按有关计价规定确定;投标时,单价由投标人自主报价,计入投标总价中。

表 2-11　规费、税金项目清单与计价表

工程名称:××楼装饰装修工程　　　　　　　　标段:　　　　　　　　　　　第 页 共 页

序号	项目名称	计算基础	费率(%)	金额(元)
1	规费			
1.1	工程排污费	按工程所在地环保部门规定按实计算		
1.2	社会保障费	(1)+(2)+(3)		
(1)	养老保险	定额人工费		
(2)	失业保险	定额人工费		
(3)	医疗保险	定额人工费		
1.3	住房公积金	定额人工费		
1.4	危险作业意外伤害保险	定额人工费		
1.5	工程定额测定费	税前工程造价		
2	税金	分部分项工程费+措施项目费+其他项目费+规费		
	合计			

注:根据原建设部、财政部发布的《建筑安装工程费用项目组成》(建标[2003]206 号)的规定。"计算基础"可为"直接费""人工费"或"人工费+机械费"。

(六)图纸

招标文件中的图纸,不仅是投标人拟定施工方案、确定施工方法、提出代替方案、计算投标报价必不可少的资料,也是工程合同的组成部分。因此,必须列出图纸序号、图名、图号、版本、出图日期等内容。

(七)技术标准和要求

列出建筑装饰工程各项目的适用规范及标准。

(八)投标文件格式

提供投标文件的统一格式,包括目录、投标函及投标函的附录、法定代表人身份证明、授权委托书、联合体协议书、投标保证金、已标价工程量清单、施工组织设计等。

任务四　建筑装饰工程招标标底(招标控制价)编制与审定

➤ 一、建筑装饰工程招标标底与招标控制价比较

建筑装饰工程标底是招标过程中的评标依据,是招标人对拟建工程造价的合理期望值,招标人可以通过标底判断投标报价的合理性,也就是说,标底是投标报价的最高控制线,超过即为废标。

建筑装饰工程招标控制价是招标人根据国家或省级、行业建设主管部门颁发的有关计价依据和办法,是对招标工程限定的最高工程造价。

国有资金投资项目进行招标,根据《中华人民共和国招标投标法》的规定,招标人可以设标底。当招标人不设标底时,为有利于客观合理地评审投标报价和避免哄抬标价,造成国有资产流失,招标人应编制招标控制价。

在工程清单招标方式下,为避免与《中华人民共和国招标投标法》关于标底必须保密的规定相违背,应编制招标控制价。

➤ 二、建筑装饰工程招标标底编制与审定

(一)建筑装饰工程标底文件组成

建筑装饰工程项目招标标底文件,是反映招标人对招标工程交易预期控制要求的文字说明、数据、指标、图表的统称,是有关标底的定性要求和定量要求的各种书面表达,其核心内容是一系列数据指标。

一般来说,建筑装饰工程项目施工招标标底文件,由标底报审表和标底正文两部分组成。

1. 标底报审表

标底报审表是招标文件和标底正文内容的综合摘要。通常包括以下主要内容:

(1)招标工程综合说明。包括工程名称、建设地点、工程现场情况、设计概算或修正概算总金额、施工质量要求、定额工期、计划工期、计划开工竣工时间等,必要时要附上招标工程(单项工程、单位工程等)一览表。

(2)标底价格。包括招标工程的总造价、单方造价、装饰装修材料的总用量及其单方用量。

（3）招标工程总造价中各项费用的说明。包括对包干系数、不可预见费用、工程特殊技术措施费等的说明，以及对增加或减少的项目的审定意见和说明。

2. 标底正文

标底正文是详细反映招标人对工程价格、工期等的预期控制数据和具体要求的部分。一般包括以下内容：

（1）总则。主要是要说明标底编制单位的名称、持有的标底编制资料等级证书，标底编制的人员及其执业资格证书，标底具备条件，编制标底的原则和方法，标底的审定机构，对标底的封存、保密要求等内容。

（2）标底要求及其编制说明。主要说明招标人的方案、质量、期限、价金、方法、措施等诸方面的综合性预期控制指标或要求，并要阐释其依据、包括和不包括的内容、各有关费用的计算方式等。

在标底要求中，要注明各工程的名称、方案重点、质量、工期、单方造价（或技术经济指标）以及总造价，明确装饰装修材料的总用量及单方用量，甲方供应的设备、构件与特殊材料的用量，明确分部、分项直接费，其他直接费，工资及主材的调价，企业经营费，利税取费等。

在标底编制说明中，要特别注意对标底价格的计算说明。

（3）标底价格计算用表。建筑装饰工程标底价格采用工料单价和综合单价两种计价方法，二者的标底价格计算用表有所不同。

采用工料单价的标底价格计算用表，主要有标底价格汇总表，工程量清单汇总及取费表，工程量清单表，材料清单及材料差价，设备清单及价格，现场因素、施工技术措施及赶工措施费用表等。

采用综合单价的标底价格计算用表，主要有标底价格汇总表，工程量清单表，设备清单及价格，现场因素、施工技术措施及赶工措施费用表，材料清单及材料差价，人工工日及人工费，机械台班及机械费等。

（4）施工方案及现场条件。主要说明施工方法给定条件、工程建设地点现场条件、临时设施布置及临时用地表等。

（二）建筑装饰工程标底编制原则

建筑装饰工程标底，应由具有编制招标文件能力的招标人或其委托的具有相应资质的工程造价咨询机构、招标代理机构进行编制。标底编制应遵守下列原则：

（1）根据国家公布的统一工程项目划分、统一计量单位、统一计算规则以及图纸、招标文件，并参照国家制定的基础定额和国家、行业、地方规定的技术标准规范（其中国家强制性标准必须遵守）以及要素市场的价格，确定工程量和编制标底价格。

（2）标底的计价内容、计价依据应与招标文件的规定完全一致。

（3）标底价格作为招标单位的期望计划价，应力求与市场的实际变化吻合，要有利于竞争和保证工程质量。

（4）标底价格应由成本（直接费、间接费）、利润、税金等组成，一般应控制在批准的总概算（或修正概算）及投资包干的限额内。

（5）标底价格类型应根据招标图纸的深度、工程复杂程度、招标文件对投标报价的要求等进行选择。

①如果招标图是施工图,标底应按施工图以及施工图预算为基础进行编制。

②如果招标图是技术设计或扩大初步设计,标底应以概算为基础或以扩大综合定额为基础来编制。

③如果招标时只有方案图或初步设计,标底可用平方米造价指标或单元指标进行编制。

④招标文件规定采用定额计价的,招标标底价根据拟建工程所在地的建设工程单位估价表或定额,工程项目计算类别,取费标准,人工、材料、机械台班的预算价格,政府的市场指导价等进行编制。

⑤招标文件规定采用综合单价的(即单价中包括了所有费用),标底应采用综合单价计算。

⑥国内项目,如果招标文件没有对工程量计算规则作出具体规定,或部分未作具体规定的,可根据建设行政主管部门规定的工程量计算规则进行计算。定额中没有包含的项目,可根据建设工程造价管理部门定期颁布的市场指导价进行计算。

⑦国际工程编制标底,一般是根据 FIDIC 合同条件,在招标文件规定的时间内,由造价工程师根据施工图纸及工程量清单,按照当地、当时的市场单价或综合单价编制概算。

(6)一个工程只能有一个标底。

(7)招标人不得因投资原因故意压低标底价格。

(8)编审分离和回避。承接标底编制业务的单位及其标底编制人员,不得参与标底审定工作;负责审定标底的单位及其人员,也不得参与标底编制业务。受委托编制标底的单位,不得同时承接投标人的投标文件编制业务。

(9)标底价格应尽量与市场的实际变化相吻合。标底价格作为建设单位的预期控制价格,应反映和体现市场的实际变化,尽量与市场的实际变化相吻合,要有利于开展竞争和保证工程质量,让承包商有利可图。标底中的市场价格可参考有关建设工程价格信息服务机构向社会发布的价格行情。在标底编制实践中,为把握这一原则,须注意以下几点:

①要根据设计图纸及有关资料、招标文件,参照政府或政府有关部门规定的技术、经济标准、定额及规范,确定工程量和编制标底。如使用新材料、新技术、新工艺的分项工程,没有定额和价格规定的,可参照相应定额或由招标人提供统一的暂定价或参考价,也可以由甲乙双方按市场行情确定的价格计算。

②标底价格应由成本、利润、税金等组成,一般应控制在批准的总概算或修正、调整概算及投资包干的限额内。

③标底价格应考虑人工、材料、设备、机械台班等价格变动因素,还应包括不可预见费(特殊情况)、预算包干费、赶工措施费、施工技术措施费、现场因素费用、保险以及采用固定价格的工程的风险金等,工程要求优良的还应增加相应的优质优价的费用。

在主要材料和设备的计划价格与市场价格相差较大的情况下,材料价格应按确定的供应方式分别计算,并明确价差的处理办法。招标工程的工期,应按国家和地方制定的工期定额和计划投资安排的工期合理确定,如招标人要求缩短工期,可适当计取加快进度措施费。标底中的工期计算,应执行国家工期定额。如给定工期比国家工期定额缩短达一定比例(如 20% 或 20% 以上)的,在标底中应计算赶工措施费。

(三)建筑装饰工程标底编制依据

建筑装饰工程招标是否须编制标底,我国现行法规没有统一的规定;有的地方要求招标工程必须编制标底,且须经建设行政主管部门或其授权单位审查批准。标底的作用,一是使建设单位(业主)预先明确自己在招标工程上应承担的财务义务;二是作为衡量投标报价的准绳,也就是评标的主要尺度之一;同时,也可作为上级主管部门核实投资规模的依据。

必须编制标底时,应综合考虑可能影响标底的各种因素,包括项目划分、设计标准、材料价差、施工方案、定额、取费标准、工程量计算准确程度等。建筑装饰工程标底编制时应遵循的依据主要包括以下几个方面:

(1)国务院和省、自治区、直辖市人民政府建设行政主管部门制定的工程造价计价办法以及其他有关规定。

(2)市场价格信息。

(3)招标文件的商务条款。

(4)工程图纸、工程量计算规则。

(5)施工方案或施工组织设计。

(6)施工现场地质、水文、地上情况的有关资料。

应当指出的是,上述各种标底编制依据,在实践中要求遵循的程度并不都是一样的。有的不允许有出入,如对招标文件、设计图纸及有关资料等,各地一般都规定编制标底时必须作为依据。有的则允许有出入,如对技术、经济标准定额和规范等,各地一般规定编制标底时可以作为参照。

(四)建筑装饰工程标底编制方法

1. 建筑装饰工程标底价格的计价方法

建筑装饰工程标底价格的计价方法有工料单价法和综合单价法两种。

(1)工料单价法。工料单价法是以分部分项工程工程量乘以单价后的合计为直接工程费,直接工程费以人工、材料、机械的消耗量及其相应价格确定。直接工程费汇总后另加措施费、间接费、利润、税金生成工程发承包价,其计算程序分为三种。

第一种是以直接费为计算基础的工料单价法,其计价程序见表 2-12。

表 2-12 以直接费为基础的工料单价法计价程序

序 号	费用项目	计算方法	备 注
1	直接工程费	按预算表	
2	措施费	按规定标准计算	
3	小计	1+2	
4	间接费	3×相应费率	
5	利润	(3+4)×相应利润率	
6	合计	3+4+5	
7	含税造价	6×(1+相应税率)	

第二种是以人工费和机械费为计算基础的工料单价法,其计价程序见表 2-13。

表 2-13 以人工费和机械费为基础的工料单价法计价程序

序　号	费用项目	计算方法	备　注
1	直接工程费	按预算表	
2	直接工程费中人工费和机械费	按预算表	
3	措施费	按规定标准计算	
4	措施费中人工费和机械费	按规定标准计算	
5	小计	1＋3	
6	人工费和机械费小计	2＋4	
7	间接费	6×相应费率	
8	利润	6×相应利润率	
9	合计	5＋7＋8	
10	含税造价	9×(1＋相应税率)	

第三种是以人工费为计算基础的工料单价法,其计价程序见表 2-14。

表 2-14 以人工费为基础的工料单价法计价程序

序　号	费用项目	计算方法	备　注
1	直接工程费	按预算表	
2	直接工程费中人工费	按预算表	
3	措施费	按规定标准计算	
4	措施费中人工费	按规定标准计算	
5	小计	1＋3	
6	人工费小计	2＋4	
7	间接费	6×相应费率	
8	利润	6×相应利润率	
9	合计	5＋7＋8	
10	含税造价	9×(1＋相应税率)	

(2)综合单价法。综合单价法是分部分项工程单价为全费用单价,全费用单价经综合计算后生成,其内容包括直接工程费、间接费、利润和税金(措施费也可按此方法生成全费用价格)。各分项工程量乘以综合单价的合价汇总后,生成工程发承包价。

由于各分部分项工程中的人工、材料、机械含量的比例不同,各分项工程可根据其材料费占人工费、材料费、机械费合计的比例(以字母 C 代表该项比值),在以下三种计算程序中选择一种计算其综合单价。

当 $C>C_0$(C_0 为本地区原费用定额测算所选典型工程材料费占人工费、材料费、和机械费合计的比例)时,可采用以直接费为基数计算该分项的间接费和利润,其计价程序见表 2-15。

表 2－15　以直接费为基础的综合单价法计价程序

序　号	费用项目	计算方法	备　注
1	分项直接工程费	人工费＋材料费＋机械费	
2	间接费	1×相应费率	
3	利润	（1＋2）×相应利润率	
4	合计	1＋2＋3	
5	含税造价	4×（1＋相应税率）	

当 $C < C_0$ 值的下限时，可采用以人工费和机械费合计为基数计算该分项的间接费和利润，其计价程序见表 2－16 。

表 2－16　以人工费和机械费为基础的综合单价计程序

序　号	费用项目	计算方法	备　注
1	分项直接工程费	人工费＋材料费＋机械费	
2	其中人工费和机械费	人工费＋机械费	
3	间接费	2×相应费率	
4	利润	2×相应利润率	
5	合计	1＋3＋4	
6	含税造价	5×（1＋相应税率）	

如该分项的直接费仅为人工费，无材料费和机械费时，可采用以人工费为基数计算该分项的间接费和利润，其计价程序见表 2－17。

表 2－17　以人工费为基础的综合单价计价程序

序　号	费用项目	计算方法	备　注
1	分项直接工程费	人工费＋材料费＋机械费	
2	直接工程费中人工费	人工费	
3	间接费	2×相应费率	
4	利润	2×相应利润率	
5	合计	1＋3＋4	
6	含税造价	5×（1＋相应税率）	

对于招标工程采用哪种计价方法应在招标文件中明确。

根据我国现行的工程造价计算方法，同时考虑到与国际惯例接轨，在工程量清单的计价上宜采用综合单价方法。

2. 以施工图预算为基础的标底编制方法

以施工图预算为基础的标底编制方法是当前我国建筑装饰工程施工招标较多采用的标底编制方法。其特点是根据施工详图和技术说明，按工程预算定额规定的分部分项工程子目，逐项计算工程量，套用定额单价（或单位估价表）确定直接费，再按规定的取费标准确定临时设施费、环境保护费、文明施工费、安全施工费、夜间施工增加费等费用以及利润，还要加上材料调价系数和适当的不可预见费,汇总后即为工程预算,也就是标底的基础。

以施工图预算为基础进行建筑装饰工程标底编制的程序如下:

(1)准备工作。以施工图预算为基础进行标底编制前,应仔细研究施工图纸及说明、勘察施工现场、拟定施工方案、了解业主提供的器材落实情况、进行市场调查等。

(2)计算工程量。根据施工图纸和建筑装饰工程工程量计算规则计算工程量。

(3)确定单价。针对分部分项工程选定适用的定额单价,编制必要的补充单价。

(4)计算直接费。建筑装饰工程直接费是由直接工程费和措施费组成。

①直接工程费是指施工过程中耗费的构成工程实体的各项人工费用,包括人工费、材料费、施工机械使用费。即

$$直接工程费＝人工费＋材料费＋施工机械使用费$$

人工费是指直接从事建筑装饰工程施工开支的各项人工费用,其计算公式如下:

$$人工费＝\sum(工日消耗量×日工资单价)$$

材料费是指施工过程中耗费的构成工程实体的原材料、辅助材料、构配件、零件、半成品的费用,其计算公式如下:

$$材料费＝\sum(材料消耗量×材料基价)＋检验试验费$$

式中,材料基价＝{(供应价格＋运杂费)×[1＋运输损耗率(%)]}×[1＋采购保管费率(%)]

$$检验试验费＝\sum(单位材料量检验试验费×材料消耗量)$$

施工机械使用费是指施工机械作业所发生的机械使用费以及机械安拆费和场外运费,其计算公式如下:

$$施工机械使用费＝(施工机械台班消耗量×机械台班单价)$$

式中,

台班单价＝台班折旧费＋台班大修费＋台班经常修理费＋台班安拆费及场外运费＋台班人工费＋台班燃料动力费＋台班养路费及车船使用税

②措施费是指为完成工程项目施工,发生于该工程施工前和施工过程中非工程实体项目的费用。

对于措施费的计算,本处只列通用措施费项目的计算方法,建筑装饰的专用措施费项目(脚手架、垂直运输机械和室内空气污染测试)的计算方法由各地区或国务院有关专业主管部门的工程造价管理机构自行制定。

A.环境保护费。

$$环境保护费＝直接工程费×环境保护费费率(%)$$

B.文明施工费。

$$文明施工费＝直接工程费×文明施工费费率(%)$$

C.安全施工费。

$$安全施工费＝直接工程费×安全施工费费率(%)$$

D.临时设施费。临时设施费是由周转使用临建费、一次性使用临建费和其他临时设施费三部分组成,其计算公式如下:

临时设施费＝(周转使用临建费＋一次性使用临建费)×[1＋其他临时设施所占比例(%)]

其中,

一次性使用临建费＝∑临建面积×每平方米造价×[1－残值率(%)]＋一次性拆除费

其他临时设施在临时设施费中所占比例,可由各地区造价管理部门依据典型施工企业的成本资料经分析后综合测定。

　E. 夜间施工增加费。

　F. 二次搬运费。

$$二次搬运费＝直接工程费×二次搬运费费率(\%)$$

　G. 大型机械进出场及安拆费。

　H. 混凝土、钢筋混凝土模板及支架费。

$$模板及支架费＝模板摊销量×模板价格＋支、拆、运输费$$

其中,

$$租赁费＝模板使用量×使用日期×租赁价格＋支、拆、运输费$$

　I. 脚手架搭拆费。

$$脚手架搭拆费＝脚手架摊销量×脚手架价格＋搭、拆、运输费$$

其中,

$$租赁费＝脚手架每日租金×搭设周期＋搭、拆、运输费$$

　J. 已完工程及设备保护费。

$$已完工程及设备保护费＝成品保护所需机械费＋材料费＋人工费$$

　K. 施工排水、降水费。

$$排水降水费＝\sum 排水降水机械台班费×排水降水周期＋排水降水使用材料费、人工费$$

　(5)计算间接费。建筑装饰工程间接费以直接费为基数,按规定费率计算。

　(6)计算主要材料数量和价差。建筑装饰工程所用材料用量及统配价与议价或市场价之差额。

　(7)确定不可预见费。

　(8)计算利润。按规定利润率计算建筑装饰工程利润。

　(9)确定标底。汇总上述各项内容,经有关部门审核批准后确定标底。

3. 以工程概算为基础的标底编制方法

以工程概算为基础进行建筑装饰工程标底编制的程序和以施工图预算为基础的标底编制程序大体相同,其区别在于采用工程概算定额方法,其分部分项工程子目作了适当的归并与综合,使计算工作有所简化。采用这种方法编制的标底,通常适用于扩大初步设计或技术设计阶段,即进行招标的工程。

在施工图阶段招标,也可按施工图计算工程量,按概算定额和单价计算直接费,既可提高计算结果的准确性,又能减少计算工作量,节省时间和人力。

4. 以扩大综合定额为基础的标底编制方法

以扩大综合定额为基础的建筑装饰工程标底是由工程概算为基础的标底发展而来的,其特点是在工程概算定额的基础上,将措施费、间接费以及法定利润都纳入扩大的分部分项单价内,可使编制工作进一步简化。

5. 以平方米造价包干为基础的标底编制方法

以平方米造价包干为基础的标底编制方法是由地方主管部门对不同结构体系的住宅造价进行测算分析,制定每平方米造价包干标准,在具体工程招标时,再根据装修、设备情况进行适当的调整,确定标底单价。

(五)建筑装饰工程标底保密

标底在我国建筑装饰工程中得到了普遍应用,在实践中,投标报价是否接近标底价格仍然是投标人能否中标的一个重要条件。因此,招标人必须根据法律规定,对标底进行保密。《中华人民共和国招标投标法》规定:"招标人设有标底的,标底必须保密。"《工程建设项目施工招标投标办法》规定:"招标人可根据项目特点决定是否编制标底。编制标底的,标底编制过程和标底必须保密。"

建筑装饰工程招标项目编制标底的,应根据批准的初步设计、投资概算,依据有关计价办法,参照有关工程定额,结合市场供求状况,综合考虑投资、工期和质量等方面的因素合理确定。

(六)高级装饰工程标底编制

编制高级装饰工程招标标底,可以采用"定额量、市场价、竞争费率"一次包定的方式,不执行季度竣工调价系数。具体做法包括以下几点:

(1)按设计图纸概算定额确定主材量、人工工日。

(2)材料价格、工资单价均按市场价格计算,黏结层及辅料部分价格自行调整。

(3)机械费按定额的机械费及历次调整机械费乘以 1.2 系数计算。

(4)其他费用,可根据自身优势浮动。

(5)实行土建工程总包时,建设单位要求将其中的装饰工程分离出来发包给装饰施工公司的,应按分包总造价 2%～5% 的比例给总包单位增加计取现场施工管理费用,列入总包工程造价,并相应计取税金和政府规定的有关基金。

(七)建筑装饰工程标底审定

建筑装饰工程招标标底的审定,是指政府有关主管部门对招标人已编制完成的标底进行的审查认定。

招标人编制完成标底后,应按有关规定将标底报送有关主管部门审定。标底审定是一项政府职能,是政府对招投标活动进行监管的重要体现。能以自己名义行使标底审定职能的组织,即是标底的审定主体。

1. 建筑装饰工程标底审定原则

建筑装饰工程标底的审定原则和标底的编制原则是一致的,标底的编制原则也就是标底的审定原则。这里需要特别强调的是编审分离原则。实践中,编制标底和审定标底必须严格分开,不准以编代审、编审合一。

2. 建筑装饰工程标底审定内容

招标投标管理机构对建筑装饰工程标底进行审定时,主要审查以下内容:

(1)工程范围是否符合招标文件规定的发包承包范围。

(2)工程量计算是否符合计算规则,有无错算、漏算和重复计算。

(3)使用定额、选用单价是否准确,有无错选、错算和换算的错误。

(4)各项费用、费率使用及计算基础是否准确,有无使用错误、多算、漏算和计算错误。

(5)标底总价计算程序是否正确,有无计算错误。

(6)标底总价是否突破概算或批准的投资计划金额。

（7）主要设备、材料和特种材料数量是否准确，有无多算或少算。

关于标底价格的审定，在采用不同的计价方法时，审定的内容也有所不同。

①对采用工料单价的标底价格的审定内容，主要包括以下几个方面：

A.标底价格计价内容。发包承包范围、招标文件规定的计价方法及招标文件的其他有关条款。

B.预算内容。工程量清单单价、"生项"补充定额单价、直接工程费、措施费、有关文件规定的调价、间接费、取费标准、利润、设备费、税金以及主要材料设备数量等。

C.预算外费用。材料、设备的市场供应价格，措施费（赶工措施费、施工技术措施费），现场因素费用，不可预见费（特殊情况），材料设备差价，对于采用固定价格的工程测算的施工周期人工、材料、设备、机械台班价格波动风险系数等。

②对采用综合单价的标底价格的审定内容，主要包括以下几个方面。

A.标底价格计价内容。发包承包范围、招标文件规定的计价方法及招标文件的其他有关条款。

B.工程量清单单价组成分析。人工、材料、机械台班计取的价格，有关文件规定的调价、管理费、取费标准、利润，采用固定价格的工程测算的在施工周期人工、材料、设备、机械台班价格波动风险系数，不可预见费（特殊情况）以及主要材料数量等。

3.建筑装饰工程标底审定程序

（1）标底送审。建筑装饰工程招投标实践中，招标人应在正式招标前将编制完成的标底和招标文件等一起报送招投标管理机构审查认定，经招投标管理机构审查认定后方可组织招标。

招标人申报标底时应提交的有关文件资料，主要包括工程施工图纸、施工方案或施工组织设计、填有单价与合价的工程量清单、标底价格计算书、标底价格汇总表、标底价格审定书（报审表）、采用固定价格的工程的风险系数测算明细，以及现场因素、各种施工措施测算明细、材料设备清单等。

（2）进行标底审定交底。招投标管理机构在收到招标标底后应及时进行审查认定工作。一般来说，中小型工程招标标底应在7天以内审定完毕，大型工程招标标底应在14天以内审定完毕，并在上述时限内进行必要的标底审定交底。但在实际工作中，各种招标工程的情况是十分复杂的，在标底审定的实践中，应该根据工程规模大小和难易程度，确定合理的标底审定时限。一般的做法是划定几个时限档次，如3～5天，5～7天，7～10天，10～15天，20～25天等，最长不宜超过一个月（30天）。

（3）对经审定的标底进行封存。标底自编制之日起至公布之日止应严格保密。标底编制单位、审定机构必须严格按规定密封、保存，开标前不得泄漏。

➤ 三、建筑装饰工程招标控制价编制与审定

建筑装饰工程招标控制价应由具有编制能力的招标人编制，当招标人不具有编制招标控制价的能力时，可委托具有相应资质的工程造价咨询单位编制。工程造价咨询人不得同时接受招标人和投标人对同一工程的招标控制价和投标报价进行编制。

(一)建筑装饰工程招标控制价编制依据

建筑装饰工程招标控制价的编制应根据下列依据进行：

(1)《建设工程工程量清单计价规范》(GB 50500—2008)。

(2)国家或省级、行业建设主管部门颁发的计价定额和计价办法。

(3)建筑装饰工程设计文件及相关资料。

(4)招标文件中的工程量清单及有关要求。

(5)与建筑装饰项目有关的标准、规范、技术资料。

(6)工程造价管理机构发布的工程造价信息、工程造价信息没有发布的参照市场价。

(7)其他的相关资料。

(二)建筑装饰工程招标控制价编制内容

1. 分部分项工程费编制

分部分项工程费应根据招标文件中的分部分项工程量清单项目的特征描述及有关要求,按规定确定综合单价进行计算。综合单价中应包括招标文件中要求投标人承担的风险费用。招标文件提供了暂估单价的材料,按暂估的单价计入综合单价。

2. 措施项目费编制

措施项目费应按招标文件中提供的措施项目清单确定,措施项目采用分部分项工程综合单价形式进行计价的工程量,应按措施项目清单中的工程量,并按规定确定综合单价;以"项"为单位的方式计价的,按规定确定除规费、税金以外的全部费用。措施项目费中的安全文明施工费应当按照国家或省级、行业建设主管部门的规定标准计价。

3. 其他项目费编制

(1)暂列金额。暂列金额由招标人根据工程特点,按有关计价规定进行估算确定。为保证工程施工建设的顺利实施,在编制招标控制价时,应对施工过程中可能出现的各种不确定因素对工程造价的影响进行估算,列出一笔暂列金额。暂列金额可根据工程的复杂程度、设计深度、工程环境条件(包括地质、水文、气候条件等)进行估算,一般可按分部分项工程费的10%～15%作为参考。

(2)暂估价。暂估价包括材料暂估价和专业工程暂估价。暂估价中的材料单价应按照工程造价管理机构发布的工程造价信息或参考市场价格确定;暂估价中的专业工程暂估价应分不同专业,按有关计价规定估算。

(3)计日工。计日工包括计日工人工、材料和施工机械。在编制招标控制价时,对计日工的人工单价和施工机械台班单价应按省级、行业建设主管部门或其授权的工程造价管理机构公布的单价计算;材料应按工程造价管理机构发布的工程造价信息中的材料单价计算,工程造价信息未发布单价的材料,其价格应按市场调查确定的单价计算。

(4)总承包服务费。招标人应根据招标文件中列出的内容和向总承包人提出的要求,参照下列标准计算:

①招标人要求对分包的专业工程进行总承包管理和协调时,按分包的专业工程估算造价的1.5%计算。

②招标人要求对分包的专业工程进行总承包管理和协调,并同时要求提供配合服务时,根据招标文件中列出的配合服务内容和提出的要求,按分包的专业工程估算造价的3%～5%计算。

③招标人自行供应材料的,按招标人供应材料价格的1%计算。

4．规费和税金编制

招标控制价的规费和税金必须按国家或省级、行业建设主管部门的规定计算。

（三）建筑装饰工程招标控制价审定

招标控制价应在招标时公布，不应上调或下浮，招标人应将招标控制价及有关资料报送工程所在地工程造价管理机构备查。

投标人经复核认为招标人公布的招标控制价未按照规范规定进行编制的，应在开标前 5 天向招标监督机构或（和）工程造价管理机构投诉。

招标监督机构应会同工程造价管理机构对投诉进行处理，发现确有错误的，应责成招标人修改。

项目小结

1．建筑装饰工程招标范围

（1）建筑装饰工程设计招标范围。

一般是对单位建筑装饰工程造价每平方米 3000 元以下的大型高档建筑项目的公共部分（如大堂、多功能厅、会议厅、大小餐厅、高级办公空间、娱乐空间等精装饰部分）进行装饰设计招标。

（2）建筑装饰工程施工招标范围。

2．建筑装饰工程施工招标的形式

一般包括包工包料、包工不包料和建设方供主材、承包方供辅料及包清工等几种形式。

3．建筑装饰工程招标方式及招标程序

（1）公开招标。

（2）邀请招标。

4．招标文件

（1）招标公告（或投标邀请书）。

（2）投标人须知。

（3）评标办法。

（4）合同条款及格式。

（5）工程量清单。

（6）图纸。

（7）技术标准和要求。

（8）投标文件格式。

5．建筑装饰工程招标标底（招标控制价）编制

（1）建筑装饰工程招标标底编制。

①标底报审表；

②标底正文。

（2）建筑装饰工程标底编制方法。

（3）建筑装饰工程标底保密。

（4）高级装饰工程标底编制。

（5）建筑装饰工程标底审定。

 案例分析

某房地产公司计划在北京市某区开发 60000m² 的住宅项目,可行性研究报告已经通过国家计委批准,资金为自筹方式,资金尚未完全到位,仅有初步设计图纸,因急于开工,组织销售,在此情况下决定采用邀请招标的方式,随后向 7 家施工单位发出了投标邀请书。

问题:

(1)建设工程施工招标的必备条件有哪些?

(2)本项目在上述条件下是否可以进行工程施工招标?

(3)通常情况下,哪些工程项目适宜采用邀请招标的方式进行招标?

参考答案:

(1)建设工程施工招标的必备条件有:

①招标人已经依法成立;

②初步设计及概算应当履行审批手续的,已经批准;

③招标范围、招标方式和招标组织形式等应当履行核准手续的,已经核准;

④有相应资金式资金来源已经落实;

⑤有招标所需的设计图纸及技术资料。

(2)本工程不完全具备招标条件,不应实施招标。

(3)有下列情形之一的,经批准可以进行邀请招标:

①项目技术复杂或有特殊要求,只有少量几家潜在投标人可供选择的;

②受自然地域环境限制的;

③涉及国家安全、国家秘密或者抢险救灾,适宜招标但不宜公开招标的;

④拟公开招标的费用与项目的价值相比不值得的;

⑤法律、法规规定不宜公开招标的。

 能力训练

一、单项选择题

1.下列工作中,通常不属于招技法师职业范围的是(　　)。

A. 编制招标采购计划及方案

B. 参与招标采购计划及方案

C. 编制工程结算书

D. 主持或协助合同谈判

答案:C

2.某省政府公布的政府采购限额标准为 30 万元,货物公开招标限额标准为 100 万元。该省某预算单位拟采购一台水下机器人,采购预算为 50 万元。水下机器人技术复杂,采购人不能准确提出技术要求。最适合该项目的采购方式是(　　)。

A. 公开招标

B. 邀请招标

C. 竞争性谈判

D. 询价

3. 某事业单位使用财政资金采购 5 套应急系统软件,经批准采用竞争性谈判方式进行采购。下列关于本次采购做法中,不正确的是( )。

A. 由该事业单位从符合相应资格条件的供应商名单中确定 3 家供应商参加谈判

B. 由该事业单位代表 1 人和在财政部门设立的专家库中随机抽取的专家 2 人,共 3 人组成谈判小组

C. 在竞争性谈判过程中,谈判小组修改了谈判文件的实质性内容,并将其书面通知所有参加谈判的供应商

D. 在符合采购需求、质量和服务相等的情况下,该事业单位应确定报价最低的供应商为成交供应商

答案:A

4. 我国政府采购实行( )相结合的组织形式。

A. 集中采购和分散采购

B. 公开招标和邀请招标

C. 中央采购和地方采购

D. 自主招标和委托招标

答案:A

5. 根据《工程建设项目自行招标试行办法》的有关规定,工程建设项目招标人自行组织招标至少应当拥有( )以下专职招标业务人员。

A. 1 名

B. 3 名

C. 5 名

D. 10 名

答案:B

6. 某商场工程建设项目招标,比较合理的招标顺序是( )。

A. ①扶梯及电梯采购;②工程施工;③工程设计 ;④灯具采购

B. ①工程施工;②工程设计;③扶梯及电梯采购;④灯具采购

C. ①工程设计;②扶梯及电梯采购;③工程施工;④灯具采购

D. ①工程设计;②灯具采购;③工程施工;④扶梯及电梯采购

答案:C

7. 某依法必须招标的机电工程招标中,分别对通讯、监控、照明系的业绩提出要求,允许投标人以联合体形式投标。联合体投标人必须具备监控系统业绩的是( )。

A. 联合体中所有成员

B. 联合体中具有监控资质的成员

C. 联合体的牵头人

D. 联合体协议中承担该项任务的成员

答案:B

8.工程施工招标资格预审中,要求资格预审申请人提供已经承接正在施工项目的工作量是为了考察资格预审申请人( )。

A. 类似项目的施工能力

B. 施工管理经验

C. 可以调动的剩余施工资源和能力

D. 信誉状况

答案:C

二、多项选择题

1.政府采购货物与服务招标对评标专家的规定包括( )。

A. 参与过对采购项目招标文件征询意见的专家不得参加评标

B. 采购人不得以专家身份参与本部门或者本单位采购项目的评标

C. 随机方式难以确定合适评标专家的,可以由招标人直接确定评标专家

D. 招标采购代理机构工作人员不得参加本机构代理的政府采购项目的评标

E. 评标专家只能从财政部门的专家库中采取的方式产生

答案:ABD

2.某政府投资民用建筑工程项目拟进行施工招标,该项招标应当具备的条件有( )。

A. 资金或资金来源已经落实

B. 招标方式等已经核准

C. 施工组织设计已经完成

D. 工程施工图设计已经完成

E. 建筑施工许可证已经取得

答案:ABD

3.某工程建设项目施工招标在评标时进行资格审查,下列审查方法或办法中,正确的有( )。

A. 采用资格预审方法,按规定标准对资格进行综合评分

B. 采用资格后审方法,按招标文件规定的标准以资格进行符合性评审

C. 采用合格制办法审查,按招标文件规定的标准对资格进行评审

D. 采用有限数量制办法审查,按招标文件规定标准对资格进行量化评审

E. 只对推荐为第一中标候选人的投标人进行资格审查

答案:BCD

4.某招标项目,招标人发出中标通知书2个月后,没有与中标人签订合同书,下列关于法律责任的说法中正确的有( )。

A. 合同尚未签订,招标人和中标人均不必承担法律后果

B. 如果由于中标人单方面的原因,中标人至多被没收投标保证金

C. 如果由于中标人单方面的原因,中标人至少被没收投标保证金

D. 如果由于招标人单方面的原因,中标人无权要求赔偿损失

E. 如果由于招标人单方面的原因,招标人应赔偿中标人的损失

答案:CE

5.关于工程招标的投标预备会,下列说法中正确的有( )。

A. 投标预备会是招标必不可少的程序之一

B. 招标人可以在投标预备会上澄清、解答潜在投标人提出的疑问

C. 招标人在投标预备会上不能主动对招标文件中的内容作出说明

D. 投标预备会一般在现场踏勘后召开

E. 招标文件应明确是否召开投标预备会

答案：BDE

项目三　建筑装饰工程投标

学习目标

通过本章内容的学习,使学生熟悉建筑装饰工程投标的基础知识,掌握建筑装饰工程投标报价,掌握建筑装饰工程投标文件的编制及建筑装饰工程投标程序。

教学重点

1. 装饰工程投标报价;
2. 装饰工程投标文件的编制;
3. 建筑装饰工程投标程序。

任务一　建筑装饰工程投标基础知识

建筑装饰工程项目投标是指承包商向招标单位提出承包该建筑装饰工程项目的价格和条件,供招标单位选择以获得承包权的活动。

➤ 一、建筑装饰工程投标人资格要求

为保证建筑装饰工程的质量、工期、成本目标的实现,投标人必须具备相应的资格条件,这种资格条件主要体现在承包企业的资质和业绩上。

1. 建筑装饰工程投标人的资质等级条件

投标人应具备承担招标项目的能力,国家有关规定对投标人资格条件或者招标文件对投标人资格条件有规定的,投标人应当具备规定的资格条件。

(1)承包建筑装饰工程的单位应当持有依法取得的资质证书,并在其资质等级许可的业务范围内承揽工程。禁止建筑装饰企业超越本企业资质等级许可的业务范围或者以任何形式用其他建筑装饰企业的名义承揽工程。

(2)禁止建筑装饰企业以任何形式允许其他单位或者个人使用本企业的资质证书、营业执照,以本企业的名义承揽工程。

(3)建筑装饰工程勘察资质分为工程勘察综合资质、工程勘察专业资质、工程勘察劳务资质,每种资质各有其相应等级,各等级具有不同的承担工程项目的能力,各企业应在其资质等级范围内承担工程。

(4)建筑装饰工程设计资质分为工程设计综合资质、工程设计行为资质、工程设计专项资

质,每种资质各有其相应等级,各等级具有不同的承担工程项目的能力,各企业应在其资质等级范围内承担工程。

(5)新设立的建筑企业或建设工程勘察、设计企业,到工商行政管理部门办理登记注册手续并取得企业法人营业执照后,方可到建设行政主管部门办理资质申请手续。这实际上把建设工程施工和勘察、设计投标人的资格限定在企业法人上。

2. 建筑装饰工程投标人应符合的其他条件

招标文件对投标人的资格条件有规定的,投标人应当符合该规定的条件。

参加建筑装饰工程的设计、监理、施工及主要设备、材料供应等投标的单位,必须具备下列条件:

(1)具有招标条件要求的资质证书,并为独立的法人实体。

(2)承担过类似建设项目的相关工作,并有良好的工作业绩和履约记录。

(3)财产状况良好,没有财产被接管、破产或者其他关、停、并、转状态。

(4)在最近三年没有骗取合同以及其他经济方面的严重违法行为。

(5)近几年有较好的安全记录,投标当年内没有发生重大质量事故和特大安全事故。

➤ 二、建筑装饰工程投标组织机构

在建筑装饰工程招投标活动中,投标人参加投标就面临一场竞争,比较的不仅是报价的高低、技术方案的优劣,还要比人员、管理、经验、实力等方面。因此,建立一个专业的、优秀的投标班子是投标获得成功的根本保证。

1. 投标组织机构工作内容

投标组织机构,在平时要注意投标信息资料的收集与分析,研究投标策略。当有招标项目时,则承担起选择投标对象,研究招标文件和勘查现场,确定投标报价,编制投标文件等工作,到中标时,则负责合同谈判、合同条款的起草及合同的签订等工作。

由于招投标过程涉及的情况非常复杂,这就需要投标组织机构的成员要具备丰富的专业知识和经验,一般来讲,在一个投标机构中应该包括经营管理类人才、技术类人才、商务金融类人才以及法律类人才。如果是涉外工程,还要求具有熟悉相应语言和国际商务、国际环境的专门人才。

2. 投标组织机构人员组成

(1)经营管理类人才。经营管理类人才指专门从事工程业务承揽工作的公司经营部门管理人员和拟定的项目经理。经营部管理人员应具备一定的法律知识,掌握大量的调查和统计资料,具备分析和预测等科学手段,有较强的社会活动与公共关系能力,而项目经理应熟悉项目运行的内在规律,具有丰富的实践经验和大量的市场信息。这类人才在投标班子中起核心作用,制定和贯彻经营方针与规划,负责工作的全面筹划和安排。

(2)专业技术人才。专业技术人才主要指工程施工中的各类技术人才。他们具有较高的学历和技术职称,掌握本学科最新的专业知识,具备较强的实际操作能力,在投标时能从本公司的实际技术水平出发,确定各项专业实施方案。

(3)商务金融类人才。商务金融类人才指从事预算、财务和商务等方面业务的人才。他们具有概预算、材料设备采购、财务会计、金融、保险和税务等方面的专业知识。投标报价主要由这类人才进行具体编制。

三、建筑装饰工程联合承包方式

对于规模庞大、技术复杂的建筑装饰工程项目,可以由几家建筑装饰企业联合投标,以发挥各企业的特长和优势,补充技术力量的不足,增强融资能力。

联合投标可以是同一个国家的公司相互联合,也可以是来自不止一个国家的公司的联合。联合投标组织有如下几种:

(1)合资公司。由两个或几个公司共同出资正式组成一个新的法人单位,进行注册并进行长期的经营活动。

(2)联合集团。集团内各公司单独具有法人资格,不一定要以集团名义注册为一家公司,各公司可以联合投标和承包一项或多项工程。

(3)联合体。专门为特定的工程项目组成一个非永久性的团体,对该项目进行投标和承包。联合体组织形式有利于各公司相互学习、取长补短、相互促进、共同发展,但需要拟定完善的合作协议和严格的规章制度,并加强科学管理。

四、建筑装饰工程投标类型

建筑装饰工程投标根据不同的分类标准可以分为不同的类型,具体见表 3-1 。

表 3-1　建筑装饰工程投标类型

分类标准	类　别	内　容
按投标性质分类	风险标	风险标,是指明知工程承包难度大,风险大,且技术、设备、资金上都有未解决的问题,但由于队伍窝工,或因为工程盈利丰厚,或为了开拓新技术领域而决定参加投标,同时设法解决存在的问题,即为风险标。投标后,如果问题解决得好,可取得较好的经济效益;可锻炼出一支好的施工队伍,使企业更上一层楼。否则,企业的信誉、利益就会因此受到损害,严重者将导致企业亏损甚至破产。因此,投风险标必须审慎从事。
	保险标	保险标,是指对可以预见的情况从技术、设备、资金等重大问题都有了解决的对策之后再投标,谓之保险标。企业经济实力较弱,经不起失误的打击,则往往投保险标。当前,我国施工企业多数都愿意投保险标,特别是在国际工程承包市场上去投保险标。
按投标效益分类	盈利标	盈利标,如果招标工程既是本企业的强项,又是竞争对手的弱项;或建设单位意向明确;或本企业任务饱满,利润丰厚,才考虑让企业超负荷运转,此种情况下的投标,称投盈利标。
	保本标	保本标,当企业无后继工程,或已出现部分窝工,必须争取投标中标,但招标的工程项目对于本企业又无优势可言,竞争对手又是"强手如林"的局面,此时,宜投保本标,至多投薄利标。
	亏损标	亏损标,是一种非常手段,一般是在下列情况下采用,即:本企业已大量窝工,严重亏损,若中标后至少可以使部分人工、机械运转、减少亏损;或者为在对手林立的竞争中夺得头标,不惜血本压低标价;或是为了在本企业一统天下的地盘里,为挤垮企图插足的竞争对手;或为打入新市场,取得拓宽市场的立足点而压低标价。以上这些,虽然是不正常的,但在激烈的投标竞争中有时也这样做。

任务二　建筑装饰工程投标程序

建筑装饰装修工程施工项目特指建筑装饰装修工程的施工阶段。投标实施过程是从填写资格预审表开始，到将正式投标文件送交招标人为止所进行的全部工作，它与招标实施过程实质上是一个过程的两个方面。建筑装饰工程具体投标程序如图3-1所示。

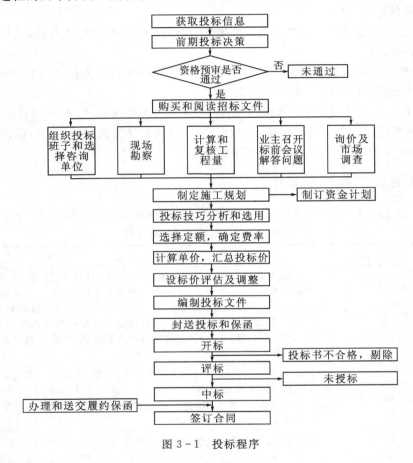

图3-1　投标程序

➤ 一、投标信息的收集与分析

在建筑装饰工程投标竞争中，投标信息是一种非常宝贵的资源，正确全面、可靠的投标信息，对投标决策起着至关重要的作用。投标信息的调研就是承包者对市场进行详细的调查研究，广泛收集项目信息并进行认真分析，从而选择适合本单位投标的项目。投标信息包括影响投标决策的各种因素，主要包括以下几个方面：

（1）企业技术方面的实力。即投标者是否拥有各类专业技术人才、熟练工人、技术装备以及类似工程经验，来解决工程施工中所遇到的技术难题。

（2）企业经济方面的实力。包括垫付资金的能力、购买项目所需新的大型机械设备的能力、支付施工用款的周转资金的多少、支付各种担保费用以及办理纳税和保险的能力等。

（3）管理水平。这主要是指是否拥有足够的管理人才、运转灵活的组织机构、各种完备的规章制度、完善的质量和进度保证体系等。

（4）社会信誉。企业拥有良好的社会信誉，是获取承包合同的重要因素，而社会信誉的建立不是一朝一夕的事，要靠平时的保质、按期完成工程项目来逐步建立。

（5）业主和监理工程师的情况。这主要是指业主的合法地位、支付能力及履约信誉情况，监理工程师处理问题的公正性、合理性、是否易于合作等。

（6）项目的社会环境。这主要是国家的政治经济形势，建筑市场是否繁荣，竞争激烈程度，与建筑市场或该项目有关的国家的政策、法令、法规、税收制度以及银行贷款利率等方面的情况。

（7）项目的自然条件。这主要是指项目所在地及其气候、水文、地质等对项目进展和费用有影响的一些因素。

（8）项目的社会经济条件。主要包括交通运输、原材料及构配件供应、水电供应、工程款的支付、劳动力的供应等各方面的条件。

（9）竞争环境。这主要是指竞争对手的数量，其实力与自身实力的对比，以及对方可能采取的竞争策略等。

（10）工程项目的难易程度。如工程的质量要求、施工工艺难度的高低，是否采用了新结构、新材料，是否有特种结构施工，以及工期的紧迫程度等。

➤ 二、前期投标决策

决策，是指为实现一定的目标，运用科学的方法，在若干可行方案中寻找满意的行动方案的过程。建筑装饰工程投标决策即是寻找满意的投标方案的过程。

1. 投标决策的内容

（1）针对项目招标决策是投标或是不投标。一定时期内，企业可能同时面临多个项目的投标机会，受施工能力所限，企业不可能实践所有的投标机会，而应在多个项目中进行选择；就某一具体项目而言，从效益的角度看，有盈利标、保本标和亏损标，企业需根据项目特点和企业现实状况决定采取何种投标方式，以实现企业的既定目标，诸如获取盈利、占领市场、树立企业新形象等。

（2）倘若去投标，需决定投什么性质的标。按性质划分，投标有风险标和保险标。从经济学的角度看，某项事业的收益水平与其风险程度成正比，企业需在高风险、高收益与低风险、低收益之间进行抉择。

（3）投标中企业需制定如何采取扬长避短的策略与技巧，达到战胜竞争对手的目的。投标决策是投标活动的首要环节，科学的投标决策是承包商战胜竞争对手，并取得较好的经济效益与社会效益的前提。

42. 投标决策阶段的划分

建筑装饰工程投标决策可分为两个阶段进行，即投标决策前期阶段和投标决策的后期阶段。

建筑装饰工程投标决策的主要依据是招标广告以及装饰企业对招标工程、业主的情况的调研和了解的程度，通常情况下，对下列招标项目应放弃投标。

（1）本施工企业主管和兼营能力之外的项目。

（2）工程规模、技术要求超过本施工企业技术等级的项目。

（3）本施工企业生产任务饱满，而招标工程的盈利水平较低或风险较大的项目。

（4）本施工企业技术等级、信誉、施工水平明显不如竞争对手的项目。

3. 影响投标决策的主要因素

影响建筑装饰工程投标决策的因素主要有企业内部因素和外部因素，见表3-2和表3-3。

表3-2　影响建筑装饰工程投标决策的企业外部因素

序号	影响因素	内　容
1	技术方面的实力	（1）有精通建筑装饰行业的估算师、建筑师、工程师、会计师和管理专家组成的组织机构。 （2）有建筑装饰工程项目设计、施工专业特长，能解决技术难度大的问题和各类工程施工中的技术难题的能力。 （3）具有建筑装饰工程的施工经验。 （4）有一定技术实力的合作伙伴。技术实力是实现较低的价格、较短的工期、优良的工程质量的保证，直接关系到企业投标中的竞争能力。
2	经济方面的实力	（1）具有一定的垫付资金的能力。 （2）具有一定的固定资产和机具设备，并能投入所需资金。 （3）具有一定的资金周转来支付施工用款。因为对已完成的工程量需要监理工程师确认后并经过一定手续、一定的时间后才能将工程款拨入。 （4）承担国际工程尚需筹集承包工程所需外汇。 （5）具有支付各种担保的能力。 （6）具有支付各种纳税和保险的能力。 （7）由于不可抗力带来的风险。即使是属于业主的风险，承包商也会有损失；如果不属于业主的风险，则承包商损失更大。要有财力承担不可抗力带来的风险。 （8）承担国际工程往往需要重金聘请有丰富经验或有较高地位的代理人，以及其他"佣金"，也需要承包商具有这方面的支付能力。
3	管理方面的实力	具有高素质的项目管理人员，特别是懂技术、会经营、善管理的项目经理人选。能够根据合同的要求，高效率地完成项目管理的各项目标，通过项目管理活动创造较好的经济效益和社会效益。
4	信誉方面的实力	承包商一定要有良好的信誉，这是投标中标的一条重要标准。要建立良好的信誉，就必须遵守法律和行政法规，或按国际惯例办事，同时，要认真履约，保证工程的施工安全、工期和质量，而且各方面的实力要雄厚。

表3-3　影响建筑装饰工程投标决策的企业外部因素

序号	影响因素	内　容
1	业主和监理工程师情况	主要应考虑业主的合法地位、支付能力、履约信誉，监理工程师处理问题的公正性、合理性及与本企业间的关系等。
2	竞争对手和竞争形势	是否投标，应注意竞争对手的实力、优势及投标环境的优劣情况。如果对手的在建工程即将完工，可能急于获得新承包项目心切，投标报价不会很高；如果对手在建工程规模大、时间长，如仍参加投标，则标价可能很高。从总的竞争形势来看，大型工程的承包公司技术水平高，善于管理大型复杂工程，其适应性强，可以承包大型工程；中小型工程由中小型工程公司或当地的工程公司承包可能性大。因为当地中小型公司在当地有自己熟悉的材料、劳动力供应渠道，管理人员相对比较少，有自己惯用的特殊施工方法等优势。

序号	影响因素	内　　容
3	法律、法规情况	对于国内工程承包,自然适用本国的法律和法规。而且,其法制环境基本相同。因为我国的法律、法规具有统一或基本统一的特点,如果是国际工程承包,则有法律适用问题。法律适用的原则有5条: (1)强制适用工程所在地法的原则。 (2)意思自治原则。 (3)最密切联系原则。 (4)适用国际惯例原则。 (5)国际法效力优于国内法效力的原则。
4	风险问题	工程承包,特别是国际工程承包,由于影响因素众多,因而存在很大的风险性,从来源的角度看,风险可分为政治风险、经济风险、技术风险、商务及公共关系风险和管理方面的风险等。投标决策中对拟投标项目的各种风险进行深入研究,进行风险因素辨识,以便有效规避各种风险,避免或减少经济损失。

4.投标策略的确定

建筑装饰企业参加投标竞争,能否战胜对手而取得成功,在很大程度上取决于自身能否运用正确灵活的投标策略,来指导投标全过程的活动。

正确的投标策略,来自于实践经验的积累、对客观规律的不断深入的认识以及对具体情况的了解。同时,决策者的能力和魄力也是不可缺少的。概括起来讲,投标策略可以归纳为四大因素,即"把握形势,以长胜短,掌握主动,随机应变"。具体地讲,常见的投标策略有以下几种:

(1)靠经营管理水平高取胜。这主要靠做好施工组织设计,采取合理的施工技术和施工机械,精心采购材料、设备,安排紧凑的施工进度,力求节省管理费用等,从而有效地降低工程成本而获得较高的利润。

(2)靠改进设计取胜。仔细研究原设计图纸,及时发现有不合理之处,采取改进措施,以降低造价。

(3)靠缩短建设工期取胜。采取有效措施,在招标文件要求的工期基础上,再提前完工,从而使工程早投产,早收益。

(4)低利政策。主要适用于承包商任务不足时,与其坐吃山空,不如以低利承包到一些工程。此外,承包商初到一个新的地区,为了打入承包市场,建立信誉,也往往采用这种策略。

(5)虽报低价,却着眼于施工索赔,从而得到高额利润。即利用图纸、技术说明书与合同条款中不明确之处寻找索赔机会。一般索赔金额可达标价的 $10\%\sim20\%$。不过这种策略并不是到处可用的。

(6)着眼于发展,为争取将来的优势,而宁愿目前少赚钱。承包商为了掌握某种有发展前途的工程施工技术,就可能采用这种有远见的策略。

上述各种投标策略不是互相排斥的,在建筑装饰工程投标竞争中可根据具体情况综合、灵活地运用。

➤ 三、投标人资格预审

1.资格审查与资格预审的含义

资格审查指的是招标人对投标人的投标资格进行审查,以确定投标人是否有能力承担工程建设的任务。资格审查可以分为资格预审和资格后审。

资格预审,是指在投标前对潜在投标人进行的资格审查。

资格后审,是指在开标后对投标人进行的资格审查。

由于资格预审可以在投标人投标之前就将不符合投标资格的投标人剔除,有利于节约评标的时间和成本,所以,相对于资格后审,资格预审目前得到广泛应用。

具体来说,资格预审,是指招标人在招标开始之前或者开始初期,由招标人对申请参加投标的潜在投标人进行资质条件、业绩、信誉、技术、资金等多方面的情况进行的资格审查。经审查合格的潜在投标人,才可以参加投标。

资格预审并不是法律要求的必经程序,而是招标人根据项目本身的特点自行决定是否需要进行资格预审的。但是,对于国家对投标人资格条件有规定的项目,招标人应该对投标人的资格进行资格预审。

2. 资格预审的种类

(1)定期资格预审。定期资格预审是指在固定的时间内集中进行全面的资格预审。大多数国家的政府采购使用定期资格预审的办法。审查合格者被资格审查机构列入资格审查合格者名单。

(2)临时资格预审。临时资格预审是指招标人在招标开始之前或者开始之初,由招标人对申请参加投标的潜在投标人进行资质条件、业绩、信誉、技术、资金等方面的情况进行资格审查。

3. 资格预审的意义

一般来说,对于大中型建设项目、"交钥匙"项目和技术复杂的项目,资格预审程序是必不可少的。

资格预审的意义主要体现在以下方面:

(1)招标人可以通过资格预审程序了解潜在投标人的资信情况。

(2)资格预审可以降低招标人的采购成本,提高招标工作的效率。

(3)通过资格预审,招标人可以了解到潜在的投标人对项目的招标有多大兴趣。如果潜在的投标人兴趣大大低于招标人的预料,招标人可以修改招标条款,以吸引更多的投标人参加投标。

(4)资格预审可吸引实力雄厚的承包商或者供应商进行投标。而通过资格预审程序,不合格的承包商或者供应商便会被筛选掉。这样,真正有实力的承包商和供应商也愿意参加合格的投标人之间的竞争。

4. 资格预审的程序

资格预审主要包括以下几个程序:一是发布资格预审公告;二是编制、发出资格预审文件;三是对投标人资格的审查和确定合格者名单。

(1)发布资格预审公告。资格预审公告是指招标人向潜在的投标人发出的参加资格预审的广泛邀请。该公告可以在购买资格预审文件前一周内至少刊登两次,也可以考虑通过规定的其他媒介发出资格预审公告。资格预审通告应当包括以下几方面的内容:

①资金的来源,资金用于投资项目的名称和合同的名称。

②对申请预审人的要求,主要是投标人应具备以往类似的经验和在设备人员及资金方面完成本工作能力的要求,有的还对投标者本身成员的政治地位提出要求。

③发包人的名称和邀请投标人对工程建设项目完成的工作,包括工程概述和所需劳务、材

料、设备和主要工程量清单。

④获取进一步信息和资料预审文件的办公室名称和地址、负责人姓名、购买资格预审文件的时间和价格。

⑤资格预审申请递交的截止日期、地址和负责人姓名。

⑥向所有参加资格预审的投标人公布资格预审合格的投标人名单的时间。

(2)编制、发出资格预审文件。资格预审文件包括资格预审申请书格式、申请人须知,以及需要投标申请人提供的企业资质、业绩、技术装备、财务状况和拟派出的项目经理与主要技术人员的简历、业绩等证明材料。

资格预审公告后,招标人向申请参加资格预审的申请人发放或者出售资格预审查文件。

(3)资格审查与确定合格者名单。招标人在收到资格预申请人完成的资格预审资料之后,根据资格预审须知中规定的程序和方法对资格预审资料进行分析,挑选出符合资格预审要求的申请人。经资格预审后,招标人应当向资格预审合格的潜在投标人发出资格预审合格通过书,告知获取招标文件的时间、地点和方法,并同时向资格预审不合格的潜在投标人通知资格预审结果。资格预审不合格的潜在投标人不得参加投标。经资格后审不合格的投标人的投标应作废标处理。

对各申请投标人填报的资格预审文件评定,大多采用加权评分法。

①依据建筑装饰工程项目特点和发包工作的性质,划分出评审的几大方面,如资质条件、人员能力、设备和技术能力、财务状况、工程经验、企业信誉等,并分别给予不同的权重。

②对各方面再细划分评定内容和分项打分标准。

③按照规定的原则和方法逐个对资格预审文件进行评定和打分,确定各投标人的综合素质得分。为了避免出现投标人在资格预审表中出现言过其实的情况,在有必要时还可辅以对其已实施过的工程现场调查。

④确定投标人短名单。依据投标申请人的得分排序,以及预定的邀请投标人数目,从高分向低分录取。此时还需注意,若某一投标人的总分排在前几名之内,但某一方面的得分偏低较多,招标单位应适当考虑若他一旦中标后,实施过程中会有哪些风险,最终再确定他是否有资格进入短名单之内。对短名单之内的投标单位,招标单位分别发出投标邀请书,并请他们确认投标意向。

如果某一通过资格预审单位又决定不再参加投标,招标单位应以得分排序的下一名投标单位递补。对没有通过资格预审的单位,招标单位也应发出相应通知,他们就无权再参加投标竞争。

5.资格预审文件的内容

(1)资格预审须知及其附件。资格预审须知包括总则、申请人应提供的资料和有关证明、资格预审通过的强制性标准、对联营体提交资格预审申请的要求、对通过资格预审单位所建议的分包人的要求、其他规定及相关附件。

①总则。资格预审须知总则中应分别列出建筑装饰工程项目或其各合同的资金来源、工程概述、工程量清单、合同的最小规模(可用附件的形式)、对申请人的基本要求等。

②申请人应提供的资料和有关证明。资格预审须知中申请人应提供的资料和相关证明一般包括:申请人的身份和组织机构;申请人过去的详细履历(包括联营体各方成员);可用于本工程的主要施工设备的详细情况;在本工程内外从事管理及执行本工程的主要人员的资历和经验;主要工作内容拟议的分包情况说明;过去两年经审计的财务报表(联营体应提供各自的

资料），今后两年的财务预测以及申请人出具的允许发包人在其开户银行进行查询的授权书；申请人近两年涉及诉讼的情况。

③资格预审通过的强制性标准。强制性标准是指通过资格预审时对列入工程项目一览表中各主要项目提出的强制性要求，一般以附件的形式列入。它包括强制性经验标准、强制性财务、人员、设备、分包、诉讼及履约标准等。

④对联合体提交资格预审申请的要求。对于能凭一家的能力通过资格预审的建筑装饰工程合同项目，应当鼓励以单独的身份参加资格预审。但在许多情况下，一家企业无力完成承揽工程的任务，就可以采取多家企业合作的方式来投标，对于组成的联合体，也需要满足招标文件中列明的或者国家有单独规定的资质标准，因此在资格预审须知中应对联合体通过资格预审作出具体规定。

⑤对通过资格预审单位所建议的分包人的要求。禁止总承包单位将工程分包给不具备相应资质条件的单位；禁止分包单位将其承包的工程再分包。

⑥其他规定。包括递交资格预审文件的份数、送交单位的地址、邮编、电话、传真、负责人、截止日期等。

⑦资格预审须知的有关附件如下：

A.工程概述。说明包括工程项目的地点、地形与地貌、地质条件、气象与水文、交通和能源及服务设施、主体结构等情况。

B.主要工程一览表。用表格的形式将工程项目中各项工程的名称、数量、尺寸和规格用表格列出。

C.强制性标准一览表。对于各工程项目通过资格预审的强制性要求用表格的形式全部列出，并要求申请人填写满足或超过强制性标准的详细情况。因此，该表一般分为三栏，第一栏为提出强制性要求的项目名称；第二栏是强制性业绩要求；第三栏是申请人满足或超过业绩要求的项目评述（由申请人填写）。

D.资格预审时间表。表中列出发布资格预审通告的时间，出售资格预审文件的时间，递交资格预审申请书的最后日期和通知资格预审合格的投标人名单的日期等。

（2）资格预审申请书。建筑装饰工程投标人资格预审申请的，应按统一的格式递交申请书，在资格预审文件中按通过资格预审的条件编制成统一的表格，通常包括下列内容：

①申请人表。主要包括申请者的名称、地址、电话、电传、成立日期等。如是联合体，应首先列明牵头的申请者，然后是所有合伙人的名称、地址等，并附上每个公司的章程、合伙关系的文件等。

②申请合同表。如果一个建筑装饰工程项目分几个合同招标，应在表中分别列出各合同的编号和名称，以便让申请人选择申请资格预审的合同。

③组织机构表。包括公司简况、领导层名单、股东名单、直属公司名单、驻当地办事处或联络机构名单等。

④组织机构框图。主要用框图表示申请者的组织机构，与母公司或子公司的关系，总负责人和主要人员。如果是联合体应说明合作伙伴关系及在合同中的责任划分。

⑤财务状况表。包括注册资金、实有资金、总资产、流动资产、总负债、流动负债、未完成工程的年投资额、未完成工程的总投资额、近3年的年均完成投资额、最大施工能力等基本数据。

⑥公司人员表。包括管理人员、技术人员、工人及其他人员的数量；拟为本合同提供的各

类专业技术人员数及其从事本专业工作的年限。

⑦施工机械设备表。包括拟用于本合同自有设备、拟新购置设备和租用设备的名称、数量、型号、商标、出厂日期、现值等。

⑧分包商表。包括拟分包工程项目的名称、占总工程量的百分数、分包商的名称、经验、财务状况、主要人员、主要设备等。

⑨业绩——已完成的同类工程项目表。包括项目名称、地点、结构类型、合同价格、竣工日期、工期，发包人或监理工程师的地址、电话、电传等。

⑩在建项目表。包括正在施工和已知意向但未签订合同的项目名称、地点、工程概况、完成日期、合同总价等。

⑪涉及诉讼条件表。详细说明申请者或联合体内合伙人介入诉讼或仲裁的案件。

6. 资格预审要求

建筑装饰工程资格预审时，要求投标人符合下列条件：

(1)独立订立合同的权利。

(2)具有圆满履行合同的能力，包括专业、技术资格和能力，设备和其他物资设施状况，管理能力，经验、信誉和相应的工作人员。

(3)以往承担类似项目的业绩情况。

(4)没有处于被责令停业，财产处于接管、冻结、破产状态。

(5)在最近几年内没有与骗取合同有关的犯罪或质量责任和重大安全责任事故及其他违法、违规行为。

➤ 四、阅读招标文件

招标文件是投标的主要依据，投标单位应仔细阅读和分析招标文件，明确其要求，熟悉投标须知，明确了解表述的要求，避免废标。

1. 研究合同条件，明确双方的权利、义务

(1)工程承包方式。

(2)工期及工期惩罚。

(3)材料供应及价款结算办法。

(4)预付款的支付和工程款的结算办法。

(5)工程变更及停工、窝工损失的处理办法。

2. 详细研究设计图纸、技术说明书

(1)明确整个装饰装修工程设计及其各部分详图的尺寸、各图纸之间的关系。

(2)弄清工程的技术细节和具体要求，详细了解设计规定的各部位的材料和工艺做法。

(3)了解工程对建筑装饰装修材料有无特殊要求。

➤ 五、现场勘察

《中华人民共和国招标投标法》规定：招标人根据招标项目的具体情况，可以组织投标人进行现场勘察。所谓的现场勘察，就是到拟建工程的现场去看一看，以便投标人掌握更多的关于拟建工程的信息。

投标人拿到招标文件后,应进行全面细致的调查研究。若有疑问或不清楚的问题需要招标人予以澄清和解答的,应在收到招标文件后的一定期限内以书面形式向招标人提出。为获取与编制投标文件有关的必要的信息,投标人要按照招标文件中注明的现场踏勘和投标预备会的时间和地点,积极参加现场踏勘和投标预备会。

建筑装饰工程施工是在土建、给排水、暖通、防水、强弱电、烟感喷淋、保安等配套工程的基础上进行的,各专业配套工程的施工进度、配合协调情况,土建、防水工程施工的质量情况和材料堆放场地、施工用水电情况等,都直接关系到投标书的编制。特别是大中型装饰工程项目,施工投标的同时,也包含着设计的投标,因此,施工现场的勘查必不可少。

投标人在去现场踏勘之前,应先仔细研究招标文件有关概念的含义和各项要求,特别是招标文件中的工作范围、专用条款以及设计图纸和说明等,然后有针对性地拟订出踏勘提纲,确定重点需要澄清和解答的问题,做到心中有数。投标人进行现场踏勘的内容,主要包括以下几个方面:

(1)各专业配套工程的施工进度、配合协调情况。

(2)土建、给排水、暖通、防水等工程的施工质量情况。

(3)材料的存放情况。

(4)施工所需的水电供应情况。

(5)当地的建筑装饰装修材料和设备的供应情况。

(6)当地的建筑装饰装修公认的技术操作水平和工价。

(7)当地气候条件和运输情况。

▶ 六、计算和复核工程量

工程量是以自然计量单位或物理计量单位表示的各分项工程或结构构件的工程数量。正确、快速地计算工程量是这一核心任务的首要工作,工程量计算是编制工程预算的基础工作,具有工作量较大、繁琐、费时、细致等特点,约占编制整份工程预算工作量的 $50\%\sim70\%$,而且其精确度和快慢程度将直接影响预算的质量与速度。改进工程量计算方法,对于提高概预算质量,加快概预算速度,减轻概预算人员的工作量,增强审核、审定透明度都具有十分重要的意义,主要表现在以下几个方面:

(1)工程计价以工程量为基本依据,因此,工程量计算的准确与否,直接影响工程造价的准确性,以及工程建设的投资控制。

(2)工程量是施工企业编制施工作业计划,合理安排施工进度,组织现场劳动力、材料以及机械的重要依据。

(3)工程量是施工企业编制工程形象进度统计报表,向工程建设投资方结算工程价款的重要依据。

1.工程量计算依据

(1)建筑装饰工程施工图纸及配套的标准图集。施工图纸全面反映建筑物的结构构造、各部位的尺寸及工程做法,是工程量计算的基础资料和基本依据。

(2)预算定额、工程量清单计价规范。根据工程计价的方式不同,计算工程量应选择相应的工程量计算规则。编制施工图预算,应按预算定额及其工程量计算规则算量;若工程招标投标编制工程量清单,应按《建设工程工程量清单计价规范》(GB 50500—2008)附录中的工程量计算规则算量。

（3）施工组织设计或施工方案。施工图纸主要表现拟建工程的实体项目，分项工程的具体施工方法及措施，应按施工组织设计或施工方案确定。

2. 工程量计算方法

工程量计算之前，首先应安排分部工程的计算顺序，然后安排分部工程中各分项工程的计算顺序。计算工程量时，应按设计图纸所列项目的工程内容和计量单位，必须与相应的工程量计算规则中相应项目的工程内容和计量单位一致，不得随意改变。

计算工程量，应分别根据不同情况进行计算，一般采用以下几种方法。

（1）按顺时针顺序计算。以图纸左上角为起点，按顺时针方向依次进行计算，按计算顺序绕图一周后又重新回到起点。这种方法的特点是能有效防止漏算和重复计算。

（2）按编号顺序计算。结构图中包括不同种类、不同型号的构件，而且分布在不同的部位，为了便于计算和复核，需要按构件编号顺序统计数量，然后进行计算。

（3）按轴线编号计算。对于结构比较复杂的工程量，为了方便计算和复核，有些分项工程可按施工图轴线编号的方法计算。

（4）分段计算。在通长构件中，当其中截面有变化时，可采取分段计算。

（5）分层计算。分层计算的工程量计算方法在建筑装饰工程中较为常见，例如墙体、构件布置、墙柱面装饰、楼地面做法等各层不同时，都应按分层计算，然后再将各层相同工程做法的项目分别汇总项。

（6）分区域计算。大型工程项目平面设计比较复杂时，可在伸缩缝或沉降缝处将平面图划分成几个区域分别计算工程量，然后再将各区域相同特征的项目合并计算。

（7）工程量快速计算法。该方法是在基本方法的基础上，根据构件或分项工程的计算特点和规律总结出来的简便、快捷方法。其核心内容是利用工程量数表、工程量计算专用表、各种计算公式加以计算，从而达到快速、准确计算的目的。

3. 工程量的复核

工程量的大小是投标报价的最直接依据。复核工程量的准确程度，将在如下两个方面影响承包商的经营行为：其一是根据复核后的工程量与招标文件提供的工程量之间的差距，而考虑相应的投标策略，决定报价尺度；其二是根据工程量的大小采取合适的施工方法，选择适用、经济的施工机具设备，投入适量的劳动力人数等。为确保复核工程量准确，在计算中应注意以下几个方面：

（1）正确划分分部分项工程项目，与当地现价定额项目一致。

（2）按一定顺序进行，避免漏算或重算。

（3）以工程设计图纸为依据。

（4）结合已定的施工方案或施工方法。

（5）进行认真复核与检查。

在核算完全部工程量表中的细目后，投标者应按大项分类汇总主要工程总量，以便获得对这个工程项目施工规模全面和清楚的认识，并用以研究采用合适的施工方法，选择适用和经济的施工机具设备。

七、制定施工规划

1. 制定施工规划的目的

（1）招标单位通过规划可以具体了解投标人的施工技术和管理水平以及机械装备、材料、人才的情况，使其对所投的标有信心，认为可靠。

（2）投标人通过施工规划可以改进施工方案、选用适宜的施工方法与施工机械，甚至出奇制胜降低报价、缩短工期而中标。

2. 制定施工规划的内容

施工规划的内容，一般包括施工方案和施工方法，施工进度计划，施工机械、材料、设备和劳动力计划，以及临时生产、生活设施。制定施工规划的依据是设计图纸和相关规范，经复核的工程量，招标文件要求的开工、竣工日期以及对市场材料、机械设备、劳力价格的调查。编制的原则是在保证工期和工程质量的前提下，如何使成本最低，利润最大。

（1）选择和确定施工方法。根据建筑装饰工程类型，研究可以采用的施工方法。对于一些较简单的建筑装饰工程，可结合已有施工机械及工人技术水平来选定施工方法，努力做到节省开支，加快进度。

（2）选择施工设备和施工设施，一般与研究施工方法同时进行。在工程估价过程中还要不断进行施工设备和施工设施的比较，利用旧设备还是采购新设备，在国内采购还是在国外采购，须对设备的型号、配套、数量（包括使用数量和备用数量）进行比较，还应研究哪些类型的机械可以采用租赁办法，对于特殊的、专用的设备折旧率须进行单独考虑，订货设备清单中还应考虑辅助和修配用机械以及备用零件，尤其是订购外国机械时应特别注意这一点。

（3）编制施工进度计划。编制施工进度计划应紧密结合施工方法和施工设备。施工进度计划中应提出各时段应完成的工程量及限定日期。施工进度计划是采用网络进度计划还是线条进度计划，应根据招标文件要求而定。

八、投标技巧分析和选用

投标技巧也称投标报价技巧，是指在投标报价中采用一定的手法或技巧使业主可以接受，而中标后又能获得更多的利润，投标技巧研究其实质是在保证工程质量与工期的条件下，寻求一个好的报价技巧问题。

投标人为了中标和取得期望的效益，必须在保证满足招标文件各项要求的条件下，研究和运用投标技巧，这种研究与运用贯穿在整个投标过程之中。

常用的建筑装饰工程投标技巧主要有以下几种：

1. 灵活报价法

灵活报价法是指根据投标工程的不同特点采用不同报价。

对于下列工程的报价可高一些：施工条件差的工程；工期要求急的工程；投标对手少的工程；专业要求高而本企业在这方面又有专长，声望也较高的技术密集型工程；总价较低而本企业不愿意做又不方便不投标的小工程；特殊工程。

对于下列工程的报价可低一些：施工条件好的工程；本企业在附近有工程，而本项目又可利用该工程的设备、劳务或有条件短期内突击完成的工程；投标对手较多，竞争激烈的工程；工作简单、工程量大、一般企业都可以做的工程；本企业目前急需打入某一市场、某一地区，或在该地区面临工程结束、机械设备等无工地转移时；非急需工程；支付条件好的工程。

采用灵活报价法进行建筑装饰工程投标报价时，既要考虑自身的优势和劣势，也要分析招标项目的特点，按照工程的不同特点、类别、施工条件等来选择报价策略。

2. 不平衡报价法

不平衡报价法也称前重后轻法，是指在总价基本确定的前提下，调整内部各个子项的报价，以期既不影响总报价，又在中标后投标人可尽早收回垫付于工程中的资金和获取较好的经济效益。

一般可以考虑在以下几个方面采用不平衡报价法：

（1）对能早期结账收回工程款的项目的单价可报以较高价，以利于资金周转；对后期项目单价可适当降低。

（2）估计今后工程量可能增加的项目，其单价可提高，而工程量可能减少的项目，其单价可降低。

（3）图纸内容不明确或有错误，估计修改后工程量要增加的，其单价可提高；而工程内容不明确的，其单价可降低。

（4）暂定项目，又叫任意项目或选择项目，这一类项目要开工后由发包人研究决定是否实施和由哪一家承包人实施，因此，对这类项目进行不平衡投标报价时应做具体分析，如果工程不分标，只由一家承包人施工，则其中肯定要做的单价可高些，不一定要做的则应低些。如果工程分标，该暂定项目也可能由其他承包人施工时，则不宜报高价，以免抬高总报价。

（5）单价包干混合制合同中，发包人要求风险高、完成后可全部按报价结账的项目采用包干报价时，宜报高价。而其余单价项目则可适当降低。

（6）有的招标文件要求投标者对工程量大的项目报"单价分析表"，投标时可将"单价分析表"中的人工费及机械设备费报得较高，而材料费算得较低。这主要是为了在今后补充项目报价时可以参考选用"单价分析表"中的较高的人工费和机构设备费，而材料则往往采用市场价，因而可获得较高的收益。

（7）在议标时，承包人一般都要压低标价。这时应该首先压低那些工程量小的单价，这样即使压低了很多个单价，总的标价也不会降低很多，而给发包人的感觉却是工程量清单上的单价大幅度下降，承包人很有让利的诚意。

（8）如果是单纯报计日工或计台班机械单价，可以高些，以便在日后发包人用工或使用机械时可多盈利。但如果计日工表中有一个假定的"名义工程量"时，则需要具体分析是否报高价，以免抬高总报价。总之，要分析发包人在开工后可能使用的计日工数量，然后确定报价技巧。

（9）不平衡报价一定要建立在对工程量表中工程量风险仔细核对的基础上，特别是对于报低单价的项目，如工程量一旦增多，将造成承包人的重大损失，同时一定要控制在合理幅度内（一般可在10%左右），以免引起发包人反对，甚至导致废标。如果不注意这一点，有时发包人会挑选出报价过高的项目，要求投标者进行单价分析，而围绕单价分析中过高的内容压价，以致承包人得不偿失。

3. 可供选择的项目报价

有些建筑装饰工程的分项工程，业主可能要求按某一方案报价，而后再提供几种可供选择方案的比较报告。但是,所谓"可供选择的项目"并非由承包商任意选择,只有业主才有权进行选择。因此,提高报价并不意味能取得好的利润,只是提供了一种可能性。

例如,某住房工程的地面水磨石砖,工程量表中要求按 25 cm×25 cm×2 cm 的规格报价,另外还要求投标人用更小规格砖 20 cm×20 cm×2 cm 和更大规格砖 30 cm×30 cm×3 cm 作为可供选择项目报价。投标报价时,除对工程量表中要求的几种水磨石地面砖调查询价外,还应对当地习惯用砖情况进行调查。对于将来有可能被选择使用的地面砖铺砌应适当提高其报价;对于当地难以供货的某些规格地面砖,可有意将价格抬高得更高一些,以阻挠业主选用。

4. 计日工报价

这种报价是分析业主在开工后可能使用的计日工数量确定报价方针。较多时则可适当提高报价,可能很少时,则降低报价。

5. 开口升级法

把投标报价视为协商过程,将建筑装饰工程中某项造价高的特殊工作内容从报价中减掉,使报价成为竞争对手无法相比的"低价"。利用这种"低价"来吸引发包人,从而取得与发包人进一步商谈的机会,在商谈过程中逐步提高价格。当发包人明白过来当初的"低价"实际上是个钓饵时,往往已经在时间上处于谈判弱势,丧失了与其他承包人谈判的机会。利用这种方法时,要特别注意在最初的报价中说明某项工作的缺项,否则可能会弄巧成拙,真的以"低价"中标。

6. 突然袭击法

由于投标竞争激烈,为迷惑对方,有意泄露一些假情报,如不打算参加投标,或准备投高标,表现出没有利润不愿接项目等假象,到投标截止之前几个小时,突然前往投标,并压低投标价,从而使对手措手不及而败北。

7. 无利润算标

承包商在缺乏竞争优势的情况下,只有在算标中根本不参考利润去夺标。无利润算标的投标技巧适用于下列情况:

(1)有可能在得标后,将大部分工程分包给索价较低的一些分包商。

(2)对于分期建设的项目,先以低价获得首期工程,而后赢得机会创造第二期工程中的竞争优势,并在以后的实施中取得利润。

(3)较长时期内,承包商没有在建的工程项目,如果再不得标,就难以维持生存。因此,虽然本工程无利可图,但只要能有一定的管理费维持公司的日常运转,就可设法度过暂时的困难,以图将来东山再起。

➤ 九、投标文件的编制与递交

建筑装饰工程投标文件应完全按照招标文件的各项要求编制,主要包括投标书、投标书附录、投标保证金、法定投标人资格证明文件、授权委托书、具有标价的工程量清单、资格审查表、招标文件规定提交的其他材料。

投标企业应在规定的投标截止日期前,将投标文件密封送到招标企业。招标企业在接到投标文件后,应签收或通知投标企业已收到投标文件。

建筑装饰工程投标文件的编制与递交的具体内容参见本项目任务三的内容。

任务三　建筑装饰工程投标文件

建筑装饰工程投标文件,是建筑装饰工程投标人单方面阐述自己响应招标文件要求,旨在向招标人提出愿意订立合同的意思,是投标人确定和解释有关投标事项的各种书面表达形式的统称。从合同订立过程来分析,建筑装饰工程投标文件在性质上属于一种要约,其目的在于向招标人提出订立合同的意愿。

➤ 一、建筑装饰工程投标文件的组成

建筑装饰工程投标文件是由一系列有关投标方面的书面资料组成的。一般来说,投标文件由以下几个部分组成:

1. 投标函及投标函附录

(1)投标函。其主要内容为:投标报价、质量、工期目录、履约保证金数额等。建筑装饰工程投标函的一般格式如下:

投标函

_____(招标人名称):

1. 我方已仔细研究了_____(项目名称)_____标段施工招标文件的全部内容,愿意以人民币(大写)_____元(￥_____)的投标总报价,工期日历_____天,按合同约定实施和完成承包工程,修补工程中的任何缺陷,工程质量达到_____。

2. 我方承诺在投标有效期内不修改、撤销投标文件。

3. 随同本投标函提交投标保证金一份,金额为人民币(大写)_____元(￥_____)。

4. 如我方中标:

(1)我方承诺在收到中标通知书后,在中标通知书规定的期限内与你方签订合同。

(2)随同本投标函递交的投标函附录属于合同文件的组成部分。

(3)我方承诺按照招标文件规定向你方递交履约担保。

(4)我方承诺在合同约定的期限内完成并移交全部合同工程。

5. 我方在此声明,所递交的投标文件及有关资料内容完整、真实和准确,且不存在"投标人须知"规定的任何一种情形。

6. _____(其他补充说明)。

投标人:_____(盖单位章)
法定代表人或其委托代理人:_____(签字)
地址:_____
网址:_____
电话:_____
传真:_____
邮政编码:_____
_____年____月____日

(2)投标函附录。其内容为投标人对开工日期、履约保证金、违约金以及招标文件规定其他要求的具体承诺。建筑装饰工程投标函附录格式见表3-4、表3-5。

表 3－4　投标函附录

序号	条款名称	合同条款号	约定内容	备注
1	项目经理	1.1.2.4	姓名：_____	
2	工期	1.1.4.3	天数：_____日历天	
3	缺陷责任期	1.1.4.5		
4	分包	4.3.4		
5	价格调整的差额计算	16.1.1	见价格指数权重表（表3－5）	
……	……	……	……	
……	……	……	……	

表 3－5　价格指数权重表

名　称		基本价格指数		权　重			价格指数来源
		代号	指数值	代号	允许范围	投标人建议值	
定值部分				A			
变值部分	人工费	F_{01}		B_1	___至___		
	钢材	F_{02}		B_2	___至___		
	水泥	F_{03}		B_3	___至___		
	……	……		……	……		
合　并						1.00	

2. 法定代表人身份证明或附有法定代表人身份证明的授权委托书

（1）法定代表人身份证明格式如下：

法定代表人身份证明

投标人名称：_____

单位性质：_____

地址：_____

成立时间：____年____月____日

经营期限：_____

姓名：____性别：____年龄：____职务：____

系_____（投标人名称）的法定代表人。

特此证明。

投标人：_____（盖单位章）

_____年_____月_____日

（2）法定代表人身份证明委托书格式如下：

授权委托书

本人_____（姓名）系_____（投标人名称）的法定代表人,现委托_____（姓名）为我方代理人。代理人根据授权,以我方名义签署、澄清、说明、补正、递交、撤回、修改_____(项目名称)_____标段施工投标文件,签订合同和处理有关事宜,其法律后果由我方承担。

委托期限:_____

代理人无转委托权。

附:法定代表人身份证明。

投标人:_____(盖单位章)

法定代表人:_____(签字)

身份证号码:_____

委托代理人:_____(签字)

身份证号码:_____

_____年____月____日

3.联合体协议书

联合体协议书格式如下:

联合体协议书

(所有成员单位名称)_____自愿组成_____(联合体名称)联合体,共同参加_____(项目名称)_____标段施工投标。现就联合体投标事宜订立如下协议。

1._____(某成员单位名称)为_____(联合体名称)牵头人。

2.联合体牵头人合法代表联合体各成员负责本招标项目投标文件编制和合同谈判活动,并代表联合体提交和接收相关的资料、信息及指示,并处理与之有关的一切事务,负责合同实施阶段的主办、组织和协调工作。

3.联合体将严格按照招标文件的各项要求,递交投标文件,履行合同,并对外承担连带责任。

4.联合体各成员单位内部的职责分工如下:_____。

本协议书自签署之日起生效,合同履行完毕后自动失效。

本协议书一式____份,联合体成员和招标人各执一份。

注:本协议书由委托代理人签字的,应附法定代表人签字的授权委托书。

牵头人名称:_____(盖单位章)

法定代表人或其委托代理人:_____(签字)

成员一名称:_____(盖单位章)

法定代表人或其委托代理人:_____(签字)

成员二名称:_____(盖单位章)

法定代表人或其委托代理人:_____(签字)

____年____月____日

4.投标保证金

投标保证金的形式有现金、支票、汇票和银行保函,但具体采用何种形式应根据招标文件规定。另外,投标保证金被视作投标文件的组成部分,未及时交纳投标保证金,该投标将被作为废标而遭拒绝。

5.已标价工程量清单

工程量清单是根据招标文件中包括的有合同约束力的图纸以及有关工程量清单的国家标

准、行业标准,合同条款中约定的工程量计算规则编制。

工程量清单中的每一子目须填入单价或价格,且只允许有一个报价。

工程量清单中标价的单价或金额,应包括所需人工费、施工机械使用费、材料费、其他(运杂费、质检费、安装费、缺陷修复费、保险费,以及合同明示或暗示的风险、责任和义务等),以及管理费、利润等。

工程量清单中投标人没有填入单价或价格的子目,其费用视为已分摊在工程量清单其他相关子目的单价或价格之中。

6. 施工组织设计

建筑装饰工程投标人编制施工组织设计时,应采用文字并结合图表形式说明施工方法。施工组织设计应包括下列内容:

(1)拟投入本标段的主要施工设备情况、拟配备本标段的试验和检测仪器设备情况、劳动力计划等。

(2)结合工程特点提出切实可行的工程质量、安全生产、文明施工、工程进度、技术组织措施,同时应对关键工序、复杂环节重点提出相应技术措施,如冬雨季施工技术、减少噪音、降低环境污染、地下管线及其他地上地下设施的保护加固措施等。

(3)施工组织设计除采用文字表述外,还可以附图表加以说明,包括:拟投入本标段的主要施工设备表,拟配备本标段的试验和检测仪器设备表,劳动力计划表,计划开、竣工日期和施工进度网络图,施工总平面图及临时用电表等。

7. 项目管理机构

(1)项目管理机构组成表(见表3-6)。

表3-6　项目管理机构组成表

职　务	姓　名	职　称	执业或职业资格证明					备　注
			证书名称	级　别	证　号	专　业	养老保险	

(2)主要成员简历表。"主要人员简历表"中的项目经理应附项目经理证、身份证、职称证、学历证、养老保险复印件,管理过的项目业绩须附合同协议书复印件;技术负责人应附身份证、职称证、学历证、养老保险复印件,管理过的项目业绩须附证明其所任技术职务的企业文件或用户证明;其他主要人员应附职称证(执业证或上岗证书)、养老保险复印件。

8. 拟分包项目情况表

建筑装饰工程拟分包项目情况表见表3-7。

表 3 - 7   拟分包项目情况表

分包人名称		地址	
法定代表人		电话	
营业执照号码		资质等级	
拟分包的工程项目	主要内容	预计造价(万元)	已经做过的类似工程

9. 资格审查资料

建筑装饰工程投标人资格审查资料包括投标人基本情况表、近年财务状况表、近年完成的类似项目情况表、正在施工的新承接的项目情况表及近年发生的诉讼及仲裁情况等。

10. 其他材料

其他材料指的是"投标人须知前附表"前附的其他材料。

➤ 二、建筑装饰工程投标文件的编制

1. 投标文件应符合的基本法律要求

(1)《中华人民共和国招标投标法》第 27 条第 1 款规定:"投标人应当按照招标文件的要求编制投标文件。投标文件应当对招标文件提出的实质性要求和条件作出响应。"

(2)《中华人民共和国招标投标法》第 27 条第 2 款规定:"招标项目属于建设施工的,招标文件的内容应当包括拟派出的项目负责人与主要技术人员的简历、业绩和拟用于完成招标项目的机械设备等。"

(3)《工程建设项目施工招标投标办法》第 25 条规定:"招标人可以要求投标人在提交符合招标文件规定要求的投标文件外,提交备选投标方案,但应当在招标文件中作出说明,并提出相应的评审和比较办法。"

(4)《建筑工程设计招投标管理办法》第 13 条规定:"投标人应当按照招标文件、建筑方案设计文件编制深度规定的要求编制投标文件;进行概念设计招标的,应当按照招标文件要求编制投标文件。投标文件应当由具有相应资格的注册建筑师签单,加盖单位公章。"

2. 投标文件编制的一般要求

(1)投标人编制投标文件时必须使用招标文件提供的投标文件表格格式,但表格可以按同样格式扩展。投标保证金、履约保证金的方式,按招标文件有关条款的规定可以选择。投标人根据招标文件的要求和条件填写投标文件的空格时,凡要求填写的空格都必须填写,不得空着不填,否则被视为放弃意见。实质性的项目或数字如工期、质量等级、价格等未填写的,将被视为无效或作废的投标文件处理。

(2)应当编制的投标文件"正本"仅一份,"副本"则按招标文件前附表所述的份数提供,同时要在标书封面标明"投标文件正本"和"投标文件副本"字样。投标文件正、副本之间若存在不一致之处,应以正本为准。

(3)投标文件正本和副本的填写字迹都要清晰、端正,补充设计图纸要整洁、美观,且应使用不能擦去的墨水打印或书写。

(4)所有投标文件均由投标人的法定代表人签署、加盖印章,并加盖法人单位公章。

（5）对填报投标文件应进行反复校核，保证分项和汇总计算均无错误。全套投标文件均应无涂改和行间插字，除非这些删改是根据招标人的要求进行的，或者是投标人造成的必须修改的错误。修改处应由投标文件签字人签字证明并加盖印章。

（6）如招标文件规定投标保证金为合同总价的某百分比时，开投标保函不要太早，以防泄漏己方报价。但是某些投标商为麻痹竞争对手而故意提前开出或加大投标保函金额的情况也是存在的。

（7）投标人应将投标文件的技术标和商务标分别密封在内层包封，再密封在一个外层包封中，并在内封上标明"技术标"和"商务标"。标书包封的封口处都必须加贴封条，封条贴缝应全部加盖密封章或法人章。内层和外层包封都应由投标人的法定代表人签署、加盖印章，并加盖法人单位公章。内层和外层包封都应写明投标人名称和地址、工程名称、招标编号，并注明开标时间以前不得开封。在内层和外层包封上还应写明投标人的名称与地址、邮政编码，以便投标出现逾期送达时能原封退回。如果内外层包封没有按上述规定密封并加写标志，投标文件将被拒绝，并退还给投标人。

（8）投标文件的打印应力求整洁、悦目，避免评标专家产生反感。投标文件的装订也要力求精美，使评标专家从侧面产生对投标人企业实力的认可。

3. 技术标的编制要求

技术标的重要组成部分是施工组织设计，编制技术标时，要求能让评标委员会的专家们在较短的时间内，发现标书的价值和独到之处，从而给予较高的评价。编制建筑装饰工程技术标应注意下列问题：

（1）针对性。在评标过程中，常常会发现为了使标书比较"上规模"，以体现投标人的水平，投标人往往把技术标做得很厚。而其中的内容往往都是对规范标准的成篇引用，或对其他项目标书的成篇抄袭，毫无针对性。这样的标书容易引起评标专家的反感，最终导致技术标严重失分。

（2）可行性。技术标的内容最终都是要付诸实施的，应具有较强的可行性。为了突出技术标的先进性，盲目提出不切实际的施工方案、设备计划，都会给今后的具体实施带来困难，甚至导致建设单位或监理工程师提出违约指控。

（3）先进性。技术标要获得高分，应具有技术亮点和能够吸引招标人的技术方案。因此，编制技术标时，投标人应仔细分析招标人的热衷点，在这些点上采用先进的技术、设备、材料或工艺，使标书对招标人和评标专家产生更强的吸引力。

（4）全面性。对技术标的评分标准一般都分为许多项目，这些项目都分别被赋予一定的评分分值。因此，编制技术标时，一定不能发生缺项，一旦发生缺项，该项目就可能被评为零分，这会大大降低中标概率。

另外，对一般项目而言，评标的时间往往有限，评标专家没有时间对技术标进行深入分析。因此，只要有关内容齐全，且无明显的低级错误或理论上的错误，技术标一般不会扣很多分。所以，对一般工程来说，技术标内容的全面性比内容的深入细致更重要。

（5）经济性。投标人参加投标承揽业务的最终目的都是为了获取最大的经济利益，而施工方案的经济性，直接关系到投标人的效益，因此必须十分慎重。另外，施工方案也是投标报价的一个重要影响因素，经济合理的施工方案能降低投标报价，使报价更具竞争力。

4. 投标担保

所谓投标担保，是为防止投标人不谨慎进行投标活动而设定的一种担保形式。招标人不希望投标人在投标有效期内随意撤回标书或中标后不能提交履约保证金和签署合同。因此,为了约束投标人的投标行为,保护招标人的利益,维护招投标活动的正常秩序,应进行投标担保。

投标担保的作用是维护招标人的合法权益,但在实践中,也有个别招标人收取巨额投标保证金以排斥潜在投标人的情形。这种以非法手段谋取中标的不正当竞争行为是《中华人民共和国招标投标法》和《中华人民共和国反不正当竞争法》严格禁止的。

(1)投标担保的形式。招标人一般在招标文件中要求投标人提交投标保证金,投标保证金除现金外,也可以是银行出具的银行保函、保兑支票、银行汇票或现金支票。投标保证金一般不得超过投标总价的20%,但最高不得超过80万元人民币。对于不能按招标文件要求提交投标保证金的投标人,其投标文件将被拒绝,作废标处理。

(2)投标保证金的期限。投标保证金如果采用非现金方式进行担保的,都会存在一个有效期限的问题,为了保证投标保证金在投标过程中的作用,对于投标保证金的有效期限应该作出规定。

所谓的投标有效期,指的是一个时间范围,在这个时间范围内,投标人应该保证其所有投标文件都持续有效。要求投标保证金超出投标有效期30天,就是为了在投标人不审慎投标的情况下给招标人以充分的时间去没收投标保证金,而不会由于投标保证金已经失效而使得招标人无法没收投标保证金。

➤ 三、建筑装饰工程投标文件的递交

递交投标文件也称递标,是指投标商在规定的投标截止日期之前,将准备好的所有投标文件密封递送到招标单位的行为。

所有的投标文件必须经反复校核、审查并签字盖章,特别是投标授权书要由具有法人地位的公司总经理或董事长签署、盖章;投标保函在保证银行行长签字盖章后,还要由投标人签字确认。

然后按投标须知要求,认真细致地分装密封包装起来,由投标人亲自在截标之前送交招标的收标单位或者通过邮寄递交。邮寄递交要考虑路途的时间,并且注意投标文件的完整性,一次递交、迟交或文件不完整都将导致投标文件作废。

在投标过程中,如果投标人投标后,发现在投标文件中存在有严重错误或者因故改变主意,可以在投标截止时间前撤回已提交的投标文件,也可以修改、补充投标文件,这是投标人的法定权利。在投标文件截止时间后,投标人就不可以再对投标文件进行补充、修改和撤回了。这些补充、修改、撤回的文件对招标投标活动会产生重要的影响,所以,在开标前,招标人应妥善保管好已接收的投标文件、修改或撤回通知、备选投标方案等投标资料。

任务四 建筑装饰工程投标报价

投标报价是指承包商计算、确定和报送招标工程投标总价格的活动。业主把承包商的报价作为主要标准来选择中标者,同时投标报价也是业主和承包商就工程标价进行承包合同谈判的基础,直接关系到承包商投标的成败。报价是进行工程投标的核心。报价过高会失去承包机会,而报价过低虽然可以中标,但会给工程带来亏本的风险。因此,标价过高或过低都不合理,如何作出合适的投标报价,是投标者能否中标的最关键的问题。

建筑装饰工程投标报价不同于装饰工程预算,投标报价由投标人依据招标文件中的工程量清单和有关要求,结合施工现场情况、自行编制的施工方案或施工组织设计,按照企业定额

或参照建设行政主管部门发布的《全国统一建筑装饰装修工程消耗量定额》以及工程造价管理机构发布的市场价格信息,并考虑风险因素进行的自主报价。

一、建筑装饰工程投标报价依据

1. 招标文件及有关情况

(1)拟建建筑装饰工程现场情况,包括需要进行装饰的具体部位、现场交通情况及可提供的能源动力情况等。

(2)拟建建筑装饰工程的技术条件,包括建筑物、构筑物的承载力,附近地区对卫生、安全有无特殊要求等。

(3)建筑装饰工程部分的土建施工图纸及装饰装修工程的设计图纸及装饰装修等级、装饰要求等说明。

2. 施工方案及有关技术资料

(1)拟建建筑装饰工程的具体做法。

(2)拟建建筑装饰工程的进度计划及施工顺序安排。

(3)其他影响建筑装饰工程投标报价的组织措施和技术措施。

3. 价格及费用的各项规定

(1)现行建筑装饰工程消耗量定额及其他相关定额。

(2)装饰装修工程各项取费标准。

(3)材料设备的市场价格信息。

(4)本企业积累的经验资料及相应分项工程报价。

(5)《建设工程工程量清单计价规范》(GB 50500—2008)。

二、建筑装饰工程投标报价编制

建筑装饰工程投标报价的编制方法多种多样,通常主要有定额计价的方法编制和工程量清单计价的方法编制。

1. 按定额计价的方法编制投标报价

按定额计价的方法编制投标报价,是国内招投标活动中比较常用的一种方法。它是指投标人根据招标人提供的全套施工图纸和技术资料,按照定额预算制定,按图计价的原则,计算工程量、单价和合价及各种费用,最终确定投标报价的一种计价方法。

按定额计价的方法编制的投标报价,通常采用工料单价法进行。投标报价的组成主要包括直接费、间接费、计划利润和税金四部分。

2. 按工程量清单计价的方法编制投标报价

按工程量清单计价的方法编制投标报价是指投标人根据招标人提供的反映工程实体消耗和措施性消耗的工程量清单,按照"标价按清单、施工按图纸"的原则,自主确定工程量清单的单价和合价,最终确定投标报价的一种计价方法。

实行工程量清单计价,对于建立由市场形成工程造价的机制,深化工程造价管理改革,促进政府转变职能,业主控制投资,施工企业加强管理,规范建筑市场经济秩序具有非常重要的意义,值得大力推广。

工程量清单计价费用包括了分部分项工程费、措施项目费、其他项目费及规费与税金。

(1)分部分项工程费。分部分项工程费包括完成分部分项工程量清单项目所需的人工费、材料费、施工机械使用费、企业管理费、利润,以及一定范围内的风险费用。

分部分项工程费应按分部分项工程清单项目的综合单价计算。投标人投标报价时依据招标文件中分部分项工程量清单项目的特征描述确定清单项目的综合单价。在招投标过程中,当出现招标文件中分部分项工程量清单特征描述与设计图纸不符时,投标人应以分部分项工程量清单的项目特征描述为准,确定投标报价的综合单价。当施工中施工图纸或设计变更与工程量清单项目特征描述不一致时,发、承包双方应按实际施工的项目特征,依据合同约定重新确定综合单价。

招标文件中提供了暂估单价的材料,应按暂估的单价计入综合单价。综合单价中应考虑招标文件中要求投标人承担的风险内容及其范围(幅度)产生的风险费用。在施工过程中,当出现的风险内容及其范围(幅度)在合同约定的范围内时,工程价款不作调整。

(2)措施项目费。由于各投标人拥有的施工装备、技术水平和采用的施工方法有所差异,招标人提出的措施项目清单是根据一般情况确定的,没有考虑不同投标人的"个性",投标人投标时应根据自身编制的投标施工组织设计或施工方案确定措施项目,对招标人提供的措施项目进行调整。投标人根据投标施工组织设计或施工方案调整和确定的措施项目应通过评标委员会的评审。

措施项目费的计算包括以下几项:

①措施项目的内容应依据招标人提供的措施项目清单和投标人投标时拟定的施工组织设计或施工方案。

②措施项目费的计价方式应根据招标文件的规定,计算工程量的措施清单项目采用综合单价方式报价,其余的措施清单项目采用以"项"为计量单位的方式报价。

③措施项目费由投标人自主确定,其中安全文明施工费应按国家或省级、行业建设主管部门的规定确定,且不得作为竞争性费用。

(3)其他项目费。建筑装饰工程投标人对其他项目费投标报价应按下列原则进行:

①暂列金额应按照其他项目清单中列出的金额填写,不得变动。

②暂估价不得变动和更改。暂估价中的材料必须按照其他项目清单中列出的暂估单价计入综合单价;专业工程暂估价必须按照其他项目清单中列出的金额填写。

③计日工应按照其他项目清单列出的项目和估算的数量,自主确定各项综合单价并计算费用。

④总承包服务费应依据招标人在招标文件中列出的分包专业工程内容和供应材料、设备情况,按照招标人提出协调、配合与服务要求和施工现场管理需要自主确定。

(4)规费和税金。规费和税金应按国家或省级、行业建设主管部门的规定计算,不得作为竞争性费用。规费和税金的计取标准是依据有关法律、法规和政策规定制定的,具有强制性。投标人是法律、法规和政策的执行者,不能改变,更不能制定,必须按照法律、法规、政策的有关规定执行。

三、建筑装饰工程工程量清单综合单价分析

工程量清单综合单价分析是指投标人对招标人提供的工程量清单表中所列项目的单价进行测算和确定。具体地讲，就是通过计算不同项目的人工费、材料费、机械使用费、管理费、利润，并考虑风险因素之后，得出工程量表中所列各项目的单价。

1. 建筑装饰工程工程量清单综合单价分析的作用

建筑装饰工程工程量清单综合单价分析，是建筑装饰工程投标过程中的一项重要工作。

在建筑装饰工程招标实践中，有的招标文件明确要求投标人投标时必须报送工程量清单综合单价分析表，也有的招标文件不要求投标人投标时报送工程量清单综合单价分析表。

无论招标文件中是否要求报送工程量清单综合单价分析表，投标人在投标前都应对每个单项工程和每个单项工程中的所有项目进行单价分析。因为这样可以使投标人对投标报价做到心中有数，把投标报价建立在科学合理、切实可行的基础上，从而不断提高中标率。

2. 建筑装饰工程工程量清单综合单价分析的步骤

（1）列出综合单价分析表。将每个单项工程和每个单项工程中的所有项目分门别类，一一列出，制成表格。

列表时要特别注意应包括施工设备、劳务、管理、材料、安装、维护、保险、利润、政策性文件规定及合同包含的所有风险、责任等各项应有费用，不能遗漏或重复列项，投标人没有列出或填写的项目，招标人将不予支付，并认为此项费用已包括在其他项目之中。

建筑装饰工程工程量清单综合单价分析表的格式见表 3-8。

表 3-8 工程量清单综合单价分析表

工程名称： 　　　　　　　　标段： 　　　　　　　　第 页 共 页

项目编码				项目名称				计量单位			
清单综合单价组成明细											
定额编号	定额名称	定额单位	数量	单价				人工费	材料费	机械费	管理费和利润
				人工费	材料费	机械费	管理费和利润				
人工单价		小　计									
元/工日		未计价材料费									
清单项目综合单价											
材料费明细	主要材料名称、规格、型号					单位	数量	单价（元）	合价（元）	暂估单价（元）	暂估合价（元）
	其他材料费							—		—	
	材料费小计							—		—	

注：1. 如不使用省级或行业建设主管部门发布的计价依据，可不填定额项目、编号等。

2. 招标文件提供了暂估单价的材料，按暂估的单价填入表内"暂估单价"栏及"暂估合价"栏。

（2）对每个费用进行计算。按照工程量清单计价的综合单价费用组成，分别对人工费、材料费、机械使用费、管理费、利润的每项费用进行计算。

（3）填写工程量清单综合单价分析表。将人工费、材料费、机械使用费、管理费和利润等计算出来后，就可以填写工程量清单综合单价分析表，为慎重起见，填写前应仔细进行审核。某建筑装饰工程工程量清单综合单价分析表格式及填写范例见表3-9。

表3-9　某工程量清单综合单价分析表

工程名称：××楼装饰装修工程　　　　　　　　标段：　　　　　　　　　第　页　共　页

项目编码		020506001001		项目名称		抹灰面油漆	计量单位		m²
综合单价组成明细									
定额编号	定额名称	定额单位	数量	单价				合价	
				人工费	材料费	机械费	管理费和利润	人工费	材料费	机械费	管理费和利润
BE0267	抹灰面满刮耐水腻子	100m²	0.01	372.37	2625		127.76	3.72	26.25		1.28
BE0267	外墙乳胶底漆一遍面漆二遍	100m²	0.01	349.77	940.37		120.01	3.5	9.4		1.2
人工单价			小　计					7.22	35.65		2.48
41.8元/工日			未计价材料费								
清单项目综合单价								45.35			

	名称、规格、型号	单位	数量	单价（元）	合价（元）	暂估单价（元）	暂估合价（元）
材料明细	耐水成品腻子	kg	2.50	10.50	26.25		
	×××牌乳胶漆面漆	kg	0.353	20.00	7.06		
	×××牌乳胶漆底漆	kg	0.136	17.00	2.31		
	其他材料费			—	0.03	—	
	材料费小计			—	35.65	—	

注：1. 如不使用省级或行业建设主管部门发布的计价依据，可不填定额项目、编号等。

2. 招标文件提供了暂估单价的材料，按暂估的单价填入表内"暂估单价"栏及"暂估合价"栏。

四、建筑装饰工程投标报价审核

建筑装饰工程投标报价审核是指投标人在建筑装饰工程投标报价正式确定之前，对建筑装饰工程总报价进行审查、核算,以减少和避免投标报价的失误,求得合理可靠、中标率高、经济效益好的投标报价。

建筑装饰工程投标报价审核是建立在投标报价单位分析基础上的。一般来说,单价分析是微观性的,而投标报价审核是宏观性的。

建筑装饰工程投标报价审核的方式多种多样,通常做法主要有如下几项:

(1)以同一地区一定时期内各类建筑装饰工程项目的单位工程造价,对投标报价进行审核。

(2)以各分项工程价值的正常比例,对投标报价进行审核。

(3)以各类单位工程用工用料正常指标,对投标报价进行审核。

(4)以各类费用的正常比例,对投标报价进行审核。

(5)运用全员劳动生产率即全体人员每工日的生产价值,对投标报价(主要适用于同类工程,特别是一些难以用单位工程造价分析的工程)进行审核。

(6)用综合定额估算法对投标报价进行审核。即以综合定额和扩大系数估算工程的工料数量和工程造价的方法对投标报价进行审核。该方法的一般程序如下:

①确定选控项目,将工程项目的所有报价项目有选择地归类、合并,分成若干可控项目,不能进行归类、合并的,作为未控项目。

②对选控项目编制出能体现其用工用料比较实际的消耗量定额,即综合定额。

③根据可控项目的综合定额和工程量,计算出可控项目的用工总数及主要材料数量。

④对未控项目的用工总数及主要材料数量进行估测。

⑤将可控项目和未控项目的用人总数及主要材料数量相加,求出工程总用工数和主要材料总数量。

⑥根据工程主要材料总数量及实际单价,求出主要材料总价。

⑦根据工程总用工数及劳务工资单价,求出工程总工费。

⑧计算工程材料总价。计算公式如下:

工程材料总价＝主要材料总价×扩大系数(扩大系数一般为 1.5～2.5)

⑨计算工程总价。计算公式为:

工程总价＝(总工费＋材料总价)×系数(系数值一般为 1.4～1.5)

(7)以现有的一个国家或地区的同类型工程报价项目和中标项目的预测工程成本资判(即预测成本比较控制法),对投标报价进行审核。

(8)以个体分析整体综合控制法,对投标报价进行审核。

项目小结

建筑装饰工程项目投标是指承包商向招标单位提出承包该建筑装饰工程项目的价格和条件,供招标单位选择以获包得承包权的活动。

1. 建筑装饰工程投标程序

(1)投票信息的收集与分析。

(2)前期投标决策。

(3)投标人资格预审。

(4)阅读招标文件。

(5)现场勘察。

（6）计算和复核工程量。

（7）制定施工规划。

（8）投标技巧分析和选用。

（9）投标文件的编制与递交。

2．建筑装饰工程投标文件

建筑装饰工程投标文件的组成：

①投标函及投标函附录；

②法定代表人身份证或附有法定代表人身份证明的授权委托书；

③联合体协议书；

④投标保证金；

⑤已标价工程量清单；

⑥施工组织设计；

⑦项目管理机构；

⑧拟分包项目情况表；

⑨资格审查资料；

⑩其他材料。

3．建筑装饰工程投标报价

（1）建筑装饰工程投标报价依据。

（2）建筑装饰工程投标报价编制。

①按定额计价的方法编制投标报价；

②按工程量清单计价的方法编制投标报价。

（3）建筑装饰工程工程量清单综合单价分析。

工程量清单综合单价分析是指投标人对招标人提供的工程清单表中所列项目的单价进行测算和确定。具体地讲，就是通过计算不同项目的人工费、材料费、机械使用费、管理费、利润，并考虑风险因素之后，得出工程量表中所列各项目的单价。

 案例分析

某国有企业计划投资 700 万元新建一栋办公大楼选取中标单件，共有 A、B、C、D、E 五家投标单位参加了投标，开标时出现了如下情形：

（1）A 投标单位的投标文件未按招标文件的要求而是按该企业投，建设单位委托了一家符合资质要求的监理单位进行该工程的施工招标代理工作，由于招标时间紧，建设单位要求招标代理单位采取内部议标的方式的习惯做法密封；

（2）B 投标单位虽按招标文件的要求编制了投标文件但有一页文件漏打了页码；

（3）C 投标单位投票保证金超过了招标文件中规定的金额；

（4）D 投标单位投标文件记载的招标项目完成期限超过招标文件规定的完成期限；

（5）E 投标单位某分项工程的报价有个别漏项。

为了在评标时统一意见，根据建设单位的要求评标委员会由 6 人组成，其中 3 人是由建设单位的总经理、总工程师和工程部经理参加，3 人由建设单位以外的评标专家库中抽取；经过评标委员会,最终由低于成本价格的投标单位确定为中标单位。

问题:

(1)采取的内部招标方式是否妥当?说明理由。

(2)五家投标单位的投标文件是否有效或应被淘汰?分别说明理由。

(3)评标委员会的组建是否妥当?若不妥,请说明理由。

(4)确定的中标单位是否合理?说明理由。

参考答案:

(1)不妥。国有投资项目必须采用公开招标方式选择施工单位,特殊情况可选择邀请招标,且具体采用公开招标还是邀请招标必须符合相关文件规定,并办理相关审批或手续。

(2)A属于无效投标文件。投标文件必须按照招标文件的要求密封;

B属于有效标。漏打了一页页码属于细微偏差。

C属于有效标。投标保证金只要符合招标文件规定的最低投票保证金。

D属于应淘汰的投票书。完成期限超过招标文件规定的完成期限属于重大偏差。

E属于有效标。个别漏项属于细微偏差,投标人根据要求进行补正。

(3)不妥。评标委员会成员应单数,且招标人以外的专家不得少于成员总数的2/3。

(4)不合理。定标原则规定中标单位的投票价格不得低于成本价。

 能 力 训 练

一、单项选择题

1.根据法律规定,定金的数额不超过合同标的额的(   )。

A. 5%   B. 10%   C. 20%   D. 25%

答案:C

2.中标单位确定后,招标单位应在定标之日后的(   )天内发出中标通知书。

A. 5   B. 7   C. 10   D. 15

答案:B

3.关于评标委员会成员的义务,下列说法中错误的是(   )。

A. 评标委员会成员应当客观、公正地履行职务

B. 评标委员会成员可以私下接触投标人,但不得收受投标人的财物或者其他好处

C. 评标委员会成员不行透露对投标文件的评审和比较的情况

D. 评标委员会成员不得透露对中标候选人的推荐情况

答案:B

4.由于承包商执行了监理一程师发布的超过其权限指令,导致施工费用增加,则(   )。

A. 业主承担相应的费用

B. 业主从监理费中支付给承包商

C. 监理工程师承担相关费用

D. 承包商执行的是无效指令,不能得到相应的费用补偿

答案:A

5.需要对施工图设计进行修改时,应经(   )批准。

A. 监理工程师和业主

B. 监理工程师和初步设计原批准单位

C. 监理工程师和上级主管部门

D. 监理工程师和原设计单位

答案：D

6. 由于变更需要重新确定价格,而业主与承包商的意见又不能统一时,( )有权确定一个价格作为执行价格。

A. 监理工程师　　　　　　　　　　　B. 业主

C. 承包商　　　　　　　　　　　　　D. 定额站

答案：A

7. 某隐蔽工程施工部位,承包商未能知监理工程师进行检验就自行隐蔽。道理工程师指令承包高进行剥露检查后表明该部位的施工质量满足合同规定的要求,则这部分工程的剥露和复原费应由( )负担。

A. 业主　　　　　B. 监理单位　　　　　C. 承包商　　　　　D. 业主的项目经理部

答案：C

8. 公开招标与邀请招标程序上的主要差异表现为( )。

A. 是否进行资格预审　　　　　　　　B. 是否组织现场考察

C. 是否解答投标单位的质疑　　　　　D. 是否公开开标

答案：A

9. 某水泥厂因技术问题致使生产的水泥质量达不到国家标准,该厂用其他厂家生产的水泥换上自已包装后,作为样品与采购方签订水泥供应合同,则该合同属于( )签订的合同。

A. 采取其诈手段　　　　　　　　　　B. 采取胁迫手段

C. 超越经营范围　　　　　　　　　　D. 无效代理

答案：A

10. 评标委员会成员中技术、经济等方面的专家不得少于成员总数的( )。

A. 三分之一　　　B. 一半　　　C. 三分之二　　　D. 五分之二

答案：C

11. 招标投标法规定开标的时间应当是( )。

A. 提交投标文件截止时间的同一时间

B. 提交投标文件截止时间的 24 小时内

C. 提交投标文件截止时间的 30 天内

D. 提交投标文件截止时间的任何时间

答案：A

12. 建设工程委托监理合同的标的是( )。

A. 货物　　　B. 货币　　　C. 劳务　　　D. 工程项目

答案：D

13. 招标投标法规定,中标通知书发出( )内,中标单位应与建设单位签订施工合同。

A. 10 天　　　B. 15 天　　　C. 20 天　　　D. 30 天

答案：D

二、多项选择题

1.某合同采用抵押作为合同担保方式时,( )可以作为抵押物。

A. 房屋　　　　　　　B. 机器设备　　　　　C. 债券　　　　　　　D. 股票

E. 大型施工机具

答案:ABE

2.采用邀请招标方式选择施工承包商时,业主在招标阶段的工作包括( )。

A. 发布招标广告　　　　　　　　　　B. 发出投标邀请函

C. 进行资格预审　　　　　　　　　　D. 组织现场考察

E. 召开标前答疑会

答案:BDE

3.进行施工招标应满足的条件包括( )。

A. 概算已批准　　　　　　　　　　　B. 有满足施工需要的施工图纸

C. 已选择了监理单位　　　　　　　　D. 建设资金来源已落实

E. 已有建筑许可证

答案:ABDE

4.订立施工合同应具备的条件包括( )。

A. 工程项目已列入年度建设计划

B. 具备了施工所需的设计文件和技术资料

C. 初步设计已经批准

D. 施工图设计已经批准

E. 建设资金和主要建筑材料设备来源已落实

答案:ABCE

5.《施工合同文本》由( )组成。

A.《施工合同协议书》　　　　　　　　B.《中标通知书》

C.《工程预算书》　　　　　　　　　　D.《施工合同专用条款》

E.《施工合同通用条款》

答案:ADE

6.在施工过程中,导致暂停施工的原因主要有( )。

A. 由于发包方违约,承包方主动暂停施工

B. 由于承包方违约,发包方提出暂停施工

C. 工程师认为有必要而要求暂停施工

D. 发包方驻工地代表要求的暂停施工

E. 发生意外情况而引起的暂停施工

答案:ACE

7.材料采购合同订立的方式有( )。

A. 公开招标　　　　　　　　　　　　B. 邀请招标

C. 议标　　　　　　　　　　　　　　D 直接订购

E. 询价、报价、签订合同

答案:ABDE

8.工程师索赔管理的任务包括( )。

A. 公正地处理和解决索赔

B. 进一步补充索赔资料

C. 预测和分析导致索赔的原因和可能性

D. 制止承包商提出索赔

E. 通过有效的合同管理减少索赔事件的发生

答案:ACE

9.公开招标设置资格预审的目的是( )。

A. 评选中标人

B. 减少评标的工作量

C. 迫使投标单位降低投标报价

D. 优选最有实力的承包商参加投标

E. 了解投标人准备实施招标项目的方案

答案:BD

项目四　建筑装饰工程开标、评标与定标

 学习目标

通过本章内容的学习,使学生掌握开标、评标与定标的流程,掌握评标的办法及相及相关合同文件的格式。

教学重点

1. 建筑装饰工程开标;
2. 建筑装饰工程评标与定标。

任务一　建筑装饰工程开标

➤ 一、投标有效期

投标截止日期以后,业主应在投标的有效期内开标、评标和授予合同。

投标有效期是指从投标截止之日起到公布中标之日为止的一段时间。

《工程建设项目施工招标投标办法》中规定投标有效期一般为10～30天,具体投标有效期的长短应根据工程的大小、繁简而定。投标有效期是要保证招标单位有足够的时间对全部投标进行比较和评价。

投标有效期一般不应该延长,但在某些特殊情况下,招标单位要求延长投标有效期是可以的,但必须征得投标者的同意。投标者有权拒绝延长投标有效期,业主不能因此而没收其投标保证金。同意延长投标有效期的投标者不得要求在此期间修改其投标书,而且投标者必须同时相应延长其投标保证金的有效期,对于投标保证金的各有关规定在延长期内同样有效。

➤ 二、建筑装饰工程开标时间和地点

开标,是指招标人将所有投标人的投标文件启封揭晓。

《中华人民共和国招标投标法》第34条的规定:"开标应当在招标文件确定的提交投标文件截止时间的同一时间公开进行;开标地点应当为招标文件中预先确定的地点。"

同时,《中华人民共和国招标投标法》第35条规定:"开标由招标人主持,邀请所有投标人参加。"

三、建筑装饰工程开标程序

建筑装饰工程开标时,要当众宣读投标人名称、投标价格、有无撤标情况以及招标单位认为合适的其他内容。

建筑装饰工程开标应按下列程序进行:

(1)主持人宣布开标会议开始,介绍参加开标会议的单位、人员名单及工程项目的有关情况。

(2)确认投标文件的密封性。开标时,由投标人或者其推选的代表检查投标文件的密封情况,也可以由招标人委托的公证机构检查并公证。

招投标公证由招标方所在地的公证处管辖。委托招标的,由受招标方所在地的公证处管辖。

(3)宣布公证、唱标、记录人员名单和招标文件规定的评标原则、定标办法。

(4)投标文件的拆封、宣读。确认投标文件的密封性后,由工作人员当众拆封,宣读投标单位的名称、投标报价、工期、质量目标、主要材料用量、投标担保或保函以及投标文件的修改、撤回等情况,并作当场记录。

(5)与会的投标单位法定代表人或者其代理人在记录上签字,确认开标结果。

(6)宣布开标会议结束,进入评标阶段。

四、建筑装饰工程放弃投标与无效标

建筑装饰工程投标单位法定代表人或授权代表未参加开标会议的视为自动弃权。投标文件有下列情形之一的将视为无效:

(1)投标文件未按照招标文件的要求予以密封的。

(2)投标文件中的投标函未加盖投标人的企业及企业法定代表人印章的,或者企业法定代表人委托代理人没有合法、有效的委托书(原件)及委托代理人印章的。

(3)投标文件的关键内容字迹模糊、无法辨认的。

(4)投标人未按照招标文件的要求提供投标保函或者投标保证金的。

(5)组成联合体投标的,投标文件未附联合体各方共同投标协议的。

(6)逾期送达的。对未按规定送达的投标书,应视为废标,原封退回。但对于因非投标者的过失(因邮政、战争、罢工等原因)而在开标之前未送达的,招标单位可考虑接受该迟到的投标书。

五、建筑装饰工程开标记录

建筑装饰工程开标过程应作记录,并存档备查。

招标主持人应在宣读投标人名称、投标价格和投标文件的其他主要内容时,对公开开标所读的每一项,按照开标时间的先后顺序进行记录。开标机构应当事先准备好开标记录的登记表册,开标填写后作为正式记录,保存于开标机构。

建筑装饰工程开标记录的内容包括:建筑装饰工程项目名称、招标号、刊登招标公告的日期、发售招标文件的日期、购买招标文件的单位名称、投标人的名称及报价、截标后收到投标文件的处理情况等。

任务二　建筑装饰工程评标

建筑装饰工程开标后进入评标阶段。评标,即采用统一的标准和方法,对符合要求的投标进行评比,确定每项投标对招标人的价值,最后达到选定最佳中标人的目的。

➤ 一、建筑装饰工程评标机构

《中华人民共和国招标投标法》第37条第1款明确规定:"评标由招标人依法组建的评标委员会负责。"

1. 评标委员会的组成

建筑装饰工程评标委员会由招标人或其委托的招标代理机构熟悉相关业务的代表以及有关技术、经济等方面的专家组成,具体应符合下列规定:

(1)评标委员会由招标人代表组建,负责评标活动,向招标人推荐中标候选人或者根据招标人的授权直接确定中标人。

(2)评标委员会成员名单一般应于开标前确定。评标委员会成员名单在中标结果确定前应当保密。

(3)评标委员会由招标人或其委托的招标代理机构熟悉相关业务的代表,以及有关技术、经济等方面的专家组成,成员人数为5人以上单数,其中技术、经济等方面的专家不得少于成员总数的2/3。

(4)评标委员会设负责人的,评标委员会负责人由评标委员会成员推举产生或者由招标人确定。评标委员会负责人与评标委员会的其他成员具有同等表决权。

2. 评标委员会专家成员

建筑装饰工程评标委员会成员应从事相关领域工作满八年并具有高级职称或者具有同等专业水平,由招标人从国务院有关部门或者省、自治区、直辖市人民政府有关部门提供的专家名册或者招标代理机构的专家库内的相关专业的专家名单中确定。

建筑装饰工程行政管理部门的专家名册应符合下列规定:

(1)建筑装饰工程行政主管部门的专家名册应当拥有一定数量规模并符合法定资格条件的专家。

(2)省、自治区、直辖市人民政府建设行政主管部门可以将专家数量少的地区的专家名册予以合并或者实行专家名册计算机联网。

(3)建筑装饰工程行政主管部门应当对进入专家名册的专家组织有关法律和业务培训,对其评标能力、廉洁公正等进行综合评估,及时取消不称职或者违法违规人员的评标专家资格。被取消评标专家资格的人员,不得再参加任何评标活动。

评标委员会的专家成员应当从省级以上人民政府有关部门提供的专家名册或者招标代理机构的专家库内的相关专家名单中确定。但是,在选取评标委员会成员时采用何种方法要根据具体的项目来确定。

评标专家成员应符合下列规定:

(1)从事相关专业领域工作满八年并具有高级职称或者同等专业水平。

（2）熟悉有关招标投标的法律法规，并具有与招标项目相关的实践经验。

（3）能够认真、公正、诚实、廉洁地履行职责。

3. 评标委员会成员要求

（1）评标委员会成员的道德要求。评标委员会在整个建筑装饰工程招投标活动中具有重要作用，评标委员会成员应当客观、公正地履行职责，遵守职业道德，对所提出的评审意见承担个人责任，不得与任何投标人或者与招标结果有利害关系的人进行私下接触，不得收受投标人、中介人、其他利害关系人的财物或者其他好处。

（2）评标委员会成员的保密义务。对评标过程进行保密，有利于评标活动不受外界环境及人为的干涉，评标委员会成员和与评标活动有关的工作人员不得透露对投标文件的评审和比较、中标候选人的推荐情况以及与评标有关的其他情况。

（3）评标委员会成员有下列情形之一的，应主动提出回避。

①投标人或者投标人主要负责人的近亲属。

②项目主管部门或者行政监督部门的人员。

③与投标人有经济利益关系，可能影响对投标公正评审的。

④曾因在招标、评标以及其他与招投标有关活动中从事违法活动而受过行政处罚或刑事处罚的。

➤ 二、建筑装饰工程评标原则

建筑装饰工程评标原则是贯穿于整个建设工程招标评标过程的指导思想和活动准则，是招标人制定评标办法时必须遵循的基本要求和规范。建筑装饰工程评标应遵循下列原则。

1. 平等竞争原则

对建筑装饰工程招标人来说，在评标的实际操作和决策过程中，要用一个标准衡量，保证投标人能机会均等地参加竞争。不允许针对某一特定的投标人在某一方面的优势或弱势而在评标定标具体条款中带有倾向性。

对建筑装饰工程投标人来说，在评标办法中不存在对某一方有利或不利的条款，大家在定标结果正式出来之前，具有均等的中标机会。

2. 客观公正原则

对投标文件的评价、比较和分析，要客观公正，不以主观好恶为标准，不带成见，真正在投标文件的响应性、技术性、经济性等方面评出客观的差别和优劣。采用的评标方法，对评审指标的设置和评分标准的具体划分，都要在充分考虑招标项目的具体特点和招标人的合理意愿的基础上，尽量避免和减少人为因素，做到科学、合理。

3. 实事求是原则

对投标文件的评审，要从实际出发，评标活动既要全面，也要有重点。任何一个招标项目都有自己的具体内容和特点，招标人作为合同的一方主体，对合同的签订和履行负有其他任何单位和个人都无法替代的责任。

所以，在其他条件同等的情况下，应该允许招标人选择更符合招标工程特点和自己招标意愿的投标人中标。招标评标办法可根据具体情况，侧重于工期或价格、质量、信誉等一两个招标工程客观上需要注意的重点，在全面评审的基础上作出合理取舍。这应该说是招标人的一项重要权利,招投标管理机构对此应予尊重。但标的根本目的在于择优,而择优决定了评标定标办法中的突出重点、照顾工程特点和招标人意图,只能是在同等的条件下,针对实际存在的客观因素而不是纯粹招标人主观上的需要,才被允许,才是公正、合理的。所以,在实践中,也要注意避免将招标人的主观好恶掺入评标定标办法中,防止影响和损害招标的择优宗旨。

➤ 三、建筑装饰工程评标程序

建筑装饰工程评标程序是指招标人设立的评标委员会在建筑装饰工程招投标管理机构的监督下,对投标文件进行分析、评价,比较和推荐中标候选人等活动的次序、步骤和全过程。

1．编制表格，研究招标文件

评标委员会成员应当编制供评标使用的相应表格,认真研究招标文件,了解和熟悉以下内容:

(1)招标的目标。

(2)招标项目的范围和性质。

(3)招标文件中规定的主要技术要求、标准和商务条款。

(4)招标文件规定的评标标准、评标方法和在评标过程中应考虑的相关因素。

招标人或者其委托的招标代理机构应当向评标委员会提供评标所需的重要信息和数据。招标人设有标底的,标底应当保密,并作为评标的参考。

2．投标文件的排序和风险承担

(1)投标文件的排序。建筑装饰工程评标委员会应根据投标报价的高低或招标文件规定的其他方法对投标文件进行排序。

(2)风险承担。对于以多种货币进行报价的,应当按照中国银行在开标日公布的汇率中间价换算成人民币。招标文件应当对汇率标准和汇率风险作出规定。未作规定的,汇率风险由投标人承担。

3．投标文件的澄清、说明或补正

评标时,评标委员会可以要求投标人对投标文件中含义不明确的内容作必要的澄清或者说明,比如投标文件有关内容前后不一致、明显打字(书写)错误或纯属计算上的错误等,评标委员会应通知投标人作出澄清或说明,以确认其正确的内容。澄清的要求和投标人的答复均应采用书面形式,且投标人的答复必须经法定代表人或授权代表人签字,作为投标文件的组成部分。

但是,投标人的澄清或说明,仅仅是对上述情形的解释和补正,不得有下列行为:

(1)超出投标文件的范围。比如,投标文件中没有规定的内容,澄清时候加以补充;投标文件提出的某些承诺条件与解释不一致;等等。

(2)改变或谋求、提议改变投标文件中的实质性内容。所谓实质性内容,是指改变投标文件中的报价、技术规格或参数、主要合同条款等内容。这种实质性内容的改变,其目的就是为了使不符合要求的或竞争力较差的投标变成竞争力较强的投标。实质性内容的改变将会引起不公平的竞争,因此是不允许发生的。

在实际操作中,部分地区采取"询标"的方式来要求投标单位进行澄清和解释。询标一般由受委托的中介机构来完成,通常包括审标、提出书面询标报告、质询与解答、提交书面询标经济分析报告等环节。提交的书面询标经济分析报告将作为评标委员会进行评标的参考,有利于评标委员会在较短的时间内完成对投标文件的审查、评审和比较。

4．初步评审

（1）符合性评审。建筑装饰工程投标文件的符合性评审包括商务符合性评审和技术符合性鉴定。投标文件应实质性响应招标文件的所有条款、条件，无显著差异和保留，即对工程的范围、质量以及使用性能产生实质性影响或对合同中规定的招标单位的权利及投标单位的责任造成实质性限制。而且纠正这种差异或保留，将会对其他实质性响应的投标单位的竞争地位产生不公正的影响。

（2）技术性评审。建筑装饰工程投标文件的技术性评审主要包括对投标所报的方案或组织设计、关键工序、进度计划、人员和机械设备的配备、技术能力、质量控制措施、临时设施的布置和临时用地情况、施工现场周围环境污染的保护措施等进行评估。

（3）商务性评审。建筑装饰工程投标文件商务性评审是指对确定为实质上响应招标文件要求的投标文件进行投标报价评估，包括对投标报价进行校核，审查全部报价数据是否有计算上或累计上的算术错误，分析报价构成的合理性。

初步评审中，评标委员应当根据招标文件，审查并逐项列出投标文件的全部投资偏差。投标偏差分为重大偏差和细微偏差，具体见表 4-1。

表 4-1　建筑装饰工程投标偏差

序　号	偏差类别	内　容
1	重大偏差	（1）没有按照招标文件要求提供投标担保或者所提供的投标担保有瑕疵； （2）投标文件没有投标人授权代表签字和加盖公章； （3）投标文件载明的招标项目完成期限超过招标文件规定的期限； （4）明显不符合技术规格、技术标准的要求； （5）投标文件载明的货物包装方式、检验标准和方法等不符合招标文件的要求； （6）投标文件附有招标人不能接受的条件； （7）不符合招标文件中规定的其他实质性要求。
2	细微偏差	细微偏差是指投标文件在实质上响应招标文件要求，但在个别地方存在漏项或者提供了不完整的技术信息和数据等情况，并且补正这些遗漏或者不完整不会对其他投标人造成不公平的结果。细微偏差不影响投标文件的有效性。

注：1. 出现重大偏差视为未能实质性响应招标文件，作废标处理。
　　2. 出现细微偏差，投标人应在评标结束前予以补正。

《工程建设项目施工招标投标办法》第 50 条规定，投标文件有下列情况之一的，由评标委员会初审后按废标处理：

（1）无单位盖章并无法定代表人或法定代表人授权的代理人签字或盖章的。

（2）未按规定的格式填写，内容不全或关键字迹模糊、无法辨认的。

（3）投标人递交两份或多份内容不同的投标文件，或在一份投标文件中对同一招标项目报有两个或多个报价，且未声明哪一个有效，按招标文件规定提交备选投标方案的除外。

（4）投标人名称或组织结构与资格预审时不一致的。

（5）未按招标文件要求提交投标保证金的。

（6）联合体投标未附联合体各方共同投标协议的。

5. 详细评审

经过初步评审合格的投标文件,评标委员会应当根据招标文件确定的评标标准和方法,对其技术部分和商务部分作进一步评审、比较。

评标委员会完成评标后,应当向招标人提出书面评标报告,并抄送有关行政监督部门。评标报告应当如实记载以下内容:

(1)基本情况和数据表。

(2)评标委员会成员名单。

(3)开标记录。

(4)符合要求的投标一览表。

(5)废标情况说明。

(6)评标标准、评标方法或者评标因素一览表。

(7)经评审的价格或者评分比较一览表。

(8)经评审的投标人排序。

(9)推荐的中标候选人名单与签订合同前要处理的事宜。

(10)澄清、说明、补正事项纪要。

评标报告由评标委员会全体成员签字。对评标结论持有异议的评标委员会成员可以书面方式阐述其不同意见和理由。评标委员会成员拒绝在评标报告上签字且不陈述其不同意见和理由的,视为同意评标结论。评标委员会应当对此作出书面说明并记录在案。

向招标人提交书面评标报告后,评标委员会即告解散。评标过程中使用的文件、表格以及其他资料应当即时归还招标人。

6. 推荐中标候选人

评标委员会推荐的中标候选人应当限定在1～3人,并标明排列顺序。招标人应当接受评标委员会推荐的中标候选人,不得在评标委员会推荐的中标候选人之外确定中标人。

采用公开招标方式的,评标委员会应当向招标人推荐2～3个中标候选方案;采用邀请招标方式的,评标委员会应当向招标人推荐1～2个中标候选方案。

在确定中标人之前,招标人不得与投标人就投标价格、投标方案等实质性内容进行谈判。中标人的投标应当符合下列条件之一:

(1)能够最大限度满足招标文件中规定的各项综合评价标准。

(2)能够满足招标文件的实质性要求,并且经评审的投标价格最低,但是投标价格低于成本的除外。

➢ 四、建筑装饰工程评标方法

建筑装饰工程评标方法是对建筑装饰工程评标活动进行的具体方式、规则和标准的统称。

建筑装饰工程评标方法所要研究解决的问题主要包括:应当评议哪些内容;对已设置的评议因素应当如何进行评议;如何确定各个评议因素所应占的分量或比重,对评议过程如何归纳总结,形成评议结果;如何在评议的基础上决定中标人等。

建筑装饰工程评标的方法多种多样,目前国内采用较多的是专家评议法、低标价法和打分法。

1. 专家评议法

专家评议法是指评标委员会根据预先确定的评审内容,如报价、工期、施工方案、企业的信誉和经验以及投标者所建议的优惠条件等,对各标书进行认真的分析比较后,评标委员会的各成员进行共同的协商和评议,以投票的方式确定中选的投标者。这种方法实际上是定性的优选法。由于缺少对投标书的量化的比较,因而易产生众说纷纭、意见难于统一的现象。但是其评标过程比较简单,在较短时间内即可完成,一般适用于小型工程项目。

2. 低标价法

所谓低标价法,也就是以标价最低者为中标者的评标方法,世界银行贷款项目多采用这种方法。但该标价是指评估标价,也就是考虑了各评审因素以后的投标报价,而非投标者投标书中的投标报价。采用这种方法时,一定要采用严谨的招标程序、严格的资格预审,所编制招标文件一定要严密,详评时对标书的技术评审等工作要扎实、全面。

低标价法评标有两种方式,一种方式是将所有投标者的报价依次排队,取其 3~4 个,对报价较低的投标者进行其他方面的综合比较,择优定标;另一种方式是"A+B 值评标法",即以低于标底一定百分数以内的报价的算术平均值为 A,以标底或评标小组确定的更合理的标价为 B,然后以"A+B"的均值为评标标准价,选出低于或高于这个标准价的某个百分数的报价的投标者进行综合分析比较,择优选定。

3. 打分法

建筑装饰工程打分法评标是由评标委员会事先将评标的内容进行分类,并确定其评分标准,然后由每位委员无记名打分,最后统计投标者的得分。得分超过及格标准分最高者为中标单位。这种定量的评标方法,是在评标因素多而复杂,或投标前未经资格预审就投标时,常采用的一种公正、科学的评标方法,能充分体现平等竞争、一视同仁的原则,定标后分歧意见较小。根据目前国内招标的经验,可按下式进行计算:

$$P = Q + \frac{B-b}{B} \times 200 + \sum_{i=1}^{7} m_i$$

式中:P——最后评定分数;

Q ——标价基数,一般取 40~70 分;

B——标底价格;

b ——分析标价,分析标价、报价、优惠条件拆价。

$\frac{B-b}{B} \times 200$ 是指当报价每高于或低于标底 1% 时,增加或扣减 2 分;该比例大小,应根据项目招标时,投标价格应占的权重来确定,此处仅是给予建议;

m_1——工期评定分数,分数上限一般取 15~40;当招标项目为盈利项目时,工程提前交工,则业主可少付贷款利息并早日营业或投产,从而产生盈利,则工期权重可大些;

m_2、m_3——技术方案和管理能力评审得分,分数上限可分别为 10~20 分;当项目技术复杂、规模大时,权重可适当提高;

m_4——主要施工机械配备评审得分;如果工程项目需要大量的施工机械,如水电工程、土方开挖等,则其分数上限可取为 10~30 分;一般的工程项目,可不予考虑;

m_5——投标者财务状况评审得分,上限为 5~15 分,如果业主资金筹措遇到困难,需承包

者垫资时,其权重可加大;

m_6、m_7——投标者社会信誉和施工经验得分,其上限可分别为 5~15 分。

五、建筑装饰工程评标应注意的几个问题

1. 标价合理

当前一般是以标底价格为基准价,采用接近标底的价格的报价为合理标价。如果采用低的报价中标者,应弄清下列情况:

(1)是否采用了先进技术确实可以降低造价或有自己的廉价建材采购基地,能保证得到低于市场价的建筑材料,或是在管理上有什么独到的方法。

(2)了解企业是否出于竞争的长远考虑,在一些非主要工程上让利承包,以便提高企业知名度和占领市场,为今后在竞争中获利打下基础。

2. 工期适当

国家规定的建设工程工期定额是建设工期参考标准,对于盲目追求缩短工期的现象要认真分析,确定是否经济合理。要求提前工期,必须要有可靠的技术措施和经济保证。要注意分析投标企业是否是为了中标而迎合业主无原则要求缩短工期的情况。

3. 尊重业主的自主权

在社会主义市场经济的条件下,特别是在建筑装饰工程项目实行业主负责制的情况下,业主不仅是工程项目的建设者、投资的使用者,而且也是资金的偿还者。评标组织要对业主负责防止来自行政主管部门和招标管理部门的干扰。

政府行政部门、招投标管理部门应尊重业主的自主权,不应参加评标决标的具体工作,主要从宏观上监督和保证评标决标工作公正、科学、合理、合法,为招投标市场的公平竞争创造一个良好的环境。

4. 研究科学的评标方法

建筑装饰工程评标组织要依据本工程特点,研究科学的评标方法,保证评标不"走过场",防止假评、暗定等不正之风。

任务三   建筑装饰工程定标

一、确定中标人

依法必须进行招标的项目,招标人应当确定排名第一的中标候选人为中标人。排名第一的中标候选人放弃中标、因不可抗力提出不能履行合同,或者招标文件规定应当提交履约保证金而在规定的期限内未能提交的,招标人可以确定排名第二的中标候选人为中标人;排名第二的中标候选人因前述规定的同样原因不能签订合同的,招标人可以确定排名第三的中标候选人为中标人。招标人也可以授权评标委员会直接确定中标人。

国务院对中标人的确定另有规定的,从其规定。

➤ 二、发出中标通知书

中标通知书,是指招标人在确定中标人后向中标人发出的通知其中标的书面凭证。《中华人民共和国招标投标法》规定:"中标人确定后,招标人应当向中标人发出中标通知书,同时通知未中标人。"

建筑装饰工程招标人向中标人和未中标人发出的中标通知书和中标结果通知书的格式如下:

中标通知书

_____(中标人名称):

你方于_____(投标日期)所递交的_____(项目名称)_____标段施工投标文件已被我方接受,被确定为中标人。

中标价:_____元。

工期:_____日历天。

工程质量:符合_____标准。

项目经理:_____(姓名)。

请你方在接到本通知书后的_____日内到_____(指定地点)与我方签订施工承包合同,在此之前按招标文件第×章"投标人须知"第××款规定向我方提交履约担保。

特此通知。

招标人:_____(盖单位章)
法定代表人:_____(签字)
____年____月____日

中标结果通知书

_____(未中标人名称):

我方已接受_____(中标人名称)于_____(投标日期)所递交的_____(项目名称)标段施工投标文件,确定_____(中标人名称)为中标人。

感谢你单位对我们工作的大力支持!

招标人:_____(盖单位章)
法定代表人:_____(签字)
____年____月____日

投标人收到招标人发出的中标通知书,应向招标人发出确认通知,格式如下:

确认通知

_____(招标人名称):

我方已接到你方_____年_____月_____日发出的_____(项目名称)_____标段施工招标关于_____的通知,我方已于____年____月____日收到。

特此确定。

投标人:_____(盖单位章)
____年____月____日

中标通知书对招标人和中标人具有法律效力。中标通知书发出后,招标人改变中标结果或中标人放弃中标项目,应当依法承担法律责任。

（1）中标通知书是承诺。招标人发出中标通知书，则是招标人同意接受中标人的投标条件，即同意接受该投标人的要约的意思表示，属于承诺。

（2）缔约过失责任。缔约过失责任是指当事人在订立合同过程中，因违背诚实信用原则而给对方造成损失的损害赔偿责任。建筑装饰工程中标通知书发出后，招标人改变中标结果，或者中标人放弃中标项目的，应当依法承担缔约过失责任。

➢ 三、提供履约担保和付款担保

1. 中标人提供履约担保

提供履约担保是针对中标人而言的，在签订合同前，中标人应按投标人须知前附表规定的金额、担保形式和招标文件规定的履约担保格式向招标人提供履约担保。

联合体中标的，其履约担保由牵头人递交，并应符合投标人须知前附表规定的金额、担保形式和招标文件规定的履约担保格式要求。

所谓履约担保，是指招标人在招标文件中规定的要求中标的投标人提交的保证履行合同义务的担保。履约担保除可以采用履约保证金这种形式外，还可以采用银行、保险公司或担保公司出具的履约保函。履约担保的金额取决于招标项目的类型和规模，但大体上应能保证中标人违约时，招标人所受损失得到补偿，通常为建设工程合同金额的10%左右。

在招标文件中，招标人应当就提交履约担保的方式作出规定，中标人应当按照招标文件中的规定提交履约担保。中标人不按照招标文件的规定提交履约担保的，将失去订立合同的资格，提交的投标担保不予退还。

履约担保的格式如下：

履约担保

_____（发包人名称）：

鉴于_____（发包人名称，以下简称"发包人"）接受_____（承包人名称）（以下称"承包人"）于___年___月___日参加____（项目名称）____标段施工的投标。我方愿意无条件地、不可撤销地就承包人履行与你方订立的合同，向你方提供担保。

1.担保金额人民币（大写）____元（￥____）。

2.担保有效期自发包人与承包人签订的合同生效之日起至发包人签发工程接收证书之日止。

3.在本担保有效期内，因承包人违反合同约定的义务给你方造成经济损失时，我方在收到你方以书面形式提出的在担保金额内的赔偿要求后，在7天内无条件支付。

4.发包人和承包人按合同规定变更合同时，我方承担本担保规定的义务不变。

担保人：_____（盖单位章）

法定代表人或其委托代理人：_____（签字）

地址：_____

邮政编码：_____

电话：_____

传真：_____

___年___月___日

中标人不能按要求提交履约担保的，视为放弃中标，其投标保证金不予退还，给招标人造成的损失超过投标保证金数额的,中标人还应当对超过部分予以赔偿。

2. 招标人提供付款担保

提供付款担保是针对招标人而言的,招标人要求中标人提供履约保证金或其他形式履约担保的,招标人应同时向中标人提供工程款支付担保。

付款担保的格式如下:

预付款担保

____（发包人名称）:

根据____（承包人名称）（以下简称"承包人"）与____（发包人名称）（以下称"发包人"）于____年____月____日签订的____（项目名称）____标段施工承包合同,承包人按约定的金额向发包人提交一份预付款担保,即有权得到发包人支付相等金额的预付款。我方愿意就你方提供给承包人的预付款提供担保。

1.担保金额人民币(大写)____元(￥____)。

2.担保有效期自预付款支付给承包人起生效,至发包人签发的进度付款证书说明已完全扣清止。

3.在本保函有效期内,因承包人违反合同约定的义务而要求收回预付款时,我方在收到你方书面通知后,在7天内无条件支付。但本保函的担保金额,在任何时候不应超过预付款金额减去发包人按合同约定在向承包人签发的进度付款证书中扣除的金额。

4.发包人和承包人按《通用合同条款》第××条变更合同时,我方承担本保函规定的义务不变。

担保人:____(盖单位章)

法定代表人或其委托代理人:____（签字）

地址:_____

邮政编码:_____

电话:_____

传真:_____

____年____月____日

➤ 四、签订合同

招标人和中标人应当自中标通知书发出之日起30天内,根据招标文件和中标人的投标文件订立书面合同。

建筑装饰工程合同当事人采取合同书形式订立合同,自双方当事人签字或盖章时合同成立。

建筑装饰工程合同订立的依据是招标文件和中标人的投标文件,双方不得再订立违背合同实质性内容的其他协议。"合同实质性内容"包括投标价格、投标方案等涉及招标人和中标人权利义务关系的实体内容。如果允许招标人和中标人可以再行订立背离违背合同实质性内容的其他协议,就违背了招标投标活动的初衷,对其他未中标人来讲也是不公正的。因此对于这类行为,法律必须予以严格禁止。

中标人无正当理由拒签合同的,招标人取消其中标资格,其投标保证金不予退还;给招标人造成的损失超过投标保证金数额的,中标人还应当对超过部分予以赔偿。

发出中标通知书后,招标人无正当理由拒签合同的,招标人向中标人退还投标保证金;给中标人造成损失的,还应当赔偿损失。

投标保证金在本质上是担保的一种形式,属于从合同,其将依附于主合同的存在而存在。当主合同不存在的情况下,从合同就失去了存在的前提。所以,当招标投标过程结束后,投标人提交的投标保证金应该予以退还。而投标结束的标志就是工程合同的签订。对此,《评标委员会和评标方法暂行规定》规定,招标人与中标人签订合同后 5 个工作日内,应当向中标人和未中标的投标人退还投标保证金。这是法律规定的投标保证金的期限。

➤ 五、重新招标和不再招标

1. 重新招标

依法必须进行招标的项目,中标无效的,应按规定从其余投标人中重新确定中标人,重新招标。有下列情形之一的,招标人将重新招标:

(1)投标截止时间止,投标人少于 3 个的。

(2)经评标委员会评审后否决所有投标的。

(3)中标无效的。主要在以下情形:

①招标代理机构违反本法规定,泄漏应当保密的与招标投标活动有关的情况和资料,或者与招标人、投标人串通损害国家利益、社会公共利益或者他人合法权益,影响中标结果的,中标无效。

②依法必须进行招标的项目的招标人向他人透漏已获取招标文件的潜在投标人的名称、数量或者可能影响公平竞争的其他情况,或者泄漏标底,影响中标结果的,中标无效。

③投标人相互串通投标或者与招标人串通投标的,投标人以向招标人或者评标委员会成员行贿的手段谋取中标的,中标无效。

④投标人以他人名义投标或者以其他方式弄虚作假,骗取中标的,中标无效。

⑤依法必须进行招标的项目,招标人违反法律规定,与投标人就投标价格、投标方案等实质性内容进行谈判,影响中标结果的,中标无效。

⑥招标人在评标委员会依法推荐的中标候选人以外确定中标人的,依法必须进行招标的项目在所有投标被评标委员会否决后自行确定中标人的,中标无效。

2. 不再招标

重新招标后投标人仍少于 3 个或者所有投标被否决的,属于必须审批或核准的工程建设项目,经原审批或核准部门批准后不再进行招标。

📇 项目小结

1. 建筑装饰工程开标

(1)开标,是指招标人将所的投标文件启封揭晓。

《中华人民共和国招标投标法》第 34 条的规定:"开标应当在招标文件确定的提交投标文件截止进间的同一时间公开进行;开标地点应当为招标文件中预先确定的地点。"同时,《中华人民共和国招标投标法》第 35 条规定:"开标由招标人主持,邀请所有投标人参加。"

(2)投标文件有下列情形之一的将视为无效:

①投标文件未按照招标文件的要求予以密封的。

②投标文件中的投标函未加盖投标人的企业及企业法定代表人印章的,或者企业法定代表人委托代理人没有合法、有效的委托书(原件)及委托代理人印章的。

③投标文件的关键内容字迹模糊、无法辨认的。

④投标人未按照招标文件的要求提供投标保函或者投标保证金的。

⑤组成联合体投标的,投标文件未附联合体各方共同标协议的。

⑥逾期送达的。对未按规定送达的投标书,应视为废标,原封退回。但对于因非投标者的过失(因邮政、战争、罢工等原因)而在开标之前未送达的,招标单位可考虑接受该迟到的投标书。

2. 建筑装饰工程评标

评标,即采用统一的标准和方法,对符合要求的投标进行评比,以确定每项投标对招标人的价值,最后达到选定最佳中标人的目的。

(1)建筑装饰工程评标原则。

①平等竞争原则;②客观公正原则;③实事求是原则。

(2)建筑装饰工程评标方法。

①专家评议法;②低标价法;③打分法。

3. 建筑装饰工程定标

(1)确定中标人。

依法必须进行招标的项目,招标人应当确定排名第一的中标人。排名第一的中标候选人放弃中标、因不可抗力提出不能履行合同,或者招标文件规定应当提交履约保证金而在规定的期限内未能提交的,招标人可以确定排名第二的中标候选人为中标人;排名第二的中标候选人因前述规定的同样原因不能签订合同的,招标人可以确定排名第三的中标候选人为中标人;招标人可以授权评标委员会直接确定中标人。

(2)发出中标能知书。

中标通知书,是指招标人在确定中标人后向中标人后向中标人发出的通知其中标的书面凭证。《中华人民共和国招标投标法》规定:"中标人确定后,招标人应当向中标人发出中标通知书,同时通知未中标人。"

(3)签订合同。

招标人和中标人应当自中标能知书发出之日起 30 天内,根据招标文件和中标人的投标文件订立书面合同。

建筑装饰工程合同当事人采取合同书形式订立合同,自双方当事人签字或盖章时合同成立。

(4)重新招标和不再招标。

①重新招标。

依法必须进行招标的项目,中标无效的,应按规定从其余投标人中生新确定中标人,重新招标。

②不再招标。

重新招标后投标人仍少于 3 个或者所有投标被否决的,属于必须审批或准的工程建设项目,经原审批或核准部门批准后不再进行招标。

案例分析

某装饰工程具备招标条件,决定进行公开招标。招标人委托某招标代理机构 K 进行招标代理。招标方案由 K 招标代理机构编制,经招标人同意后实施。招标文件规定本项目采取公开招标、资格后审方式选择承包人,同时规定投标有效期为 90 日。2007 年 10 月 12 日下午 4:00 为投标截止时间,2007 年 10 月 14 日下午 2:00 在某会议室召开开标会议。2007 年 9 月 15 日,K 招标代理机构在国家指定媒介上发布招标公告。招标公告内容如下:

①招标人的名称和地址;②招标代理机构的名称和地址;③招标项目的内容、规模及标段的划分情况;④招标项目的实施地点和工期;⑤对招标文件收取的费用。2007 年 9 月 18 日,招标人开始出售招标文件。2007 年 9 月 22 日,有两家外省市的施工单位前来购买招标文件,被告知招标文件已停止出售。

截至 2007 年 10 月 12 日下午 4:00 即投标文件递交截止时间,共有 48 家投标单位提交了投标文件。在招标文件规定的时间进行开标,经招标人代表检查投标文件的密封情况后,由招标代理机构当众拆封,宣读投标人名称、投标价格、工期等内容,并由投标人代表对开标结果进行了签字确认。

随后,招标人依法组建的评标委员会对投标人的投标文件进行了评审,最后确定了 A、B、C 三家投标人分别为某合同段第一、第二、第三中标候选人。招标人于 2007 年 10 月 28 日向 A 投标人发出了中标通知书,A 中标人于当日确认收到此中标通知书。此后,自 10 月 30 是至 11 月 30 日招标人又与 A 投标人就合同价格进行了多次谈判,于是 A 投标人将价格在正式报价的基础上下浮了 0.5%,最终双方于 12 月 3 日签订了书面合同。

问题:

本案招投标程序有哪些不妥之处?为什么?

参考答案:

存以下 6 项不妥之处:

①开标时间 2007 年 10 月 14 日下午 2:00 与提交投标文件的截止时间 2007 年 10 月 12 日下午 4:00 不一致不妥。《招标投标法》第三十四条规定,开标应当在招标文件确定的提交投标文件截止时间的同一时间公开进行。

②招标公告的内容不全。《工程建设项目施工招标投标办法》第十四条规定,除已明确的内容外,还应载明以下事项:招标项目的资金来源、获取招标文件的时间和地点、对投标人的资质等级要求等。

③招标文件停止出售的时间不妥。《工程建设项目施工招投标办法》第十五条规定,自招标文件开始出售之日起至停止,最短不得少于 5 个工作日。

④由招标人代表检查投文件的密封情况不妥。《招标投标法》第三十六条规定,开标时,由投标人或者推选的代表检查投标文件的密封情况,也可以由招标人委托的公证机构检查并公证。

⑤中标通知书发出后,招标人与中标人 A 就合同价格进行谈判不妥。《招标投标法》第四十六条规定,招标人和中标人应当自中标通知书发出之日起三十日内,按照招标文件和中标人的投标文件订立书面合同。招标人和中标人得再行订立背离合同实质性内容的其他协议。这里的合同价格属于《招标投标法》第四十三条界定的实质性内容。

⑥招标人和中标人签订书面合同的期限和合同价格不妥。《招标投标法》第四十六条规定,招标人和中标人应当自中标通知书发出之日起三十日内,按照招标文件和中标人的投标文件订立书面合同。本案例中通知书于10月28日发出,直至12月3日才签订了书面合同,已超过了法律定的30日期限。中标人的中标价格属于合实质性内容,其中标价就是签约合同价。本案中将其下浮0.5%后作为签约合同价,违反了《招标投标法》。

 能力训练

一、单项选择题

1. 下列施工项目不属于必须招标范围的是(　　)。

A. 大型基础设施项目

B. 使用世界银行贷款建设项目

C. 政府投资的经济适用房建设项目

D. 施工主要技术采用特定专利的建设项目

答案:D

2.《工程建设项目招标范围和规模标准规定》中规定重要设备、材料等货物的采购,单项合同估算价在(　　)万人民币以上的,必须进行招标。

A.20　　　　　　　　B.50　　　　　　　　C.150　　　　　　　　D.100

答案:D

3.《招投标法》规定,招标人采用公开招标方式,应当发布招标公告,依法必须进行招标项目的招标公告,应当通过(　　)的报刊、信息网络或者他媒介公开发布。

A. 国家指定　　　　　　　　　　　　B. 业主指定

C. 当地政府指定　　　　　　　　　　D. 监理机构指定

答案:A

4. 按照《招标投标法》及相关规定,必须进行施工招标的工程项目是(　　)。

A. 施工企业在其施工资质许可范围内自建自用的工程

B. 属于利用扶贫资金实行以工代赈需要使用农民工的工程

C. 施工主要技术采用特定的专利或者专有技术工程

D. 经济适用房工程

答案:D

5.《招标投标法》规定,招标投标活动应当遵循公开、公平、公正和诚实信用的原则。公开原则,首先要求招标信息公开,其次,还要求(　　)公开。

A. 评标方式　　　　　　　　　　　　B. 招标投标过程

C. 招标单位　　　　　　　　　　　　D. 投标单位

答案:B

6. 根据《招标投标法》及有关规定,下列项目不属于必须招标的工程建设项目范围的是(　　)。

A. 某城市的地铁工程　　　　　　　　B. 国家博物馆的维修工程

C. 某省的体育馆建设项目　　　　　　D. 张某给自已建的别墅

答案:D

7. 下列使用图有资金的项目中,必须通过招标方式选择施工单位的是( )。

A. 某水利工程,其单项施工合同估算价 600 万元人民币

B. 利用资金实行以工代赈需要使用农民工

C. 某军事工程,其重要设备的采购单项合同估算价 100 万元人民币

D. 某福利院工程,其单项施工合同估算价 300 万元人民币且施工主要技术采用某专有技术

答案:A

8. 招标投标活动的( )原则首先要求招标活动的信息公开。

A. 公开   B. 公开   C. 公正   D. 诚实信用

答案:A

9. 投标保证金有效期应当超出投标有效期( )。

A. 15 天   B. 21 天   C. 30 天   D. 45 天

答案:C

10. 根据《招标投标法》的规定,投标保证金最高不得超过( )万元人民币。

A. 30   B. 50   C. 80   D. 100

答案:C

11. 投标保证金一般不得超过投标总价的( );但最高不得超过( )万元人民币。

A. 2%;80   B. 3%;80   C. 2%;60   D. 3%;60

答案:A

12. 关于联合体投标,下列表述中正确的是( )。

A. 联合体中应当至少有一方具备承担招标项目的相应能力

B. 由同一专业的单位组成的联合体,按照资质等级较高的单位确定资质等级

C. 联合体内部应当签订共同投标协议,并将共同投标协议连同投标文件一并提交招标人

D. 联合体中标的,联合体应当指定一方与招标人签订合同

答案:C

13. 如果甲、乙组成的联合体中标,且在施工过程中由于乙公司所用施工技术不当出现了质量问题而遭到业主 30 万元索赔,则以下不符合法律规定的说法是( )。

A. 虽质量事故是乙的技术所致,但联合承包体双方对承包合同的履行承担连带责任,甲或乙无权拒绝业主单独向其提出的索赔要求

B. 共同投标协议约定甲、乙各承担 50% 的责任,业主只能分别向甲、乙各自索赔 15 万元

C. 业主既可要求甲承担赔偿责任,也可要求乙承担赔偿责任

D. 若乙先行赔付业主 30 万元,乙可以向甲追偿 15 万元

答案:B

14. 根据《招标投标法》规定,投标联合体( )。

A. 可以牵头人的名义提交投标保证金

B. 必须由相同专业的不同单位组成

C. 各方应在中标后签订共同投标协议

D. 是各方合并后组建的投标实体

答案:A

15. 甲、乙两家为同一专业的工程承包公司,其资质等级依次为一级、二级。两家组成联合

体,共同标一项工程,该联合体资质等级应( )。

  A. 以甲公司的资质为准   B. 以乙公司的资质为准

  C. 由主管部门重新评定资质   D. 以该工程所要求的资质为准

  答案:B

16. 根据《招标投标法》,两个以上法人或者其他组织组成一个联合体,以一个投标人的身份共同投标是( )。

  A. 联合投标   B. 协商投标   C.合作投标   D. 独立投标

  答案:A

17. 甲乙两家公司必须指定牵头人,并授权其代表所有联合体成员负责投标和合同实施阶段的( )。

  A. 对外联系工作   B. 签约、审批工作

  C. 合同谈判工作   D.主办、协调工作

  答案:D

18. 下列选项中,不属于投标人实篱的不正当行为的是( )。

  A. 投标人以低于成本的报价竞标

  B. 招标者预先内定中标者,在确定中标者时以此决定取舍

  C. 投标人以高于成本 10%以上的报价竞标

  D. 投标者之间进行内部竞价,内定中标人,然后再参加投标

  答案:C

19. 按照建筑法及其相关规定,投标人之间( )不属于串通投标的行为。

  A. 相互约定抬高或者降低投标报价

  B. 约定在招标项目中分别以高、中、低价位报价

  C. 相互探听对方投标标价

  D. 先进行内部竞价,内定中标人后再参加投标

  答案:C

20.评标委员会由招标人的代表和有关技术、经济方面的专家组成,成员为 5 人以上,其中经济、技术等方面的专家不得少于成员总数的( )。

  A. 三分之二   B. 二分之一   C. 三分之一   D. 四分之三

  答案:A

21.某市建设行政主管部门派出工作人员王某,对该市的体育馆招标活动进行监督,则王某有权( )。

  A. 参加开标会议   B. 作为评标委员会的成员

  C. 决定中标人   D. 参加定标投票

  答案:A

22. 下开关于评标报告的说法中,错误的是( )。

  A. 评标委员会完成评标后,应当向招标人提出书面评标报告

  B. 评标委员会完成评标后,应当向投标人提出书面评标报告

  C. 评标报告由评标委员会全体成员签字

  D. 评标委员会成员拒绝在评标报告上签字且不陈述其不同意见和理由的,视为同意评标

结论

答案:B

23.在不违反我国《招标投标法》有关规定的条件下,评标委员会的总成员数是9人,则该评标委员会中技术、经济等方面的专家应不少于( )。

A. 3人 B. 4人 C. 5人 D. 6人

答案:D

24.根据我国《招标投标法》规定,该评标委员会的人数应不少于( )。

A. 3人 B. 5人 C. 7人 D. 9人

答案:B

25.根据我国《招标投标法》的有关规定,下列选项不符合开标程序的是( )。

A. 开标应当在招标文件确定的提交投标文件截止时间的同一时间公开进行

B. 开标地点应当为招标文件中预先确定的地点

C. 开标由招标人主持,邀请部分投标人参加

D. 开标时都应当当众予以拆封、宣读

答案:C

26.根据《招标投标法》和《工程建设项目施工招标办法》的有关规定,评标委员会提出书面评标报告后,招标人确定中标人的最迟时间是在投标有效期结束日的前( )个工作日。

A. 7 B. 15 C. 30 D. 45

答案:C

27.某招标人于2007年4月1日向中标人发出了中标通知书。根据相关法律规定,招标人和中标人应在( )前订立书面合同。

A. 2007年4月15日 B. 2007年5月1日

C. 2007年5月15日 D. 2007年6月1日

答案:B

28.中标人确定后,招标人应( )。

A. 向中标人发出通知书,可不将中标结果通知未中标人,但须退还投标保证金或保函

B. 向中标人发出通知书,同时将中标结果通知未中标人,但无须退还投标保证金或保函

C. 向中标人发出通知书,可不将中标结果通知未中标人,也可不必退还投标保证金或保函

D. 向中标人发出通知书,同时将中标结果通知所有未中标人,并向未中标人退还投标保证金

答案:D

29.下列关于中标通知书的表述,正确的是( )。

A. 中标通知书对招标人具有法律效力,而对中标人无法律效力

B. 招标人和中标人应当自中标通知书发出之日起15日内订立书面合同

C. 招标人不得向中标人提出任何不合理要求作为订立合同的条件,双方也不得私下订立背离合同实质性内容的协议

D. 依法必须进行招标的项目,招标人应当自确定中标人之日起30日内,向有关行政监督部门提交招标投标情况的书面报告

答案:C

30. 中标通知书（　）具有法律效力。

　　A. 对招标人和投标人　　　　　　　B. 只对招标人

　　C. 只对投标人　　　　　　　　　　D. 对招标人和投标人均不

　　答案：A

31. 根据我国《招标投标法》的规定，招标人和中标人按照招标文件和中标人的投标文件订立书面合同的完成时间，应当自中标通知书出之日起（　）日内。

　　A. 15　　　　　　　B. 30　　　　　　　C. 45　　　　　　　D. 60

32. 我国《工程建设项目施工招标投标办法》规定，招标人应当向未中标的投标人退还投标保证金。退还的时间应在招标人与中标人签订合同后的（　）个工作日内。

　　A. 3　　　　　　　B. 5　　　　　　　C. 7　　　　　　　D. 10

　　答案：B

33.《工程建设项目施工招标投标办法》的规定，"施工投标项目工期超过（　），招标文件中可以规定工程造价指数体系、价格调整因素和调整方法。"

　　A. 10　　　　　　　B. 12　　　　　　　C. 6　　　　　　　D. 18

　　答案：B

34. 招标人以招标公告的方式邀请不特定的法人或者组织来投标，这种招标方式称为（　）。

　　A. 公开招标　　　　B. 邀请招标　　　　C. 议标　　　　D. 定向招标

　　答案：A

35. 投标人拿到招标文件后，应进行全面细致的调查研究。若有疑问或不清楚的问题需要招标人予以澄清和解答的，应在收到招标文件后的（　）内以书面形式向招标人提出。

　　A. 1.5 个月　　　　B. 1 个月　　　　C. 一定期限　　　　D. 15 天

　　答案：D

36. 根据《工程建设项目施工招标投标办法》第 15 条的规定，招标人应当按招标公告或者投标邀请书规定的时间、地点出售招标文件。自招标文件出售之日起至停止出售之日止，最短不得少于（　）个工作日。

　　A. 3　　　　　　　B. 5　　　　　　　C. 10　　　　　　　D. 15

　　答案：B

37. 招标人对已发出的招标文件进行必要的澄清或者修改的，应以书面形式通知所有招标文件收受人，通知的时间应在要求担交投标文件截止时间至少（　）。

　　A. 5 日前　　　　　B. 10 日前　　　　C. 15 日前　　　　D. 20 日前

　　答案：C

38. 招标人应当确定投标人编制投标文件所需要的合间；但是，依法必须进行招标的项目，自招标文件开始发出之日起至投标人提交投标文件截止之日止，最短不得少于（　）。

　　A. 10 日　　　　　B. 15 日　　　　　C. 20 日　　　　　D. 25 日

　　答案：C

39. 招标文件应当规定一个适当的投标有效期，以保证招标人有足够的时间完成评标和中标人签订合同。在此时间内，投标人有义务保证投标文件的有效性。投标有效期的起始计算时间为（　）。

A. 投标人提交投标文件截止之日   B. 招标人确定评标之日

C. 投标人接到招标文件之日   D. 招标文件开始发出之日

答案：A

二、多项选择题

1.《招标投标法》规定，招标投标活动应当遵循（　　）的原则。

A. 公开   B. 合法   C. 公平   D. 公正   E. 诚实信用

答案：ACDE

2. 下列可以做投标保证金的有（　　）。

A. 现金支票   B. 银行保函   C. 银行汇票

D. 担保单位的信用担保   E. 保兑支票

答案：ABCE

3. 根据《工程建设项目施工招标办法》中对于联合体投标的规定，下列说法错误的有（　　）。

A. 联合体参加资格预审并获通过的，其组成的任何变化都必须在提交投标文件截止之日前征得招标人的同意

B. 联合体各方必须指定牵头人，并应当向示人提交由联合体成员牵头人签署的授权书

C. 联合体投标的，联合体各方必须指定牵头人，并必联以联合体牵头人的名义提交投标保证金

D. 联合体投标的，联合体各方必须指定牵头人，授权其代表所有联合成员负责投标和合同实施阶段的主办、协调工作

E. 联合体投标时，以联合体中牵头人名义提义的投标保证金，对联合体各成员具有约束力

答案：BC

4.《工程建设项目施工招投标办法》中规定的无效投标文件包括（　　）。

A. 未按规定的格式填写的投标文件

B. 在一份投标文件中对同一招标项目报价的投标文件

C. 投标人名称与资格预审时不一致的投标文件

D. 未按照招标文件要求提交投标保证金

E. 既有法人代表或法人代表授权的代理人的签字，也有单位盖章的投标文件

答案：ABC

5. 根据《招标投标法》，评标委员会人员组成中应满足（　　）。

A. 总人数为 5 人以上的单数

B. 必须有政府主管部门的人员参加评标

C. 技术经济专家不得少于总人数的三分之二

D. 技术经济专家不得少于三人

E. 技术经济专家 5 人以上

答案：AC

6. 下列关于评标的说法中，符合我国招标投标法关于评标有关规定的有（　　）。

A. 招标人应当采取必要的措施，保证评标在严格保密的情况下进行

B. 评标委员会完成评标后，应当向招标人提出书面评标报告并决定合格的中标候选人

C. 招标人可以授权评标委员会直接确定中标人

D. 经评标委员会评审,认为所有投标都不符合招标文件要求的,可以否决所有投标

E. 任何单位和个人不得非法干预、影响评标的过程和结果

答案:ACDE

7.在投标有效期内,招标人要完成( )等工作。

A. 资格审查 B. 评标 C. 投标修改 D. 定标

E. 与中标人签订合同

答案:BDE

项目五　建筑装饰工程合同管理

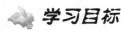 **学习目标**

通过本章内容的学习,使学生熟悉合同法律基础,掌握建筑装饰工程承包合同类型及合同内容和格式。

 教学重点

1.建筑装饰工程合同类型;

2.建筑装饰工程合同内容及格式。

任务一　合同法律基础

➤ 一、合同的概念

《合同法》规定:"本法所称合同是平等主体的自然人、法人、其他组织之间设立、变更终止民事权利义务关系的协议。"

1.合同是一种协议

从本质上说,合同是一种协议,由两个或两个以上的当事人参加,通过协商一致达成协议,就产生了合同。但合同法规范的合同,是一种有特定意义的合同,是一种有严格的法律界定的协议。

2.合同是平等主体之间的协议

在法律上,平等主体是指在法律关系中,享受权利的权利主体和承担义务的义务主体,他们在订立和履行合同过程中的法律地位是平等的。在民事活动中,他们各自独立,互不隶属。在合同法这一条中,所列合同的平等主体(即当事人)共包括三类,他们都具有平等的法律地位。这三类平等主体分别如下:

(1)自然人。自然人是基于出生而依法成为民事法律关系主体的人。在我国的《民法通则》中,公民与自然人在法律地位上是一样的。但实际上,自然人的范围要比公民的范围广。公民是指具有本国国籍,依法享有宪法和法律所赋予的权利和承担宪法和法律所规定的义务的人。

在我国,公民是社会中具有我国国籍的一切成员,包括成年人、未成年人和儿童。自然人则既包括公民,又包括外国人和无国籍的人。各国的法律一般对自然人都没有条件限制。

(2)法人。法人是具有民事权利能力和民事行为能力,依法独立享有民事权利和承担民事义务的组织。我国民法通则依据法人是否具有营利性,把法人分为企业法人和非企业法人两类。

企业法人指具有国家规定的独立财产,有健全的组织机构、组织章程和固定场所,能够独立承担民事责任,享有民事权利和承担民事义务的经济组织。

非企业法人是为了实现国家对社会的管理及其他公益目的而设立的国家机关、事业单位或者社会团体,包括机关法人、事业单位法人和社会团体法人。

（3）其他组织。其他组织是指依法或者依据有关政策成立,有一定的组织机构和财产,但又不具备法人资格的各类组织。

3. 合同是平等主体之间民事权利义务关系的协议

合同法所调整的是人们基于物质财富、基于人格而形成的财产关系,即以财产关系为核心内容的民事权利义务关系,主要是民事主体之间的债权债务关系,但不包括基于人的身份而形成的民事权利义务关系,如婚姻、收养、监护等。

4. 合同是平等主体之间设立、变更、终止民事权利义务关系的协议

设立是当事人之间合同关系的达成或确认,当事人已经准备接受合同的约束,行使其规定的权利,履行其规定的义务。

变更是合同在签订后未履行,或者在履行过程中,当事人双方就合同条款修改达成新的协议。

终止是因法律规定的原因或当事人约定的原因出现时,合同所规定的当事人双方的权利义务关系归于消灭的状况,包括自然终止、裁决终止和协议终止。

➤ 二、合同订立和效力

（一）合同订立

合同的订立是两个或两个以上当事人在平等自愿的基础上,就合同的主要条款经过协商取得一致意见,最终建立起合同关系的法律行为。

1. 要约与承诺

（1）要约。要约是指希望和他人订立合同的意思表示。提出要约的一方为要约人,接受要约的一方为受要约人。要约应当符合如下规定:

①内容具体确定;

②表明经受要约人承诺,要约人即受该意思表示约束。也就是说,要约必须是特定人的意思表示,必须是以缔结合同为目的,必须具备合同的主要条款。

（2）承诺。承诺是指受要约人同意要约的意思表示。除根据交易习惯或者要约表明可以通过行为作出承诺以外,承诺应当以通知的方式作出。

2. 合同谈判

谈判,是工程施工合同签订双方对是否签订合同以及合同具体内容达成一致的协商过程。通过谈判,能够充分了解对方及项目的情况,为高层决策提供信息和依据。

（1）谈判目的。建筑装饰工程发包人进行合同谈判的目的主要包括以下几项:

①通过谈判,了解投标者报价的构成,并进一步审核和压低报价。

②进一步了解和审查投标者的施工规划和各项技术措施是否合理,以及负责项目实施的班子力量是否足够雄厚,能否保证工程的质量和进度。

③根据参加谈判的投标者的建议和要求,也可吸收其他投标者的建议,对设计方案、图纸、

技术规范进行某些修改,并估计可能对工程报价和工程质量产生的影响。

④讨论并共同确认某些局部变更,可能采用中标承包人的建议方案,与承包人通过谈判达成一致。

⑤将发承包双方已达成的协议进一步确认和具体化。

建筑装饰工程承包人进行合同谈判的目的主要包括如下几项:

①争取合理的价格。既要准备应付业主的压价,又要准备当业主拟增加项目、修改设计或提高标准时适当增加报价。

②争取改善合同条款。包括争取修改过于苛刻的和不合理的条款、澄清模糊的条款和增加有利于保护承包商利益的条款。

③与发包人澄清投标书中迄今尚未澄清的一些商务和技术条款,并说明自己对该条款的理解和自己的报价基础,为争取使发包人接受对自己有利的解释并予以确认,为今后项目实施奠定基础。

④对项目实施过程中可能出现的问题提出要求,争取将其写入合同中,以避免或减少今后实施中的风险。

(2)合同谈判的准备。合同谈判既是相互斗争又是相互妥协的过程,鉴于合同谈判的重要性,建筑装饰工程发包人和承包人双方都应认真做好合同谈判的准备工作,主要包括以下几项准备工作:

①谈判小组组建。谈判小组应由熟悉建筑装饰工程合同条款并参加了该项目投标文件编制的技术人员和商务人员组成。谈判小组的每一个人都应充分熟悉原招标文件的商务和技术条款,同时还要熟悉自己投标文件的内容。

②准备谈判资料。收集和整理有关建筑装饰合同对方及项目的各种基础资料和背景材料。这些资料的内容包括对方的资信状况、履约能力、发展阶段、已有成绩等,包括工程项目的由来、土地获得情况、项目目前的进展、资金来源等。

③了解谈判对手。不同的发包人由于背景不同、价值观念不同、思维方式不一,在谈判中采取的方法也不尽相同。因此,事先了解这些背景情况和对方的习惯做法等,对取得较好的谈判结果是有益的。

④准备提交的文件。建筑装饰工程合同谈判,如果发包人首先提出了谈判要点,承包人应就此准备一份书面材料进行答复。为了使发包人对承包人的能力增强信心,在该材料中还应进一步说明承包人有成熟的技术准备、有充分的能力、能按照项目需要及时动员人力和物力,以便使发包人相信承包人能够按时、按质量要求圆满实施合同。

⑤谈判心理准备。除上述实质性准备外,对合同谈判还要有足够的心理准备,尤其是对于缺乏经验的谈判者。对合同谈判的艰难要有充分的心理准备;要充满信心,有礼有节;要把握对方心理。

⑥谈判议程安排。这主要指谈判的地点选择、主要活动安排等准备内容。承包合同谈判的议程安排,一般由发包人提出,征求对方意见后再确定。作为承包商要充分认识到非"主场"谈判的难度,作好充分的心理准备。

(3)合同谈判的内容。建筑装饰工程合同谈判的内容因装饰项目情况和合同性质、原招标文件规定、发包人的要求而不同。一般来讲,合同谈判的内容分为以下几个方面:

①关于建筑装饰工程范围的确认。建筑装饰工程范围就是承包商需要完成的工作,包括

施工、设备采购、安装与调试、材料采购、运输与贮存等,承包商必须予以确认。

②关于技术要求、技术规范和施工技术方案。承包商应该对于合同中要求采用的技术有清醒的认识,不能为了签订合同而承诺使用自己并不熟悉的技术。另外,对于所使用的技术规范和需要达到的技术标准也要很清楚。对于同一个装饰项目而言,不同的标准意味着承包上将付出不同的代价。

③关于合同文件。对建筑装饰工程发承包双方当事人来说,合同文件就是法律文书,应该使用严谨、周密的法律语言,以防一旦发生争端,合同中无准确依据,影响合同履行,并为索赔成功创造一定的条件。

A. 合同价格条款。根据建筑装饰工程合同价格计价方式,可将合同分为固定总价合同、单价合同和成本加酬金合同。不同类型的合同,订立时所阐述的重点内容也有所不同,具体见表 5-1。

表 5-1　合同订立要点内容

序　号	合同类型	内　　容
1	固定总价合同	当采用这种合同方式时,承包人需要充分考虑不可预见费用和特殊风险以及发包人原因导致工程成本增加时的索赔权利。
2	单价合同	采用单价合同时,应当注意确定一个实际工程量与工程量表中的工程量(合同工程量)之间的变动幅度限制,当实际工程量与合同工程量之差不大于规定幅度限值时,工程单价应允许协商调整。
3	成本加酬金合同	对于成本加酬金合同在签订合同时,最重要的是要澄清"成本"的含义及酬金的支付方式等。

B. 合同款支付方式条款。

a. 预付款支付。预付款是在承包合同签字后,在预付款保函的抵押下由发包人无息地向承包人预先支付的项目初期准备费。当没有预付款支付条件时,承包人在合同谈判时有理由要求按动员费的形式支付。预付款的偿还因发包人要求和合同规定而异,一般是随工程进度付款而分期分批由发包人扣还,或是工程进度应付款达到合同总金额的一定比例后开始偿还,或是到一定期限后开始偿还。如何偿还需要协商并确定下来,写入合同之中。

b. 工程进度付款。工程进度付款是在装饰项目的实施过程中按一定时间内(通常以月计)完成的工程量支付的款项。应该对付款的方式、时间等相关内容进行落实,同时约定违约条款。

c. 最终付款。最终付款是最后结算性的付款,它是在工程完工并且如有维修期在维修期期满后经发包人代表验收并签发最终竣工证书后进行。关于最终付款的相关内容也要落实到合同之中。

C 劳务条款。建筑装饰工程劳务的合同谈判主要包括劳务来源与劳务选择权;劳务队伍的能力素质与资质要求;劳务取资标准确定。

D 工期与维修期。

a. 工期。工期是施工合同的关键条件之一,是影响价格的一个重要因素;同时,它是违约误期罚款的唯一依据。工期与工程内容、工程质量及价格一样,是承包工程成交的重要因素之一。在合同谈判中双方一定要在原投标报价条件基础上重新核实和确认,并在合同文件中明确。

b. 维修期。建筑装饰工程合同文本中应对维修工程的范围和维修责任及维修期的开始和结束时间有明确的说明。

E. 工程变更和增减。这主要涉及工程变更与增减的基本要求、由于工程变更导致的经济支出、承包商核实的确定方法、发包人应承担的责任、延误的工期处理等内容。

F. 工程验收。验收主要包括对中间和隐蔽工程的验收、竣工验收和对材料设备的验收。在审查验收条款时,应注意的问题是验收范围、验收时间和验收质量标准等问题是否在合同中明确表明。因为验收是承包工程实施过程中的一项重要工作,它直接影响工程的工期和质量问题,需要认真对待。

(4)合同谈判规则。建筑装饰工程发承包双方在合同谈判时应遵守以下规则:

①合同谈判前,双方当事人应作好充分的准备。

②在合同中,预防对方把工程风险转嫁给己方。

③谈判的主要负责人不宜急于表态,应先让副手主谈,正手在旁视听,从中找出问题的症结,以备进攻。

④谈判中要抓住实质性问题,不轻易让步,枝节问题要表现出宽宏大量的风度。

⑤谈判要有礼貌,态度要诚恳、友好、平易近人;发言要稳重,当意见不一致时不能急躁,更不能感情冲动,甚至使用侮辱性语言。

⑥少说空话、大话,但偶尔赞扬自己在国内甚至国外的业绩也是必不可少的。

⑦对等让步的原则。当对方已作出一定让步时,自己也应考虑作出相应的让步。

⑧谈判时必须记录,但不宜录音,否则会使对方情绪紧张,影响谈判效果。

(5)合同谈判策略。合同谈判是通过不断的会晤确定各方权利、义务的过程,它直接关系到双方利益,因此,谈判不是一项简单的机械性工作,而是集合了策略与技巧的艺术。建筑装饰工程合同谈判常用策略见表5-2。

表5-2　合同谈判常用策略

序　号	合同谈判策略	方　法
1	掌握谈判进程	(1)设计探测策略。探测阶段是谈判的开始,设计探测策略的主要目的在于尽快摸清对方的意图、关注的重点,以便在谈判中做到对症下药,有的放矢。 (2)讨价还价阶段。讨价还价阶段是谈判的实质性进展阶段。在本阶段中双方从各自的利益出发,相互交锋,相互角逐。谈判人员应保持清醒的头脑,在争论中保持心平气和的态度,临阵不乱、镇定自若、据理力争。要避免不礼貌的提问,以防引起对方反感甚至导致谈判破裂。应努力求同存异,创造和谐气氛逐步接近。 (3)控制谈判的进程。工程建设这样的大型谈判一定会涉及诸多需要讨论的事项,而各谈判事要性并不相同,谈判各方对同一事项的关注程度也并不相同。成功的谈判者善于掌握谈判的进程,在充满合作气氛的阶段,展开自己所关注的议题的商讨,从而抓住时机,达成有利于己方的协议。 (4)注意谈判氛围。谈判各方往往在利益冲突,要兵不血刃即获得谈判成功是不现实的,但有经验的谈判者会在各方分歧严重,谈判气氛激烈的时候采取润滑措施,舒缓压力。在我国最常见的方式是饭桌式谈判。

序 号	合同谈判策略	方 法
2	打破僵局策略	(1)拖延和休会。当谈判遇到障碍,陷入僵局的时候,拖延和休会可以使明智的谈判方有时间冷静思考,在客观分析形势后提出替代性方案。在一段时间的冷处理后。各方都可以进一步考虑整个项目的意义,进而弥合分歧,将谈判从低谷引向高潮。 (2)假设条件。假设条件,即当遇有僵持局面时,可以主动提出假设我方让步的条件,试探对方的反应,这样可以缓和气氛,增加解决问题的方案。 (3)私下个别接触。当出现僵持局面时,观察对方谈判小组成员对引发僵持局面的问题的看法是否一致,寻找对本方意见的同情者与理解者,或对对方的主要持不同意见者,通过私下个别接触缓和气氛,消除隔阂,建立个人友谊,为下一步谈判创造有利条件。 (4)设立专门小组。本着求同存异的原则,谈判中遇到各类障碍时,不必一一都在谈判桌上解决,而是建议设立若干专门小组,由双方的专家或组员去分组协商,提出建议。一方面可使僵持的局面缓解,另一方面可提高工作效率,使问题得以圆满解决。
3	高起点策略	谈判的过程是各方妥协的过程。通过谈判,各方都或多或少会放弃部分利益,以求得项目的进展。而有经验的谈判者在谈判之初会有意识向对方提出苛求的谈判条件。这样对方会过高估计本方的谈判底线,从而在谈判中更多作出让步。
4	避实就虚策略	谈判各方都有自己的优势和弱点。谈判者应在充分分析形势的情况下,作出正确判断,利用对方的弱点猛烈攻击、迫其就范、作出妥协。而对于己方的弱点,则要尽量注意回避。
5	对等让步策略	为使谈判取得成功,谈判中对对方所提出的合理要求进行适当让步是必不可少的,这种让步要求对双方都是存在的。但单向的让步要求则很难达成,因而主动在某问题上让步时,同时对对方提出相应的让步条件,一方面可争得谈判的主动,另一方面又可促使对方让步条件的达成。
6	利用专家策略	现代科技发展使个人不可能成为各方面的专家,而工程项目谈判又涉及广泛的学科领域。充分发挥各领域专家的作用,既可以在专业问题上获得技术支持,又可以利用专家的权威性给对方以心理压力。

3. 合同成立

(1)合同成立时间。建筑装饰工程合同成立的时间有以下几个方面的规定:

①通常情况下,承诺生效时合同成立。

②当事人采用合同书形式订立合同的,自双方当事人签字或者盖章时合同成立。

③法律、行政法规规定或者当事人约定采用书面形式订立合同,当事人未采用书面形式,但一方已经履行主要义务,对方接受的,该合同成立。

④采用合同书形式订立合同,在签字或者盖章之前,当事人一方已经履行主要义务,对方接受的,该合同成立。

(2)合同成立地点。合同成立的地点,关系到当事人行使权力、承担义务的空间范围,关系到合同的法律适用、纠纷管辖等一系列问题。建筑装饰工程合同成立的地点有以下几个方面的规定：

①作为一般规则，承诺生效的地点为合同成立的地点。

②采用数据电文形式订立合同的，收件人的主营业地为合同成立的地点；没有主营业地的，其经常居住地为合同成立的地点；当事人另有约定的，按照其约定。

③当事人采用合同书形式订立合同的，双方当事人签字或者盖章的地点为合同成立的地点。

(二)合同效力

依法成立的合同，具有法律约束力，即合同效力。依法成立的合同有效后，其法律效力主要体现在以下几个方面：

第一，在合同当事人之间产生受法律保护的民事权利和民事义务关系。

第二，合同生效后具有法律强制约束力，当事人应当全面履行，不得擅自变更或解除合同。

第三，合同是处理双方当事人之间合同纠纷的依据。

1．合同生效

合同生效是指合同产生法律上的效力，具有法律约束力。通常，合同依法成立之时就是合同生效之日，但有些合同在成立后，并不立即产生法律效力，而是需要其他条件成熟之后才开始生效。

附条件的合同，包括附生效条件的合同和附解除条件的合同两类。附条件合同的成立与生效不是同一时间，合同成立后虽然并未开始履行，但任何一方不得撤销要约和承诺，否则应承担缔约过失责任，赔偿对方因此而受到的损失；合同生效后，当事人双方必须忠实履行合同约定的义务，如果不履行或未正确履行义务，应按违约责任条款的约定追究责任。一方不正当地阻止条件成立，视为合同已生效，同样要追究其违约责任。

合同成立后，必须具备相应的法律条件才能生效，合同生效应具备下列条件：

(1)签订合同的当事人应具有相应的民事权力能力和民事行为能力，也就是主体要合法。

(2)意思表示真实。意思表示不真实包括意思与表示不一致、不自由的意思表示两种。含有意思表示不真实的合同是不能取得法律效力的。

(3)合同的内容、合同所确定的经济活动必须合法，必须符合国家的法律、法规和政策要求，不得损害国家和社会公共利益。

2．效力待定合同

效力待定合同又称效力未定合同，是指法律效力尚未确定，尚待有权利的第三方为一定意思表示来最终确定效力的合同。

根据我国《合同法》规定，效力待定合同主要包括限制民事行为能力人订立的合同和无权代理人订立的合同。

(1)限制民事行为能力人订立的合同。限制民事行为能力人是指能够独立实施法律限定的民事法律行为的自然人。在现实的经济活动中，限制民事行为能力人订立合同的情形是存在的，对于他们所订立的合同的效力如何认定，是一个影响到限制民事行为能力人和对方当事人权利的问题。限制民事行为能力人所订立的合同之效力的认定应从以下几个方面考虑：

①限制民事行为能力人订立的合同并非一律无效。在以下几种情况下，限制民事行为能力人订立的合同是有效的：

一是经过其法定代理人追认。追认就是事后同意或者予以承认。限制民事行为能力人订立的合同经过其法定代理人追认,即为有效合同。

二是纯获利益的合同。即限制民事行为能力人订立的接受奖励、赠与、报酬等只需其获得利益而不需要其承担任何义务的合同,不必经其法定代理人追认,即为有效合同。

三是与限制民事行为能力人的年龄、智力、精神健康状况相适应而订立的合同。即在限制民事行为能力人的民事行为能力范围内订立的合同,不必经其法定代理人追认,即为有效合同。

②对于与限制民事行为能力人订立的合同,相对人享有催告权,善意相对人在合同被追认之前享有撤销权。

相对人是指与限制民事行为能力人订立合同的对方当事人。

相对人享有催告权是指相对人与限制民事行为能力人订立合同后,可以催告限制民事行为能力人的法定代理人在一个月内对合同的效力予以追认。限制民事行为能力人的法定代理人应当明确其态度。在催告期届满后,限制民事行为能力人的法定代理人未作表示的,视为拒绝追认,此时合同无效。

(2)无权代理人订立的合同。无权代理人又称无权代理行为人,无代理权的行为人代理他人民事行为的情形具体包括:行为人没有代理权、超越代理权限范围或者代理权终止后仍以被代理人的名义从事民事行为等。

无权代理人订立合同的效力认定应从以下几个方面考虑:

①无权代理人订立的合同对被代理人不发生效力的情形。无权代理人所订立的合同,通常对被代理人不发生法律效力,合同责任及相关责任由无权代理行为人自己承担。但是,无权代理人所订立的合同如果经过被代理人追认,则合同对被代理人便具有法律效力,被代理人即成为合同当事人。

与无权代理人订立合同的对方当事人即相对人。相对人享有催告权,同时法律还赋予善意的相对人在合同被追认之前享有撤销权。

相对人享有催告权是指相对人与无权代理人订立合同后,可以催告被代理人在一个月内予以追认,被代理人在该期限届满后未予追认或者未作表示的,视为拒绝追认,合同对被代理人不发生法律效力。合同责任及相关责任由无权代理人自己承担。

②无权代理人订立的合同对被代理人具有法律效力的情形。行为人没有代理权、超越代理权或者代理权终止后以被代理人名义订立合同,相对人有理由相信行为人有代理权的,该代理行为有效。

这种基于无权代理人的行为,客观上存在充分的、正当的理由足以使相对人相信无权代理人具有代理权,相对人基于此项信赖而与无权代理人的民事法律行为称为表见代理。

在通过表见代理订立合同的过程中,如果确实存在充分、正当的理由并足以使相对人相信无权代理人具有代理权,则无权代理人的代理行为有效,即无权代理人通过其表见代理行为与相对人订立的合同具有法律效力,即合同对被代理人将发生法律效力。

③法人或者其他组织的法定代表人、负责人超越权限订立的合同的效力。法人或者其他组织的法定代表人、负责人在对外与其他当事人订立合同时,其身份应当被视为法人或者其他组织的全权代理人,他们完全有资格代表法人或者其他组织为民事行为而不需要获得法人或者其他组织的专门授权,其代理行为的法律后果应由法人或者其他组织承担。

④无处分权的人处分他人财产合同的效力。无处分权的人处分他人财产的合同一般情况下为无效合同。无处分权的人处分他人财产,经权利人追认或者无处分权的人订立合同后取

得处分权的,该合同有效。

3．无效合同

无效合同,是指虽然已经成立,但因其内容和形式违反了法律、行政法规的强制性规定,或者损害了国家利益、集体利益、第三人利益和社会公共利益,因而不为法律所承认和保护、不具有法律效力的合同。

无效合同的具体情形主要包括下列几种:

(1)一方以欺诈、胁迫的手段订立合同,损害国家利益。

(2)恶意串通,损害国家、集体或者第三人利益。

(3)以合法形式掩盖非法目的。

(4)损害社会公共利益。

(5)违反法律、行政法规的强制性规定。

在司法实践中,当事人签订的下列合同也属无效合同:

(1)无法人资格且不具有独立生产经营资格的当事人签订的合同。

(2)无行为能力人签订的或者限制行为能力人依法不能签订合同时所签订的合同。

(3)代理人超越代理权限签订的合同或以被代理人的名义同自己或同自己所代理的其他人签订的合同。

(4)盗用他人名义签订的合同。

(5)因重大误解订立的合同。

(6)一方以欺诈、胁迫的手段或者乘人之危,使对方在违背真实意愿的情况下订立的合同。

对于第(5)、第(6)两种情形,根据《合同法》的规定,受损方有权请求人民法院或者仲裁机构撤销合同。即使合同无效,但当事人请求变更的,人民法院或仲裁机构不得撤销。

4．可变更或可撤销合同

可变更或可撤销的合同,是指欠缺生效条件,但一方当事人可依照自己的意思使合同的内容变更或者使合同的效力归于消灭的合同。

可变更或可撤销合同的具体情形主要包括下列几种:

(1)当事人对合同的内容存在重大误解。

(2)在订立合同时显失公平。

(3)一方以欺诈、胁迫的手段或者乘人之危,使对方在违背真实意思情况下订立的合同。

对可撤销合同,只有受损害方才有权提出变更或撤销。有过错的一方不仅不能提出变更或撤销,而且还要赔偿对方因此所受到的损失。

撤销权是指在订立合同的过程中,因自己的过失行为或者对方当事人的违法行为导致其意思表示不真实而遭受损害的一方当事人享有的依照其单方的意思表示使先前成为或者生效的合同溯及既往地失去效力的权利。享有(具有)撤销权的一方当事人又称为撤销权人。

有下列情形之一的,撤销权消灭:

(1)具有撤销权的当事人自己知道或者应当知道撤销事由之日起一年内没有行使撤销权。

(2)具有撤销权的当事人知道撤销事由后明确表示或者以自己的行为放弃撤销权。

合同被撤销后的法律后果与合同无效的法律后果相同,有返还财产、赔偿损失、追缴财产三种形式。

➢ 三、合同履行和担保

（一）合同履行

建筑装饰工程项目合同的履行是指当事人双方按照建筑装饰工程项目合同条款的规定全面完成各自义务的活动。

1. 合同履行的基本原则

合同履行的原则，是当事人在履行合同过程中应当遵循的基本原则或者准则，对当事人履行合同具有重大指导意义，是当事人履行合同行为的基本规范。

建筑装饰工程合同履行的原则主要有以下几个方面：

（1）全面履行原则。建筑装饰工程合同当事人应严格按照合同约定的标的、数量、质量，由合同约定的履行义务的主体在合同约定的履行期限、履行地点，按照合同约定的价款或者报酬和履行方式，全面地完成合同约定的自己的义务。

（2）诚实信用原则。建筑装饰工程合同当事人在履行合同过程中维持合同双方的合同利益平衡，以诚实、真诚、善意的态度行使合同权利、履行合同义务，信守诺言，遵守合同，相互协作，不对另一方当事人进行欺诈，不滥用权利，且应按合同性质、目的和交易习惯履行合同履行过程中产生的附随义务。

2. 合同履行方式

合同履行方式是指债务人履行债务的方法。合同采取何种方式履行，与当事人有着直接的利害关系，因而，在法律有规定或者双方有约定的情况下，应严格按照法定的或约定的方式履行。没有法定或约定，或约定不明确的，应当根据合同的性质和内容，按照有利于实现合同目的的方式履行。

建筑装饰工程合同当事人履行合同的主要方式见表5-3。

表5-3　合同履行的方式

序　号	合同履行方式	释　义
1	分期履行	分期履行是指当事人一方或双方不在同一时间和地点以整体的方式履行完全部约定义务的行为，是相对于一次性履行而言的，如分期交货合同、分期付款买卖合同、按工程进度付款的工程建设合同等。
2	部分履行	部分履行是针对合同义务在履行期届满后的履行范围及满足程度而言的。履行期届满，全部义务得以履行为全部履行，只是其中一部分义务得以履行的，为部分履行。部分履行同时意味着部分不履行。
3	提前履行	提前履行是债务人在合同约定的履行期限届至以前就向债权人履行给付义务的行为。在多数情况下，提前履行债务对债权人是有利的。但在特定情况下提前履行也可能构成对债权人的不利，如可能使债权人的仓储费用增加；对鲜活产品的提前履行，可能增加债权人的风险等。

3. 合同履行的问题处理

（1）合同有关内容没有约定或者约定不明确的问题处理。建筑装饰工程合同当事人在订立合同过程中，经常由于合同知识欠缺、认识上的错误及疏忽大意等原因，致使有些合同条款内容没有约定或者约定不明确等。处理这种问题通常有如下两种方法：

①合同生效后，当事人就质量、价款或者报酬、履行地点等内容没有约定或者约定不明确

的,可以协议补充。解决的具体办法是,当事人通过协商达成补充协议,通过该协议对原来合同中没有约定或者约定不明确的内容予以补充或者明确规定。该补充协议也因而成为合同的重要组成部分。

②不能达成补充协议的,按照合同有关条款或者交易习惯确定。具体的解决办法是当事人经过协商未能就合同中没有约定或者约定不明确的内容达成补充协议的,可以结合合同其他方面的内容(即合同有关条款)加以确定;或者按照人们在同样的合同交易中通常或者习惯采用的合同内容(即交易习惯)予以补充或者加以确定。

(2)合同履行中的第三人问题处理。一般情况下,建筑装饰工程合同必须由当事人亲自履行。但根据法律的规定及合同的约定,或者在与合同性质不相抵触的情况下,合同可以向第三人履行,也可以由第三人代为履行。处理向第三人履行合同或者由第三人代为履行合同过程中产生的一些情况和问题时,应符合表5-4的规则。

表5-4 合同履行中的第三人问题处规则

序 号	问 题	处 理 规 则
向第三人履行合同	当事人约定由债务人向第三人履行合同债务	通常情况下,建筑装饰工程合同债务应由债务人向债权人履行。在有些情况下,为了节约交易成本,提高交易效率,有效地平衡与合同有关的各方当事人之间的利益关系,合同债务可以由债务人向第三人履行。合同债务由债务人向第三人履行必须基于原合同当事人双方的约定及债权人方面的原因。因此,债权人必须征得债务人的同意,合同债务由债务人向第三人履行的约定才能发生法律效力。
	合同债务由债务人向第三人履行所导致的增加的履行费用的负担	合同债务本应由债务人向债权人履行,合同当事人约定由债务人向第三人履行债务是基于债权人方面的原因和出于方便债权人的考虑。因此,合同当事人约定由债务人向第三人履行债务所导致的债务人履行费用的增加应当由债权人负担,即不能因债务人向第三人履行债务而加重其履行费用的负担。
	第三人的法律地位	法律规定在合同当事人约定由债务人向第三人履行债务的情况下,第三人享有请求债务人履行债务的权利,即第三人可以根据原合同债权人与债务人的约定所赋予的权利向债务人主张债权,要求债务人按照合同的约定履行债务。但在债务人未向其履行债务或者履行债务不符合合同约定时,他无权要求债务人向其承担违约责任,在这种情况下,债务人应当向债权人承担违约责任。
由第三人代为履行合同	当事人约定由第三人代为履行合同债务	法律规定由第三人代为履行合同债务必须满足下列条件:合同债务是由法律和合同性质决定不必由合同债务人亲自履行的,由第三人代为履行合同债务未给债权人造成利益损失或者费用增加,经原合同当事人约定同意。但法律规定或者合同约定必须由当事人亲自履行的合同债务,不得由第三人代为履行。若第三人代为履行,则属于履行主体不适当的不当履行行为。
	违约责任的承担	由第三人代为履行合同债务同样只是合同债务履行方式的变化,原合同中的债权债务关系、债权人和债务人的合同法律地位并未因此而改变,合同债务也并未发生转移,第三人只是履行主体而非合同的当事人。因此,当第三人不履行债务或者履行债务不符合合同约定时,应当由债务人向债权人承担违约责任,而不是由第三人向债权人承担违约责任,亦即应当由债务人对第三人的合同债务履行结果负责。

(3)合同履行过程中几种特殊情况的处理。

①因债权人分立、合并或者变更住所致使债务发生困难的处理。通常情况下,建筑装饰工

程合同当事人一方发生合并、分立或者变更住所等情况时,有义务及时通知另一方当事人,以免给合同的履行造成困难。若发生合并、分立或者变更住所等情况的当事人一方未尽及时通知另一方当事人之义务时,则应对其未尽该义务的后果负责。

②债务人提前履行债务的情况处理。债务人提前履行债务是指债务人在合同规定的履行期限届至之前就开始履行自己的合同义务的行为。合同一经签订,当事人应当按照合同约定的履行期限履行合同,通常情况下不允许当事人提前履行合同。但在某些情况下,当事人提前履行合同是可以的。债务人提前履行债务给债权人增加的费用,由债务人负担。

③债务人部分履行债务的情况处理。债务人部分履行债务是指债务人没有按照合同约定履行合同规定的全部义务而只是履行了自己的一部分合同义务的行为。合同一经签订,当事人应当依照合同的约定全面地履行合同,通常情况下不允许当事人部分履行合同。但在某些情况下,当事人部分履行合同也是允许的。债务人部分履行债务给债权人增加的费用,由债务人负担。

4. 合同履行过程中的重要法律制度

(1)抗辩权制度。抗辩权制度立法的出发点是保证双务合同的履行对双方当事人的法律效力,防止或避免单方不履行合同的情况发生。大陆法系通常将这种权利称为抗辩权。抗辩权包括同时履行抗辩权、异时履行抗辩权和不安抗辩权。

①同时履行抗辩权。同时履行抗辩权是指在合同生效期内,在没有规定合同义务履行先后顺序的双务合同履行过程中,当事人一方在对方当事人未对待履行合同义务之前,享有的拒绝履行自己所负担的合同义务的权利。同时履行抗辩权的构成条件包括以下几个方面:

A. 双方当事人因同一双务合同互负对价义务,即双方的债务须系同一双务合同产生,且债务具有对价性。

B. 两项给付没有履行先后顺序。

C. 对方当事人未履行给付或未提出履行给付。

D. 同时履行抗辩权的行使,以对方给付尚属可能为限。

②异时履行抗辩权。异时履行抗辩权是指在法律规定或者合同约定了履行合同义务的先后顺序的双务合同履行过程中,后履行合同义务的当事人一方在负有先履行合同义务的当事人另一方未对待履行其合同义务时享有的拒绝履行自己所负担的合同义务的权利。异时履行抗辩权的构成条件包括以下几个方面:

A. 由同一双务合同产生互负的对价给付债务。

B. 合同中约定了履行的顺序。

C. 应当先履行的合同当事人没有履行债务或者没有正确履行债务。

D. 应当先履行的对价给付是可能履行的义务。

③不安抗辩权。不安抗辩权是指在应当异时履行的双务合同履行过程中,当事人一方根据合同规定应向对方先为履行合同义务,但在其履行合同义务之前,如果发现对方的财产状况明显恶化或者其履行合同义务的能力明显降低甚至丧失,致使其难以对待履行合同给付义务时,可以要求对方提供必要的担保;若对方不提供担保,也未对履行其合同给付义务,当事人一方便享有拒绝先为履行自己合同义务的权利。不安抗辩权的构成条件包括以下几个方面:

A. 经营状况严重恶化。

B. 转移财产、抽逃资金,以逃避债务的。

C. 丧失商业信誉。

D. 有丧失或者可能丧失履行债务能力的其他情形。

（2）代位权制度。代位权是指当债务人怠于行使其到期债权时，债权人为了保证其债权人合法权益不受侵害，保全其债权，可以以自己的名义代债务人行使其债权的权利。《合同法》中设立代位权制度，有利于解决在现实的经济活动中大量存在的三角债问题。

债权人行使代位权的条件：第一，债务人的债权已经到期；第二，债务人没有积极地主张、行使其到期债权，并对债权人的合同权利造成了损害；第三，该债权不具有专属性，即该债权不专属于债务人自身。

代位权的行使，债权人首先应向人民法院提出申请，请求人民法院批准其以自己的名义代位行使债务人的到期债权。人民法院经过对与合同有关的债权债务关系进行全面了解以后，作出批准或者不批准的决定。债权人行使代位权的目的在于使其债权得以保全并实现。因此，其行使代位权的范围应以其合同债权为限，即债权人代位行使债务人债权所获得的价值应与其所需要保全的合同债权的价值相当。在行使代位权过程中所产生的一切必要的费用，如往返的差旅费等，由债务人负担。

（3）撤销权制度。撤销权是指债权人对于债务人危害其合同债权实现的行为，享有依法请求人民法院撤销债务人该行为的权利。

债权人行使撤销权的条件包括：第一，债务人存在放弃到期债权或者无偿转让财产或者以明显不合理的低价转让财产的行为；第二，这种行为对债权人的利益造成了损害；第三，债务人以明显不合理的低价转让财产时，财产的受让人知道转让财产的价格明显不合理而且这种转让行为对债权人的利益造成了损害。

撤销权的行使必须由依法享有撤销权的债权人以自己的名义向人民法院提出申请，请求人民法院撤销债务人危害债权人债权实现的行为，人民法院在了解案情的基础上，作出撤销与否的决定。撤销权的行使范围以债权人的债权为限。债权人因行使撤销权而付出的必要费用由债务人负担。

（二）合同担保

合同担保，是合同当事人为了保证合同的切实履行，根据法律规定，经过协商一致而采取的一种促使一方履行合同义务，满足他方权利实现的法律办法。担保合同必须由合同的当事人双方协商一致，自愿订立方为有效。如果由第三方承担担保义务时，必须由第三方即保证人亲自订立担保合同。

合同的担保方式有保证、抵押、质押、留置和定金五种。

1. 保证

保证，是指保证人和债权人约定，当债务人不履行债务时，保证人按照约定履行债务或者承担责任的行为。具有代为清偿债务能力的法人、其他组织或者公民，可以作保证人。

保证人和债权人应当以书面形式订立保证合同，保证合同应包括以下内容：被保证的主债权种类、数额；债务人履行债务的期限；保证的方式；保证担保的范围；保证的期限；双方认为需要约定的其他事项等。

同一债务有两个以上保证人的，保证人应当按照保证合同约定的保证份额，承担保证责任。没有约定保证份额的，保证人承担连带责任，债权人可以要求任何一个保证人承担全部保证责任,保证人都负有担保全部债权实现的义务。

建筑装饰工程合同保证的方式见表5-5。

表 5-5 合同保证方式

保证方式	基本概念	责任承担
一般保证	当事人在保证合同中约定,债务人不能履行债务时,由保证人承担保证责任的,为一般保证。	除特殊情况外,一般保证的保证人在主合同纠纷未经审判或者仲裁,并就债务人财产依法强制执行仍不能履行债务前,对债权人可以拒绝承担保证责任。
连带责任保证	当事人在保证合同中约定保证人与债务人对债务承担连带责任的,为连带责任保证。	连带责任保证的债务人在主合同规定的债务履行期届满没有履行债务的,债权人可以要求债务人履行债务,也可以要求保证人在其保证范围内承担保证责任。

2. 抵押

抵押是指合同当事人一方或者第三人不转移对财产的占有,将该财产向对方保证履行经济合同义务的一种担保方式。提供财产的一方称为抵押人,接受抵押财产的一方称为抵押权人。抵押人不履行合同时,抵押权人有权在法律许可的范围内变卖抵押物,从变卖抵押物价款中优先受偿。

所谓优先受偿,是指抵押人有两个以上债权人时,抵押权人将抵押财产变卖后,可以优先于其他债权人受偿。

抵押人的财产必须是法律允许流通和允许强制执行的财产,可用于抵押的财产包括以下几项:

(1)抵押人所有的房屋和其他地上定着物。

(2)抵押人所有的机器、交通运输工具和其他财产。

(3)抵押人依法有权处分的国有的土地使用权、房屋和其他地上定着物。

(4)抵押人依法有权处分的国有机器、交通运输工具和其他财产。

(5)抵押人依法承包并经发包方同意抵押的荒山、荒沟、荒丘、荒滩等荒地的土地使用权。

(6)依法可以抵押的其他财产。

抵押人和抵押权人应当以书面形式订立抵押合同。抵押合同应当包括以下内容:被担保的主债权种类、数额;履行债务的期限;抵押物的名称、数量、所有权权属等;抵押担保的范围。

3. 质押

质押,是指债务人或者第三人将其动产或者权利凭证移交债权人占有,将该动产或者权利作为债权的担保。质押分为动产质押和权利质押两类。

动产质押是指债务人或者第三人将其动产移交债权人占有,将该动产作为债权的担保。债务人不履行债务,债权人有权依照法律规定对该动产予以处置、拍卖或变卖该动产所得的价款优先受偿。

权利质押是指以所有权之外的财产权为标的物而设定的质押。可以质押的权利包括如下几项:

(1)汇票、支票、本票、债券、存款单、仓单、提单。

（2）依法可以转让的股份、股票。

（3）依法可以转让的商标专用权、专利权、著作权中的财产权。

（4）依法可以质押的其他权利。

4．留置

留置，是指债权人按照合同约定占有债务人的动产，债务人不按照合同约定的期限履行债务的，债权人有权依照法律规定留置该财产，以该财产拆价或者以拍卖、变卖该财产的价款优先受偿。

5．定金

定金，是指在债权债务关系中，一方当事人在债务未履行之前交付给另一方一定数额货币的担保。债务人履行债务后，定金应当抵作价款或者收回。给付定金的一方不履行约定的债务的，无权要求返还定金；收受定金的一方不履行约定的债务的，应当双倍返还定金。

定金应当以书面形式约定。当事人在定金合同中应当约定交付定金的期限。定金合同从实际交付定金之日起生效。定金的数额由当事人约定，但不得超过主合同标的额的 20%。

➢ 四、合同的变更、转让和终止

（一）合同的变更

合同的变更是指合同依法成立后，在尚未履行或尚未完全履行时，当出现法定条件时当事人对合同内容进行的修订或调整。

1．合同变更要件

建筑装饰工程合同变更需具备以下要件：

第一，合同关系存在、有效。

第二，合同当事人之间必须有合同变更协议。

第三，合同变更必须有合同内容的变化。

建筑装饰工程合同变更内容变化的范围包括如下几项：

（1）工作项目的变化。由于设计失误、变更等原因增加的工程任务应在原合同范围内，并应有利于建筑装饰装修工程项目的完成。

（2）材料的变化。为便于施工和供货，施工单位提出有关材料方面的变化，通过现场管理机构审核后，在不影响装饰项目质量、不增加成本的条件下，双方用变更书加以确认。

（3）施工方案的变化。在建筑装饰装修工程项目实施过程中，由于设计变更、施工条件改变、工期改变等原因可能引起原施工方案的改变。如果是建设单位的原因引起的变更，应该以变更书加以确认，因方案变更而增加的费用由建设单位承担。如果是施工单位自身原因引起的施工方案的变更，其增加的费用由施工单位自己承担。

（4）施工条件的变化。由于施工条件变化引起的费用的增加和工期的延误应该以变更书加以确认。对不可预见的施工条件的变化，其所引起的额外费用的增加应由建设单位审核后给予补偿，所延误的工期由双方协商共同采取补救措施加以解决。对于可预见的施工条件变化，其所引起的额外费用的增加应该是谁的原因谁负责。

（5）国家立法的变化。当由于国家立法发生变化导致工程成本的增减时，建设单位应该根据具体情况进行补偿和收取。

2. 合同变更类型

建筑装饰工程合同变更的类型见表 5-6。

表 5-6　建筑装饰工程合同变更类型

序　号	变更类型	内　　容
1	正常和必要的合同变更	建筑装饰工程项目甲乙双方根据项目目标的需要,对必要的设计变更或项目工作范围整等引起的变化,经过充分协商对原订合同条款进行适当的修改,或补充新的条款。这种有益的项目变化引起的原合同条款的变更是为了保证建筑装饰工程项目的正常实施,是有利于实现项目目标的积极变更。
2	失控的合同变更	如果合同变更过于频繁,或未经甲乙双方协商同意,往往会导致项目受损或使项目执行产生困难。这种项目变化引起的合同条款的变更不利于建筑装饰工程项目的正常实施。

3. 合同变更的方法

建筑装饰工程合同变更的方法主要采用法定变更和当事人协商变更。

(1)法定变更。根据《合同法》规定,在下列情况下,可请求人民法院或仲裁机构变更:

第一,重大误解、显失公平订立的合同,一方以欺诈、胁迫的手段或乘人之危,使对方在违背真实意思的情况下订立的合同。

第二,约定违约金过分低于造成的损失或过分高于造成的损失,可请求增加或减少的变更。

(2)当事人协商变更。当事人可以协商一致订立合同,在订立合同后,双方也有权根据实际情况,对权利义务作出合理调整。

4. 合同变更的效力

建筑装饰工程合同变更的效力,主要包括以下几个方面:

(1)合同变更后,发生变更的合同内容将发生法律效力,原有的合同内容将失去法律效力,当事人应当按照变更后的合同内容履行。

(2)合同变更只对合同未履行的部分有效,对已履行的合同内容将不发生法律效力,即合同的变更没有溯及力。

(3)合同变更不影响当事人请求损害赔偿的权利。若在合同变更以前,一方因可归责于自己的原因给对方造成损害的,另一方有权要求责任方承担损害赔偿责任,该权利不因合同变更而受影响,但是合同变更协议已经对受害人的损害作出处理的除外。合同变更本身给一方当事人造成损害的,另一方当事人也应当对此承担损害赔偿责任,不得以合同变更乃是当事人的自愿而不负赔偿责任。

(4)主合同的变更对从合同的效力。如主合同附属的保证、抵押、质押合同,只要是由第三人提供的担保,主合同当事人若没有在变更协议中明确约定这些担保对变更后的合同仍然有效,则认定为不再有效。

从合同的当事人是第三人的,从合同的变更应当有第三人的同意。如果没有第三人的书面同意,则该从合同对变更后的主合同不再具有效力。如果担保合同是主合同当事人之间自己订立的,当事人对担保合同没有作出变更的约定,应当认为担保合同没有变更,继续有效。

（5）当事人对合同变更的内容约定不明确的,推定为未变更。当事人对合同变更的内容应当具体、明确。如果当事人对合同变更的内容约定不明确,将导致无法有效判断当事人是否已对合同作出变更,合同变更部分也就无法履行,同时也容易导致当事人之间发生纠纷。为避免因合同变更内容约定不明确可能造成的纠纷,《合同法》规定,当事人对合同变更的内容约定不明确的,推定为未变更。

(二)合同的转让

合同转让是指当事人一方将其合同权利或者义务的全部或者部分,或者将权利和义务一并转让给第三人,由第三人相应的享有合同权利,承担合同义务的行为。

合同转让涉及第三方当事人,合同转让后,原合同当事人之间的权利义务关系将发生变化。因此,合同转让应当遵循一定的程序进行。《民法通则》规定:"合同一方将合同的权利、义务全部或者部分转让给第三人的,应当取得合同另一方的同意,并不得牟利。依照法律规定应当由国家批准的合同,需经原批准机关批准。但是,法律另有规定或者原合同另有约定的除外。"

1. 合同债权转让

合同债权转让即合同权利转让,是指合同债权人通过协议将其债权全部或者部分转让给第三人的行为。合同债权转让具有下列法律特征:

第一,合同债权转让不改变合同权利的内容,只是由原合同的债权人将其合同权利全部或者部分转让给第三人。

第二,合同债权转让的主体是债权人和第三人。

第三,第三人作为合同债权转让的受让人加入到原合同关系中,与原债权人共同享有合同权利。

第四,合同债权转让的方式有合同权利的全部转让和部分转让两种。

第五,合同债权转让的对象是合同权利。

（1）合同债权转让的要件。

①须以有效的合同权利为前提。

②合同债权的债权人(让与人)应当与受让人达成合同债权转让协议。

③合同债权转让应当通知债务人。

④债权人转让的合同权利(债权)必须是依法可以转让的合同权利(债权)。

（2）合同债权转让的效力。合同债权转让后,对受让人和债务人都将产生一定的法律效力,主要包括对受让人的法律效力和对债务人的法律效力。

受让人在合同权利全部转让的情况下,取代了原合同债权人的地位、在合同权利部分转让的情况下,受让人将享有原合同的部分合同权利,并就该部分合同权利与原合同的对方当事人确立了新的合同关系。同时,受让人取得与被转让的合同权利有关的从权利。合同的从权利是指与合同的主权利相关联,但自身并不能独立存在,而是以主权利的存在为前提条件的合同权利,其附随于(从属于)合同的主权利。

合同债权转让对债务人的法律效力如下:

①债务人在接到合同债权转让的通知后,债务人就有义务向接受合同权利转让的受让人履行债务。

②债务人对让与人的抗辩,可以向受让人主张。

③债务人对接受合同权利转让的受让人享有债务抵消权。债务人接到债权转让通知时，债务人对让与人另享有合同权利，并且债务人的合同权利优先于转让的合同权利到期或者同时到期的，债务人可以向受让人主张抵消。

2. 合同权利义务的概括转让

合同权利义务的概括转让又称为合同债权债务的概括转让，是指合同的当事人一方将其在合同中的权利和义务一并转让给第三人，由第三人概括的继受这些权利和义务的法律行为。合同权利义务的概括转让具有下列法律特征：

第一，合同权利义务的概括转让是由第三人取代合同当事人一方在合同关系中的法律地位，一并承受其在原合同中的权利和义务。

第二，可以进行合同权利义务概括转让的只能是双务合同的当事人一方。

第三，合同当事人一方将合同权利和义务进行概括转让的，须经合同当事人另一方同意。

3. 合同债务转移

合同债务转移又称为合同债务承担，是指债务人将合同的义务全部或者部分转移给第三人的情况。

合同债务转移分为合同义务的全部转移和合同义务的部分转移。合同义务的全部转移是指合同债务人与第三人达成协议，将其在合同中的全部义务转移给第三人。合同义务的全部转移是由第三人完全取代合同债务人的地位，成为合同债务的承担者，而合同债务人退出合同关系。合同义务的部分转移是指合同债务人将合同义务的一部分转移给第三人，由第三人履行该部分合同义务。

(1)合同债务转移要件。

①合同债务转移须以有效的合同义务存在为前提。

②所转移的合同义务必须是可以进行转让的合同义务，即合同义务应具有可转让性。

③合同债务的转移应当取得合同债权人的同意。

(2)合同债务转移效力。合同债务转移后，合同关系中合同债权人的地位并未改变，其仍然享受原有的合同权利。合同债务的转移只对第三人产生法律效力。

合同债务转移对第三人具有以下几方面的法律效力：

①在合同义务全部转移的情形中，合同新债务人(第三人)完全取代合同债务人的地位，由其履行全部合同义务；在合同义务的部分转移情形中，合同新债务人加入合同关系成为合同债务人，由其根据合同债务转移协议规定的数额履行部分合同义务。

②合同债务人转移合同义务后，合同新债务人可以主张合同原债务人对合同债权人的抗辩。

③合同债务人转移合同义务的，合同新债务人应当承担与主债务有关的从债务，但该从债务专属于合同原债务人自身的除外。

(三)合同的终止

合同终止即合同权利义务的终止，也称合同的消灭，是指因某种原因而引起的合同权利义务(债权债务)客观上不复存在。

建筑装饰工程合同终止的原因包括以下几个方面：

(1)债务已经按照约定履行。

(2)合同解除。

（3）债务相互抵消。

（4）债务人依法将标的物提存。

（5）债权人免除债务。

（6）债权债务同归于一人。

（7）法律规定或者当事人约定终止的其他情形。

1. 债务已经按照约定履行

债务已经按照约定履行也称为债务清偿，是指合同债务人根据法律规定或者合同约定所实施的全面地、正确地履行合同义务，使合同债权人的合同权利（合同债权）得以完全实现的行为。

债务清偿必须具备的法律要件见表5-7。

表5-7　债务清偿要件

要　件	基本概念	备　注
清偿人	清偿人是指由其清偿债务从而使债权得以实现的人。	清偿人一般应由合同债务人为之，故合同债务人是最主要的清偿人，但清偿人不仅仅局限于债务人，债务人的债务也可以由第三人代为清偿。不过，法律对由第三人代为清偿债务人的债务有严格的即制。
清偿受领人	清偿受领人是指受领清偿利益的人。	清偿必须向有受领权的人为之，经其受领后，即发生清偿的效力，合同权利义务关系才归于消灭。清偿受领人主要是合同债权人，但为充分保护合同债权人的合同权利和合同利益，及时实现其合同债权，合同债权人以外的下列人也可以成为清偿受领人：合同债权人的代理人、破产财产管理人、收据持有人、可代位行使合同债权人的合同权利（债权）的债权人等。
清偿标的	清偿标的是指合同债务人按照法律规定或者合同约定应当清偿的内容。	原则上，合同债务人应当按照合同约定的标的清偿。但是，如果经合同债权人同意，合同债务人也可以其他标的清偿，即代物清偿。代物清偿是指合同债权人受领他种给付以代替原合同约定之给付而使合同权利义务关系消灭的行为。代物清偿必须具备以下条件：原合同债务存在，合同债务人必须以他种给付代替原合同约定之给付，必须有当事人之间的合意，必须清偿受领人现实受领他种给付。

2. 合同解除

合同的解除，是指在合同没有履行或没有完全履行之前，因订立合同所依据的主客观情况发生变化，致使合同的履行成为不可能或不必要，依照法律规定的程序和条件，合同当事人的一方或者协商一致后的双方，终止原合同法律关系。合同解除具有以下法律特征：

（1）合同解除只适用于有效成立的合同。

（2）合同解除必须具备一定的条件。

（3）合同解除必须有解除行为。

（4）合同解除的效力是使合同的权利义务关系自始消灭或者向将来消灭。

建筑装饰工程合同解除的方法包括约定解除、法定解除和协议解除。

合同约定解除是指当事人双方在合同中明确约定一定的条件，在合同有效成立后，尚未履行或者尚未履行完毕之前，当事人一方或者双方在该条件成就时享有解除权，并通过该解除权的行使，使合同的权利义务关系归于消灭的行为。

合同法定解除是指在合同有效成立后，尚未履行或者尚未履行完毕之前，当法律规定的合同解除条件成就时,依法享有法定的合同解除权的当事人一方行使解除权而使合同的权利义务关系归于消灭的行为。

合同协议解除是指合同有效成立后,在尚未履行或者尚未履行完毕之前,当事人双方通过协商,就解除合同达成一致(形成合意),使合同的权利义务关系归于消灭的行为。

建筑装饰工程合同成立后,对双方当事人均具有法律约束力,双方应认真履行,有下列情形之一的,当事人可以解除合同:

(1)因不可抗力致使不能实现合同目的。

(2)在履行期限满之前,当事人一方明确表示或者以自己的行为表明不履行主要债务。

(3)当事人一方迟延履行主要债务,经催告后在合理期限内仍未履行。

(4)当事人一方迟延履行债务或者有其他违约行为致使不能实现合同目的。

(5)法律规定的其他情形。

3.债务相互抵消

抵消是指合同当事人双方互负相同种类债务时,各自以其债权充当债务的清偿,从而使其债务与对方的债务在对等数额内相互消灭的法律行为。抵消依其产生依据的不同分为法定抵消和合意抵消。

法定抵消是指由法律明确规定抵消的构成要件,当合同当事人双方的合同交易事实充分满足抵消的构成要件时,依合同当事人一方的意思表示而发生的抵消。建筑装饰工程合同债务法定抵消应具备以下要件:

第一,必须是合同当事人双方互负合法债务,互享合法债权。这是抵消成立的前提条件。

第二,合同当事人双方互负债务,该债务的标的物的种类、品质必须相同。

第三,必须是合同当事人双方的债务均已届清偿期。

第四,必须是合同当事人双方的债务均不属于不能抵消的债务。

合意抵消是指经合同当事人双方意思表示一致所发生的抵消。合意抵消体现了当事人的意思自治,当事人之间互负债务,即使债务的标的物种类不同、品质不同,只要经双方当事人协商一致,就可以抵消。

4.债务人依法将标的物提存

提存是指由于债权人的原因致使债务人无法向其交付标的物时,债务人得以将该标的物提交给有关机关从而消灭合同权利义务关系的制度。

有下列情形之一,难以履行债务的,债务人可以将标的物提存:

(1)债权人无正当理由拒绝受领。

(2)债权人下落不明。

(3)债权人死亡未确定继承人或者丧失民事行为能力未确定监护人。

(4)法律规定的其他情形。

5.债权人免除债务

债权人免除债务简称免除。免除是指债权人单方向债务人意思表示,抛弃其全部或者部分债权,从而全部或者部分消灭合同的权利义务关系的法律行为。

免除具有下列法律特征:

(1)免除是债权人处分债权的行为。

（2）免除为无因行为。

（3）免除为无偿行为。

（4）免除为非要式行为。

（5）免除为单方行为。

债权人免除债务是导致合同权利义务关系终止的原因之一。

6．债权债务同归于一人

债权债务同归于一人，亦称混同，是指债权和债务同归于一人，致使合同权利义务关系终止的法律事实。

混同的原因主要包括以下几个方面：

（1）概括承受。这是发生混同的主要原因。例如，企业合并，使得合并前的两个企业之间的合同权利义务关系（债权债务关系）因为同归于合并后的企业而消灭。

（2）特定承受。特定承受即债务人受让债权人的债权，债权人承受债务人的债务。此种情形下也因发生混同而使得债权人与债务人之间的合同权利义务关系归于消灭，合同即终止。

五、合同违约与合同争议处理

（一）合同违约

建筑装饰工程合同违约责任，是指当事人任何一方不履行合同义务或者履行合同义务不符合约定而应当承担的法律责任。

违约行为的表现形式包括不履行和不适当履行。

不履行是指当事人不能履行或者拒绝履行合同义务。不能履行合同的当事人一般也应承担违约责任。不适当履行则包括不履行以外的其他所有违约情况。当事人一方不履行合同义务，或履行合同义务不符合约定的，应当承担继续履行、采取补救措施或者赔偿损失等违约责任。

1．预期违约制度

所谓预期违约，是指合同依法成立后，在约定的履行期限届满前，合同一方当事人向对方明确表示其将拒绝履行合同的主要义务或以自己的行为表明不履行主要义务的情形。

预期违约是一种预见性的，有可能对对方当事人造成重大损失的潜在威胁。如果预期违约行为得不到及时矫正、补救与制约，持续到履行期届满之时便成为实际违约。

预期违约制度的设置，主要是适应经济生活千变万化的需要。有些合同在履行中出现变故，履行起来十分困难，趁早通知对方，既有利于对方尽快采取补救措施，防范损失的进一步扩大，也有利于自己尽早摆脱履行的困境。因而，预期违约是均衡双方利益基础上的一种极为有效的制度设计。

2．违约责任分类

建筑装饰工程合同违约责任的分类可以从承担责任的性质和约定违约责任两个角度进行，具体见表5-8。

表 5-8　违约责任的分类

序　号	分类方式	类　别	内　容
1	按承担责任性分类	违约责任	违约责任是指由合同当事人自己的过错造成合同不能履行或者不能完全履行,使对方的权利受到侵犯而应当承受的经济责任。
		个人责任	个人责任是指个人由于失职、渎职或者其他违法行为造成合同不能履行或不能完全履行,并且造成重大事故或严重损失,依照法律应承担的经济责任、行政责任或刑事责任。
2	按约定违约责任角度分类	法定违约责任	法定违约责任是指当事人根据法律规定的具体数目或百分比所承担的违约责任。
		约定违约责任	约定违约责任是指在现行法律中没有具体规定违约责任的情况下,合同当事人双方根据有关法律的基本原则和实际情况,共同确定的合同违约责任。当事人在约定违约责任时,应遵循合法和公平的原则。
		法律和合同共同确定的违约责任	法律和合同共同确定的违约责任,是指现行法律对违约责任只规定了一个浮动幅度(具体数目或百分比),然后由当事人双方在法定浮动幅度之内,具体确定一个数目或百分比。

3. 承担违约责任的条件

当事人承担违约责任的条件,是指当事人承担违约责任应当具备的要件。建筑装饰工程合同当事人承担违约责任的条件采用严格责任原则,只要当事人有违约行为,即当事人不履行或者履行合同不符合约定的条件,就应该承担违约责任。具体来讲,建筑装饰工程合同当事人的行为符合下列条件时,应承担法律责任:

(1)违反合同要有违约事实。当事人不履行或不完全履行合同约定义务的行为一经出现,即形成违约事实,不论造成损失与否,均应承担违约责任。

(2)违反合同的行为人有过错。所谓过错,包括故意和过失,是指行为人决定实施其行为时的心理状态。

(3)违反合同的行为与违约事实之间有因果关系。

当事人一方不履行非金钱债务或者履行非金钱债务不符合约定的,对方可以要求履行,但有下列情形之一的除外:

(1)法律上或事实上不能履行。

(2)债务的标的不适于强制履行或者履行费用过高。

(3)债权人在合理期限内未要求履行。

4. 承担违约责任的方式

建筑装饰工程合同当事人承担违约责任的方式有如下几种:

(1)继续履行。继续履行是指合同当事人一方在不履行合同时,另一方有权要求法院强制违约方按合同规定的标的履行义务,并不得以支付违约金或赔偿金的方式代替履行。合同的继续履行是实际履行原则的体现,可以实现双方当事人订立合同所要达到的实际目的。

合同继续履行有如下限制:

①法律上或者事实上不能履行。如合同标的物成为国家禁止或限制物,标的物丧失、毁坏、转卖他人等情形后,使继续履行成为不必要或不可能。

②债务的标的不适于强制履行或者履行费用过高。

③债权人在合理期限内未要求履行的,债务人可以免除继续履行的责任。

(2)采取补救措施。所谓的补救措施主要是指《民法通则》和《合同法》中所确定的,在当事人违反合同的事实发生后,为防止损失发生或者扩大,而由违反合同一方依照法律规定或者约定采取的修理、更换、重新制作、退货、减少价格或者报酬等措施,以给权利人弥补或者挽回损失的责任形式。

补救措施应是继续履行合同、质量救济、赔偿损失等之外的法定救济措施,是建筑装饰工程施工单位承担违约责任的常用方法。

(3)支付违约金。违约金是指当事人因过错违约不履行或不完全履行经济合同后,按照当事人约定或法律规定应付给对方当事人的一定数额的货币。

违约金是预先规定的,即基于法律规定或双方约定而产生,不说违约当事人一方的违约行为是否已给对方当事人造成损失,只要存在违约事实且无法确定或约定免责事由,就应按合同约定或法律规定向对方支付违约金。

违约金兼具补偿性和惩罚性。当事人约定的违约金应当在法律、法规允许的幅度、范围内;如果法律、法规未对违约金幅度作限定,约定违约金的数额一般以不超过合同未履行部分的价款总额为限。

(4)支付赔偿金。赔偿金是指在合同当事人不履行合同或履行合同中不符合约定,给对方当事人造成损失时,依照约定或法律规定应当承担的,向对方支付一定数量的货币。

赔偿金应在明确责任后10天内偿付,否则按逾期付款处理。所谓明确责任,在实践中有两种情况:一是由双方自行协商明确各自的责任;二是由合同仲裁机关或人民法院明确责任。日期的计算,前者以双方达到协议之日起计算,后者以调解书送达之日起或裁决书、审判书生效之日起计算。

(5)定金罚则。定金是合同当事人一方为担保合同债权的实现而向另一方支付的金钱。定金具有如下特征:

①定金本质上是一种担保形式,其目的在于担保对方债权的实现。

②定金是在合同履行前由一方支付给另一方的金钱。

③定金的成立不仅须有双方当事人的合意,而且应有定金的现实交付,具有实践性。定金的有效以主合同的有效成立为前提,主合同无效时,定金合同也无效。

定金作为合同成立的证明和履行的保证,在合同履行后,应将定金收回或者抵作价款。给付定金的一方不履行约定债务的,无权要求返还定金;收受定金的一方不履行约定债务的,应当双倍返还定金。

当事人既约定违约金,又约定定金的,一方违约时,对方可以选择适用违约金或定金条款。但是,这两种违约责任不能合并使用。

(二)合同争议处理

合同争议也称合同纠纷,是指合同当事人之间对合同履行状况和合同违约责任承担等问题所产生的争议。

1. 合同争议产生的原因

合同有效成立后,合同当事人就必须全面履行合同中约定的各项义务。但是,在合同履行过程中,常常因这样或那样的原因导致合同当事人之间产生纠纷。建筑装饰工程合同争议产生的原因有以下几个方面:

(1)合同形式选择不当。当事人订立合同有书面形式、口头形式和其他形式。

书面合同具有安全、有凭有据、举证方便、不易发生纠纷等优点;但也具有形式复杂繁琐、便捷性差、缔约成本高等缺点。

口头合同具有简便、迅速、易行和缔约成本低等优点;但也具有口说无凭、不易分清合同责任、举证困难、容易产生纠纷等缺点。

鉴于不同合同形式的优缺点,当事人在订立合同时,应根据合同标的的性质和特点,合同的权利义务内容,合同交易目的、性质和特点等选择适当的合同形式,才能有效地避免合同纠纷的发生。

(2)合同主体的缔约资格不符合规定。所谓当事人订立合同必须具备的基本主体资格,即合同当事人可以是自然人、法人或者其他组织,当事人订立合同,应当具有相应的民事权利能力和民事行为能力。

此外,建筑装饰工程合同当事人还必须按照其拥有的注册资本、专业技术人员、技术装备和已完成的建筑装饰工程经营业绩等条件,将其划分为不同的资质等级,经资质审查合格,取得相应等级的资质后,方可在其取得的相应资质等级许可的范围内从事建筑活动,订立有关建筑装饰工程合同。

建筑装饰工程合同当事人超越资质等级或无资质等级承包工程,造成建筑装饰工程合同主体缔约资格不符合法律法规的规定,致使合同无效、被撤销、被变更,并在相关合同问题的处理、合同无效或者被撤销后的法律后果责任的承担方面产生严重的合同纠纷。

(3)合同条款不全,约定不明确。由于合同当事人缺乏合同意识和不善于运用法律手段保护自身利益,在合同谈判及签订时,认为合同条款太多,过于繁琐没有必要,造成合同条款不全;或者合同条款比较齐全,但其内容约定得过于原则,不具体、不明确,使当事人无法有效履行合同而产生纠纷。

建筑装饰工程合同履行过程中,由于合同条款不齐全、约定不明确而引起合同纠纷是相当普遍的现象。因此,合同条款不全、约定不明确是造成合同纠纷最常见、最主要的原因。

(4)缺乏违约责任的具体规定。违约责任条款是合同的重要条款,是每一个合同都应当具备的条款。当事人订立合同时,应详细、全面地针对合同交易过程中各种可能的违约情形,具体、明确地约定违约责任,一旦在合同履行过程中发生违约,即可按合同约定的内容进行处理。

(5)草率签订。合同一经签订,便在当事人之间产生权利义务关系,只要这种关系满足法律的要求,即成为当事人之间的法律关系。当事人在合同中的权利将受到法律保护,义务将受到法律约束,但是,在合同实践中,一些合同当事人由于法制观念淡薄、法律知识欠缺、合同法律意识不强等原因,对合同法律关系缺乏足够的、明确的认识,签订合同不认真,履行合同不严肃,导致合同纠纷不断发生。

2. 合同争议的和解

建筑装饰工程合同争议的和解是解决合同争议的常用、主要和有效的方式。

和解是指合同当事人之间发生纠纷后,在没有第三方介入的情况下,合同当事人双方在自愿、互谅的基础上,就已经发生的纠纷进行商谈并达成协议,自行解决纠纷的一种方式。

(1)和解的优点。合同争议的和解具有以下优点:

第一,简便易行。和解不需要第三方介入,只要合同双方当事人进行协商,协商方式、地点和时间可由双方当事人自行决定,十分方便。

第二,有利于加强合同当事人双方的协作。合同双方当事人在自愿协商过程中会增强对对方的理解,解决问题的同时有利于巩固双方之间的协作关系。

第三,有利于合同的顺利履行。合同争议的和解是在双方当事人自愿协商的基础上形成的,双方一般都能自觉遵守并执行,有利于合同的顺利履行。

(2)和解的缺点。和解协议缺乏受法律约束的强制履行效力,如果在双方达成和解协议之后,一方反悔,拒绝履行应尽的义务,和解协议就成为一纸空文。而且在合同实践中,当导致合同纠纷的争议标的金额巨大或者纠纷双方分歧严重时,要通过协商达成和解协议是比较困难的。因此,和解方式有其自身的局限性。

3. 合同争议的调解

调解是指合同当事人于纠纷发生后,在第三者的主持下,根据事实、法律和合同,经过第三者的说服与劝解,使发生纠纷的合同当事人双方互谅、互让,自愿达成协议,从而公平、合理地解决纠纷的一种方式。一般而言,调解包括法院调解、仲裁机构调解、专门机构调解、其他民间组织调解或者个人调解及联合调解。

(1)法院调解。法院调解又称司法调解,是指在通过民事诉讼程序解决合同纠纷的过程中,由受理合同纠纷案件的法院主持进行的调解。

(2)仲裁机构调解。仲裁机构调解是指发生纠纷的合同当事人双方将纠纷事项提交仲裁机构后,由仲裁机构依法进行的调解。

(3)专门机构调解。专门机构调解是指发生纠纷的合同当事人双方将纠纷提交专门调解机构,由该机构主持进行的调解。我国的专门调解机构是中国国际贸易促进委员会北京调解中心及设立在各省、市分会中的涉外经济争议调解机构。

(4)其他民间组织调节或个人调解。除了法院、仲裁机构或者专门调解机构以外,其他任何组织或者个人都可以对合同纠纷进行调解。其特点是调解主持人不是负有专门调解职责的人,而是基于发生纠纷的合同当事人双方的信赖临时选任的能够主持公道的人。只要双方认可,其他民间组织调解或者个人调解也不失为解决合同纠纷的一种有效方法。

(5)联合调解。联合调解是指涉外合同纠纷发生后,当事人双方分别向所属国的仲裁机构申请调解,由双方所属国受理该项纠纷的仲裁机构分别派出数量相等的人员组成"联合调解委员会",由该委员会调解解决该项纠纷。由这种"联合调解委员会"所进行的调解就是联合调解。实践证明,联合调解是解决国际经济、贸易合同纠纷的有效方式。

4. 合同争议的仲裁

仲裁又称为公断,是指发生纠纷的合同当事人双方根据合同中约定的仲裁条款或者纠纷发生后由其达成的书面仲裁协议,将合同纠纷提交给仲裁机构并由仲裁机构按照仲裁法律规范的规定居中裁决,从而解决合同纠纷的法律制度。

(1)仲裁原则。合同争议采用仲裁处理方式应遵循下列原则:

第一，自愿原则。解决合同争议是否选择仲裁方式以及选择仲裁机构本身并无强制力。当事人采用仲裁方式解决纠纷，应当贯彻双方自愿原则，达成仲裁协议。如有一方不同意进行仲裁的，仲裁机构即无权受理合同纠纷。

第二，公平合理原则。仲裁员应依法公平合理地进行裁决。

第三，仲裁依法独立进行原则。仲裁机构是独立的组织，相互间也无隶属关系。仲裁依法独立进行，不受行政机关、社会团体和个人的干涉。

第四，一裁终局原则。裁决作出后，当事人就同一纠纷再申请仲裁或者向人民法院起诉的，仲裁委员会或者人民法院不予受理。

仲裁委员会是我国的仲裁机构，可以在直辖市和省、自治区人民政府所在地的市设立，也可以根据需要在其他设区的市设立，不按行政区划层层设立。仲裁委员会由主任 1 人、副主人 2 至 4 人和委员 7 至 11 人组成。仲裁委员会应当从公道正派的人员中聘任仲裁员。

仲裁委员会有自己的名称、住所和章程；有必要的财产；有该委员会的组成人员；有聘任的仲裁员。

（2）仲裁协议。仲裁协议是指发生纠纷的双方当事人达成的自愿将纠纷提交仲裁机构解决的书面协议。它是发生纠纷的当事人双方就其纠纷提交仲裁及仲裁机构受理纠纷的依据，也是强制执行仲裁裁决的前提条件。

对于仲裁协议的内容，目前并没有统一规定，我国《仲裁法》规定，仲裁协议必须具备以下内容：

①请求仲裁的意思表示。

②仲裁事项。

③选定的仲裁委员会。

（3）仲裁程序。

①仲裁申请当事人申请仲裁，应当向仲裁委员会递交仲裁协议或合同副本、仲裁申请书及副本。仲裁申请书应依据规范载明有关事项。

建筑装饰工程合同当事人双方在请求仲裁机构对其合同纠纷进行仲裁时，应具备以下条件：

A. 有仲裁协议。即合同当事人双方在发生纠纷的合同中订有仲裁条款，或者事后达成了愿意将纠纷提交仲裁的书面仲裁协议。

B. 有具体的仲裁请求和事实、理由。

C. 属于仲裁委员会的受理范围。

②仲裁受理。仲裁委员会收到当事人的仲裁申请书后，首先要进行审查，经审查认为符合受理条件的，应当在收到仲裁申请书之日起五日内受理，并书面通知当事人。

经审查认为不符合受理条件的，也应当在收到仲裁申请书之日起五日内书面通知当事人不予受理，并说明理由。

③开庭和裁定。仲裁应当开庭进行。当事人协议不开庭的，仲裁庭可以根据仲裁申请书、答辩书以及其他材料作出裁决，仲裁不公开进行。当事人协议公开的，可以公开进行，但涉及国家秘密的除外。申请人经书面通知，无正当理由不到庭或者未经仲裁庭许可中途退庭的，可以视为撤回仲裁申请。被申请人经书面通知，无正当理由不到庭或者未经仲裁庭许可中途退庭的，可以缺席裁决。

裁决应当按照多数仲裁员的意见作出，少数仲裁员的不同意见可以记入笔录。仲裁庭不能形成多数意见时,裁决应当按照首席仲裁员的意见作出。仲裁的最终结果以仲裁决定书给出。

④执行。仲裁委员会的裁决作出后,当事人应当履行。当一方当事人不履行仲裁裁决时,另一方当事人可以依照民事诉讼法的有关规定向人民法院申请执行,受申请人民法院应当执行。

被申请人提出证据证明仲裁裁决有下列情形之一的,经人民法院组成合议庭审查核实,裁定不予执行。

A. 没有仲裁协议的。

B. 裁决的事项不属于仲裁协议的范围或者仲裁委员会无权仲裁的。

C. 仲裁庭的组成或者仲裁的程序违反法定程序的。

D. 裁决所根据的证据是伪造的。

E. 对方当事人隐瞒了足以影响公正裁决的证据的。

F. 仲裁员在仲裁该案时有索贿受贿、徇私舞弊、枉法裁决行为的。

5. 合同争议的诉讼

诉讼,是指合同当事人依法请求人民法院行使审判权,审理双方之间发生的合同争议,作出有国家强制保证实现其合法权益,从而解决纠纷的审判活动。合同双方当事人如果未约定仲裁协议,则只能以诉讼作为解决争议的最终方式。根据我国现行法律规定,下列情形下当事人可以选择诉讼方式解决合同纠纷:

第一,合同纠纷的当事人不愿意和解或者调解的可以直接向人民法院起诉。

第二,经过和解或者调解未能解决合同纠纷的,合同纠纷当事人可以向人民法院起诉。

第三,当事人没有订立仲裁协议或者仲裁协议无效的,可以向人民法院起诉。

第四,仲裁裁决被人民法院依法裁定撤销或者不予执行的,当事人可以向人民法院起诉。

建筑装饰工程合同争议采用诉讼方式处理时,应按下列程序进行:

(1)起诉。符合起诉条件的起诉人首先应向人民法院递交起诉状,并按被告法人数目呈交副本。起诉状上应加盖本单位公章。根据我国《民事诉讼法》规定,因为合同纠纷,向人民法院起诉的,必须符合以下条件:

①原告是与本案有直接利害关系的企事业单位、机关、团体或个体工商户、农村承包经营户。

②有明确的被告、具体的诉讼请求和事实依据。

③属于人民法院管辖范围和受诉人民法院管辖。

(2)受理。案件受理时,应在受案后5天内将起诉状副本发送被告。被告应在收到副本后5天内提出答辩状。被告不提出答辩状时,并不影响法院的审理。

(3)诉讼保全。在诉讼过程中,人民法院对于可能因当事人一方的行为或者其他原因,使将来的判决难以执行或不能执行的案件,可以根据对方当事人的申请,或者依照职权作出诉讼保全的裁定。

(4)调查研究,搜集证据。立案受理后,审理该案人员必须认真审阅诉讼材料,进行调查研究和搜集证据。证据主要有:书证、物证、视听资料、证人证言、当事人的陈述、鉴定结论、勘验笔录。

证据应当在法庭上出示,并由当事人互相质证。

(5)调解与审判。法院审理经济案件时,首先依法进行调解。如达成协议,则法院制定有法定内容的调解书。调解未达到协议或调解书送达前有一方反悔时,法院再进行审判。

在开庭审理前3天,法院应通知当事人和其他诉讼参与人,通过法庭上的调查和辩论,进一步审查证据、核对事实，以便根据事实与法律，作出公正合理的判决。

当事人不服地方人民法院第一审判决的，有权在判决书送达之日起 15 天内向上一级人民法院提起上诉。对一审裁决不服的则应在 10 天内提起上诉。

二审人民法院应当对上诉请求的有关事实和适用法律进行审查。经过审理，应根据不同情形，分别作出维持原判决、依法改判、发回原审人民法院重审的判决、裁定。

二审判决是终审判决，当事人必须履行，否则法院将依法强制执行。

（6）执行。对于人民法院已经发生法律效力的调解书、判决书、裁定书，当事人应自动执行。不自动执行的，对方当事人可向原审法院申请执行。法院有权采取措施强制执行。

任务二　建筑装饰工程承包合同类型

➤ 一、按签约各方关系划分承包合同类型

建筑装饰工程承包合同按签约各方关系可划分为总包合同、分包合同。

（一）总包合同

总包合同是总包商与发包人签订的合同，也称主合同，承包的具体方式、工作内容和责任等，由发包人与承包人在合同中约定。

总包合同的总包企业是具有雄厚资金和技术的企业，既要具有承担勘察设计任务的能力，又要具有承担施工任务的能力。

建筑装饰工程总承包主要有以下方式：

1. 设计采购施工总承包

建筑装饰工程设计采购施工总承包是指工程总承包企业按照合同约定，承担建筑装饰工程项目的设计、采购、施工、试运行服务等工作，并对承包工程的质量、安全、工期、造价全面负责。

2. 交钥匙总承包

建筑装饰工程交钥匙总承包是设计采购施工总承包业务和责任的延伸，最终是向发包人提交一个满足使用功能、具备使用条件的工程项目。交钥匙总承包有利于将包括勘察、设计、施工在内的各个主要环节系统安排，集成化管理，有利于提高工程质量，降低工程成本，保证工程进度。

3. 设计施工总承包

设计施工总承包是指工程总承包企业按照合同约定，承担工程项目设计和施工，并对承包工程的质量、安全、工期、造价全面负责。

（二）分包合同

分包商与总包商签订的合同称为"分包合同"，根据分包方式不同，分包合同可以分为专业分包合同和劳务分包合同。

专业分包是指施工总承包企业将其承包工程中的专业工程发包给专业承包企业完成的活动，如土建工程中，总包商会把中央空调系统、动力系统、消防系统、电梯工程分包给专业的分

包商,并与这些专业分包商订立专业工程分包合同。

劳务分包是指施工总承包企业或专业承包企业将其承包或者分包工程中的劳务作业发包给劳务作业分包企业完成的活动。

1.分包合同文件组成

(1)分包合同协议书。

(2)承包人发出的分包中标书。

(3)分包人的报价书。

(4)分包合同条件。

(5)标准规范、图纸、列有标价的工程量清单。

(6)报价单或施工图预算书。

2.分包合同的履行

分包合同的当事人,总包单位与分包单位,都应严格履行分包合同规定的义务。具体要求如下:

(1)工程分包不能解除承包人任何责任与义务,承包人应在分包现场派驻相应的监督管理人员,保证本合同的履行。履行分包合同时,承包人应就承包项目(其中包括分包项目),向发包人负责,分包人就分包项目向承包人负责。分包人与发包人之间不存在直接的合同关系。

(2)分包人应按照分包合同的规定,实施和完成分包工程,修补其中的缺陷,提供所需的全部工程监督、劳务、材料、工程设备和其他物品,提供履约担保、进度计划,不得将分包工程进行转让或再分包。

(3)承包人应提供总包合同(工程量清单或费率所列承包人的价格细节除外)供分包人查阅。

(4)分包人应当遵守分包合同规定的承包人的工作时间和规定的分包人的设备材料进出场的管理制度。承包人应为分包人提供施工现场及其通道;分包人应允许承包人和监理工程师等在工作时间内合理进入分包工程的现场,并提供方便,做好协助工作。

(5)分包人延长竣工时间应根据下列条件:承包人根据总包合同延长总包合同竣工时间;承包人指示延长;承包人违约。分包人必须在延长开始14天内将延长情况通知承包人,同时提交一份证明或报告,否则分包人无权获得延期。

(6)分包人仅从承包人处接受指示,并执行其指示。如果上述指示从总包合同来分析是监理工程师失误所致,则分包人有权要求承包人补偿由此而导致的费用。

(7)分包人应根据下列指示变更、增补或删减分包工程:监理工程师根据总包合同作出的指示,再由承包人作为指示通知分包人;承包人的指示。

(8)分包工程价款由承包人与分包人结算。发包人未经承包人同意不得以任何名义向分包单位支付各种工程款项。

(9)由于分包人的任何违约行为、安全事故或疏忽、过失导致工程损害或给发包人造成损失,承包人承担连带责任。

➤ 二、按合同标的性质划分承包合同类型

建筑装饰工程承包合同按合同标的性质可划分为勘察设计合同、施工合同、监理合同。

（一）勘察设计合同

建筑装饰工程勘察设计合同是建筑装饰工程勘察设计的发包方与勘察人、设计人为完成勘察设计任务，明确双方的权利义务而签订的协议。签订勘察设计合同的作用主要体现在以下几个方面：

第一，有利于保证建设工程勘察、设计任务按期、按质、按量顺利完成。

第二，有利于委托与承包双方明确各自的权利、义务的内容以及违约责任，一旦发生纠纷，责任明确，避免了许多不必要的争执。

第三，促使双方当事人加强管理与经济核算，提高管理水平。

第四，为监理工程师在项目设计阶段的工作提供了法律依据和监理内容。

1. 勘察设计合同主要条款

（1）工程名称、规模、地点。工程名称应当是建筑装饰工程的正式名称而非该类工程的通用名称。规模包括栋数、面积（或占地面积）、层数等内容。

（2）委托方提供资料。委托方需提供的资料通常包括建设工程设计委托书和建设工程地质勘察委托书，经批准的设计任务书或可行性研究报告，选址报告以及原材料报告，有关能源方面的协议以及其他能满足初步勘察、设计要求的资料等。

（3）承包方勘察、设计的范围、进度、质量。承包方勘察的范围通常包括工程测量、工程地质、水文地质的勘察等。详细言之，包括工程结构类型、总荷重、单位面积荷重、平面控制测量、地形测量、高程控制测量、摄影测量、线路测量和水文地质测量、水文地质参数计算、地球物理勘探、钻探及抽水试验、地下水资源评价及保护方案等。

勘察的进度是指勘察任务总体完成的时间或分阶段任务完成的时间界限。

质量是指合同要求的勘察方所提交的勘察成果的准确性程度的高低，或者设计方设计的科学合理性。

（4）勘察设计收费依据与标准。为了规范工程勘察设计收费行为，维护发包人和勘察人、设计人的合法权益，建筑装饰工程勘察设计收费应根据《工程勘察设计收费管理规定》《工程勘察收费标准》和《工程设计收费标准》进行。

（5）勘察设计费用拨付办法。勘察合同生效后，委托方应向承包方支付定金，定金金额为勘察费的30%（担保法规定不得超过20%）；勘察工作开始后，委托方应向承包方支付勘察费的30%；全部勘察工作结束后，承包方按合同规定向委托方提交勘察报告书和图纸，委托方收取资料后，在规定的期限内按实际勘察工作量付清勘察费。

设计合同生效后，委托方向承包方支付相当于设计费的20%作为定金，设计合同履行后，定金抵作设计费。设计费其余部分的支付由双方共同商定。

对于勘察设计费用的支付方式，我国法律规定，合同用货币履行义务时，除法律或行政法规另有规定的以外，必须用人民币计算和支付。除国家允许使用现金履行义务的以外，必须通过银行转账或者票据结算。使用票据支付的，要遵守《票据法》的规定。此外，合同中还须明确勘察设计费的支付期限。

（6）违约责任。

委托方违约责任如下：

①按《建设工程勘察设计合同条例》的规定，委托方若不履行合同，无权请求退回定金。

②由于变更计划,提供的资料不准确,未按期提供勘察设计工作必需的资料或工作条件,因而造成勘察设计工作的返工、窝工、停工或修改设计时,委托方应对承包方实际消耗的工作量增付费用。因委托方责任造成重大返工或重作设计时,应另增加勘察设计费。

③勘察设计的成果按期、按质、按量交付后,委托方要按《建设工程勘察设计合同条例》第7条的规定和合同的约定,按期、按量交付勘察设计费。委托方未按规定或约定的日期交付费用时,应偿付逾期违约金。

承包方的违约责任如下:

①因勘察设计质量低劣引起返工,或未按期提交勘察设计文件,拖延工期造成损失的,由承包方继续完善勘察设计,并视造成的损失、浪费的大小,减收或免收勘察设计费。

②对于因勘察设计错误而造成工程重大质量事故的,承包方除免收受损失部分的勘察设计费外,还承担与直接损失部分勘察设计费相当的赔偿损失。

③如果承包方不履行合同,应双倍返还定金。

2.勘察设计合同当事人权利和义务

一般来说,建设工程勘察、设计合同双方当事人的权利、义务是相互对应的,即发包方的权利往往是承包方的义务,而承包方的权利又往往是发包方的义务。

建筑装饰工程勘察设计合同发包人的义务见表5-9。

表5-9　勘察设计合同发包人义务

序　号	合同当事人	主　要　义　务
1	勘察合 同发包人	(1)在勘察现场范围内,不属于委托勘察任务而又没有资料、图纸的地区(段),发包人应负责查清地下埋藏物。 (2)若勘察现场需要看守,特别是在有毒、有害等危险现场作业时,发包人应派人负责安全保卫工作,按国家有关规定,对从事危险作业的现场人员进行医疗防护,并承担费用。 (3)工程勘察前,属于发包人负责提供的材料,应根据勘察人提出的工程用料计划,按时提供各种材料及其产品合格证明,并承担费用和运到现场,派人与勘察人的人员一起验收。 (4)勘察过程中的任何变更,经办理正式变更手续后,发包人应按实际发生的工作量交付勘察费。 (5)为勘察人的工作不员提供必要的生产、生活条件,并承担费用;如不能提供时,应一次性付给勘察人临时设施费。 (6)发包人若要求在合同规定时间内提前完工时,发包人应按每提前一天向勘察人支付计算的加班费。 (7)发包人应保护勘察人的投标书、勘察方案、报告书、文件、资料图纸、数据、特殊工艺(方法)、专利技术和合理化建议。未经勘察人同意,发包人不得复制、泄露、擅自修改、传送或向第三人转让或用于本合同外的项目。

序　号	合同当事人	主　要　义　务
2	设计合同发包人	（1）发包方按合同规定的内容，在规定的时间内向承包方提交资料及文件，并对其完整性、正确性及时限负责。发包方提交上述资料及文件超过规定期限15天以内，承包方按本合同规定的交付设计文件时间顺延，规定期限超过15天以上时，承包方有权重新确定提交设计文件的时间。 （2）发包方变更委托设计项目、规模、条件或因提交的资料错误，或所提交资料作较大修改，以致造成承包方设计需要返工时，双方除需另行协商签订补充合同、重新明确有关条款外，发包方应按承包方所耗工作量向承包方支付返工费。 （3）在合同履行期间，发包方要求终止或解除合同，承包方未开始设计工作的，不退还发包方已付的定金；已开始设计工作的，发包方应根据承包方已进行的实际工作量，不足一半时按该阶段设计费的一半支付，超过一半时按该阶段设计费的全部支付。 （4）发包方应按合同规定的金额和时间向承包方支付设计费用，每逾期1天，应承担一定比例金额的逾期违约金。逾期超过30天以上时，承包方有权暂停履行下阶段工作，并书面通知发包方，发包方上级对设计文件不审批或合同项目停、缓建，发包方均应支付应付的设计费。 （5）由于设计人完成设计工作的主要地点不是施工现场，因此，发包人有义务为设计人在现场工作期间提供必要的工作、生活条件。发包人为设计人派驻现场的工作人员提供工作、生活、交通等方面的便利条件，以及必要的劳动保护装备。 （6）设计的阶段成果完成后，应由发包人组织鉴定和验收，并负责向发包人的上级或有管理资质的设计审批部门完成报批手续。 （7）发包人应保护设计人的投标书、设计方案、文件、资料图纸、数据、计算软件和专利技术。未经设计人同意，发包人对设计人交付的设计资料及文件不得擅自修改、复制或向第三人转让或用于本合同外的项目。 （8）如果发包人从施工进度的需要或其他方面的考虑，要求设计人比合同规定时间提前交付设计文件时，须征得设计人同意。设计的质量是工程发挥预期效益的基本保障，发包人不应严重背离合理设计周期的规律，强迫设计人不合理地缩短设计周期的时间。双方经过协商达成一致并签订提前交付设计文件的协议后，发包人应支付相应的赶工费。

建筑装饰工程勘察设计合同承包人的义务见表5－10。

表 5 – 10　勘察设计合同发包人义务

序　号	合同当事人	主　要　义　务
1	勘察人	（1）勘察人应按国家技术规范、标准、规程和发包人的任务委托书及技术要求进行工程勘察，按合同规定的时间提交质量合格的勘察成果资料，并对其负责。 （2）由于勘察人提供的勘察成果资料质量不合格，勘察人应负责无偿给予补充完善使其达到质量合格。若勘察人无力补充完善，需另委托其他单位时，勘察人应承担全部勘察费用。因勘察质量造成重大经济损失或工程事故时，勘察人除应负法律责任和免收直接受损失部分的勘察费外，并根据失程度向发包人支付赔偿金。赔偿金为发包人、勘察人在合同内约定实际损失的某一百分比。 （3）勘察过程中，根据工程的岩土工程条件（或工作现场地形地貌、地质和水文地质条件）及技术规范要求，向发包人提出增减工作量或修改勘察工作的意见，并办理正式变更手续。
2	设计人	（1）保证设计质量。 （2）配合施工。 （3）保护发包人知识产权。

3. 勘察设计合同订立程序

依法必须进行招标的建设工程勘察设计任务通过招标或设计方案的竞投确定勘察、设计单位后，应遵循工程项目建设程序，签订勘察、设计合同。

签订勘察设计合同由建设单位、设计单位或有关单位提出委托，经双方协商同意，即可签订。

建筑装饰工程勘察设计合同的订立程序如下：

第一步，确定合同标的。合同标的是合同的中心。这里所谓的确定合同标的实际上就是决定勘察设计分开发包还是合在一起发包。

第二步，选定承包商。依法必须招标的项目，按招标投标程序优选出中标人即为承包商。小型项目及可以不招标的项目由发包人直接选定承包商。但选定的过程为向几家潜在承包商询价、初步协商合同的过程。也即发包人提出勘察设计的内容、质量等要求并提交勘察设计所需资料，承包商据以报价、作出方案及进度安排的过程。

第三步，商签勘察设计合同。如果是通过招标方式确定承包商的，则由于合同的主要条件都在招标文件、投标文件中得到确认，进入签约阶段需要协商的内容就不是很多。而通过协商、直接委托的合同谈判，则要涉及几乎所有的合同条款，必须认真对待。

勘察、设计合同的当事人双方进行协商，就合同的各项条款取得一致意见，且双方法人或指定的代表在合同文本上签字，并加盖公章，这样合同才具有法律效力。

（二）施工合同

建筑装饰工程施工合同一经签订，即具有法律效力，是合同双方履行合同中的行为准则，双方都应以施工合同作为行为的依据。施工合同的作用主要体现在以下几点：

第一，施工合同是进行监理的依据和推行监理制的需要。

第二，施工合同有利于工程施工的管理。

第三,施工合同有利于建筑装饰市场的培育和发展。

1. 施工合同内容

建筑装饰工程本身的施工性质,决定了施工合同必须有很多条款。建筑装饰工程施工合同主要应具备以下主要内容:

(1)工程名称、地点、范围、内容,工程价款及开竣工日期。

(2)双方的权利、义务和一般责任。

(3)施工组织设计的编制要求和工期调整的处置办法。

(4)工程质量要求、检验与验收方法。

(5)合同价款调整与支付方式。

(6)材料、设备的供应方式与质量标准。

(7)设计变更。

(8)竣工条件与结算方式。

(9)违约责任与处置办法。

(10)争议解决方式。

(11)安全生产防护措施。

此外关于索赔、专利技术使用、发现地下障碍和文物、工程分包、不可抗力、工程保险、工程停建或缓建、合同生效与终止等也是施工合同的重要内容。

2. 施工合同签订程序

建筑装饰工程施工承包企业在签订施工合同工作中,主要工作程序如下:

(1)市场调查,建立联系。

①施工企业对建筑市场进行调查研究。

②追踪获取拟建项目的情况和信息,以及业主情况。

③当对某项工程有承包意向时,可进一步详细调查,并与业主取得联系。

(2)表明合作意愿,投标报价。

①接到招标单位邀请或公开招标通告后,企业领导作出投标决策。

②向招标单位提出投标申请书,表明投标意向。

③研究招标文件,着手具体投标报价工作。

(3)协商谈判。

①接受中标通知书后,组成包括项目经理的谈判小组,依据招标文件和中标书草拟合同专用条款。

②与发包人就工程项目具体问题进行实质性谈判。

③通过协商,达成一致,确立双方具体权利与义务,形成合同条款。

④参照施工合同示范文本和发包人拟定的合同条件与发包人订立施工合同。

(4)签署书面合同。

①施工合同应采用书面形式的合同文本。

②合同使用的文字要经双方确定,用两种以上语言的合同文本,须注明几种文本是否具有同等法律效力。

③合同内容要详尽具体,责任义务要明确,条款应严密完整,文字表达应准确规范。

④确认甲方,即业主或委托代理人的法人资格或代理权限。

⑤施工企业经理或委托代理人代表承包方与甲方共同签署施工合同。

(5)签订与公证。

①合同签署后,必须在合同规定的时限内完成履约保函、预付款保函、有关保险等保证手续。

②送交工商行政管理部门对合同进行鉴证并缴纳印花税。

③送交公证处对合同进行公证。

④经过鉴证、公证,确认了合同真实性、可靠性、合法性后,合同发生法律效力,并受法律保护。

(三)监理合同

建筑装饰工程监理合同是指委托人与监理人就委托的工程项目管理内容签订的明确双方权利、义务的协议。

建筑装饰工程监理制是我国在建筑装饰市场经济条件下保证工程质量、规范市场主体行为、提高管理水平的一项重要措施。监理合同不仅明确了双方的责任和合同履行期间应遵守的各项约定,成为当事人的行为准则,而且可以作为保护任何一方合法权益的依据。

1. 监理合同的形式

为了明确监理合同当事人双方权利和义务的关系,应当以书面形式签订监理合同,而不能采用口头形式,建筑装饰工程经常采用的监理合同形式有如下几种:

(1)双方协商签订的合同。依据法律和法规的要求作为基础,双方根据委托监理工作的内容和特点,通过友好协商订立有关条款,达成一致后签字盖章生效。合同的格式和内容不受任何限制,双方就权利和义务所关注的问题以条款形式具体约定即可。

(2)信件式合同。由监理单位编制有关内容,由发包人签署批准意见,并留一份备案后退给监理单位执行。这种合同形式适用于监理任务较小或简单的小型工程。也可能是在正规合同的履行过程中,依据实际工作进展情况,监理单位认为需要增加某些监理工作任务时,以信件的形式请示发包人,经发包人批准后作为正规合同的补充合同文件。

(3)委托通知单。正规合同履行过程中,发包人以通知单形式把监理单位在订立委托合同时建议增加而当时未接受的工作内容进一步委托给监理方。这种委托只是在原定工作范围之外增加少量工作任务,一般情况下原订合同中的权利义务不变。如果监理单位不表示异议,委托通知单就成为监理单位所接受的协议。

(4)标准化合同。为了使委托监理行为规范化,减少合同履行过程中的争议或纠纷,政府部门或行业组织制定出标准化的合同示范文本,供委托监理任务时作为合同文件采用。标准化合同通用性强,采用规范的合同格式,条款内容覆盖面广,双方只要就达成一致的内容写入相应的具体条款中即可。标准合同由于将履行过程中所涉及的法律、技术、经济等各方面问题都作出了相应的规定,合理地分担双方当事人的风险并约定了各种情况下的执行程序,不仅有利于双方在签约时讨论、交流和统一认识,而且有助于监理工作的规范化实施。

2. 监理合同订立程序

建筑装饰工程监理合同订立过程如下:

(1)签约双方应对对方的基本情况有所了解,包括资质等级、营业资格、财务状况、工作业绩、社会信誉等。

（2）监理人在获得委托人的招标文件或与委托人草签协议之后，应立即对工程所需费用进行预算，提出报价，同时对招标文件中的合同文本进行分析、审查，为合同谈判和签约提供决策依据。

（3）无论何种方式招标中标，委托人和监理人都要就监理合同的主要条款进行谈判。谈判内容要具体，责任要明确，要有准确的文字记载。作为委托人，切忌以手中有工程的委托权，而不以平等的原则对待监理人。

（4）进行合同签订。经过谈判，双方就监理合同的各项条款达成一致，即可正式签订合同文件。

三、按计价方法划分承包合同类型

所谓的工程计价方法就是指采用何种方法来计算工程合同的价格。建筑装饰工程合同的计价方法可以按照总价计价、单价计价和成本酬金计价，所以，按照承包工程计价方法，建筑装饰工程合同可以分为总价合同、单价合同和成本酬金合同。

（一）总价合同

总价合同也称为约定总价合同或包干合同，一般要求投标人按照招标文件要求报一个总价，在所报总价下完成合同规定的全部项目。在总价合同中不考虑承包商对于所报的总价在各个分部分项工程上面的分配。建筑装饰工程总价合同通常包括固定价合同和调价总价合同两种类型。

1. 固定总价合同

固定总价合同是指按商定的总价承包项目，其特点是明确承包内容。由于价格一笔包死，固定总价合同适用于规模小、技术不太复杂的项目。

固定总价合同对业主与承包商都是有利的。对业主来说，比较简便；对承包者来说，如果计价依据相当详细，能据此比较精确地估算造价，签订合同时考察得比较周全，不致有多大的风险，也是一种比较简便的承包方式。

2. 调价总价合同

调价总价合同包括两层含义，其一是合同价是总价，其二是这个总价是可以调整的，调整的条件需要合同双方当事人在工程承包合同中约定，例如可以约定，当工程材料的价格增加超过 3% 时，工程总价相应上调 1%。这种合同由发包人承担通货膨胀这一不可预见的费用因素的风险，承包人承担其他风险。一般工期较长的项目，采用可调总价合同。可调价格合同中合同价款的调整因素主要包括下列情况：

（1）法律、行政法规和国家有关政策变化影响合同价款。

（2）工程造价管理部门公布的价格调整。

（3）一周内非承包人原因停水、停电、停气造成停工累计超过 8 小时。

（4）设计变更及发包方确定的工程量增减。

（5）双方约定的其他因素。

（二）单价合同

单价合同相对于总价合同，其特点是承包商需要就所报的工程价格进行分解，以表明每一分部分项工程的单价。单价合同中如果存在总价的话，这个总价仅仅是一个近似的价格，最后真正的工程价格是以实际完成的工程量为依据算出来的,而这个工程量一般来讲是不可能完全与工程量清单中所给出的工程量相同。建筑装饰工程单价合同通常包括估计工程量单价合同、纯单价合同和单价与包干混合式合同三种类型。

1. 估计工程量单价合同

发包人在准备估计工程量单价合同的招标文件时,委托咨询单位按分部分项工程列出工程量表并填入估算的工程量,承包人投标时在工程量表中填入各项的单价,根据承包人填入的各项单价计算出总价作为投标报价之用。但在每月结账时,以实际完成的工程量结算。在工程全部完成时以竣工图最终结算工程的总价格。

估计工程量单价合同适用于图纸等技术资料比较完善的项目。

2. 纯单价合同

发包人准备招标文件时,只向投标人提供各分项工程内的工作项目一览表、工程范围及必要的说明,而不给出工程量。承包人只要给出表中各项目的单价即可,将来施工时按实际工程量计算。有时也可由发包人一方在招标文件中列出单价,而投标一方提出修改意见,双方磋商后确定最后的承包单价。

纯单价合同适用于施工图纸不完善的情况,因为此时还无法估计出相对准确的工程量。

3. 单价与包干混合式合同

单价与包干混合式合同中存在单价与包干两种计价方式。这里所说的包干其实就是总价。总体上以单价合同为基础,以包干为辅。对其中某些不易计算工程量的分项工程采用包干办法,而对能用某种单位计算工程量的,均要求报单价,按实际完成工程量及合同上的单价结账。

(三)成本加酬金合同

成本加酬金合同,指的是发包人向承包人支付实际工程成本中的直接费,按事先协议好的某一种方式支付管理费及利润的一种合同方式。

成本加酬金合同价格包括两部分,其一是成本部分,由建设单位按照实际的支出向承包商拨付工程款;其二是酬金部分,对于这部分,建设单位按照合同中约定的方式和数额支付给承包商。

成本加酬金合同适用于工程内容及其技术经济指标尚未完全确定而又急于上马的工程或是施工风险很大的工程。

成本加酬金合同的缺点是发包人对工程造价不易控制,而承包人在施工中也不注意精打细算,因为是按照一定比例提取管理费及利润,所以成本越高,管理费及利润就越高。

任务三　建筑装饰施工承包合同内容

➤ 一、建筑装饰工程承包合同主要条款

确定建筑装饰工程承包合同主要条款时,要格外认真,总的来说应当做到条款表述准确、逻辑严密。建筑装饰工程合同应当具备的条款主要包括以下几项:

(1)合同双方当事人的姓名或单位名称、住所地、联系方式等。

（2）工程概况，包括工程名称、工程地点、工程范围等。

（3）承包方式，施工实践中常见的承包方式见表5-11。

表5-11 建筑装饰工程施工实践中常见的承包方式

序　号	承包方式	内　　容
1	总价包干	在这种情形下，合同价款不因工程量的增减、设备和材料的浮动等原因而改变，对承包人来说，有可能获得较高利润，但也可能承担很高的风险。
2	固定单价承包	在这种情形下，合同的单价是不变的，工程竣工之后根据实际发生的工程量确定工程造价。
3	成本加酬金承包	在这种情形下，酬金的数额或比例是固定不变的，而成本则待工程竣工后才能确定。

（4）合同工期，即开工至竣工所需的时间。

（5）双方的一般义务。

（6）材料、设备的供应方式与质量标准。

（7）工程款的拨付与结算。

（8）工程质量等级和验收标准。工程质量是履行合同易出现争议的地方，订立合同时，要严格按照有关工程质量的规定商定合同条款，法律没有规定的，当事人的约定更要严密、详尽。

（9）安全生产与相关责任。

（10）违约责任与承担违约责任的方式。

（11）争议的解决方式。

（12）其他当事人认为应当约定的条款。

二、建筑装饰工程施工承包合同主体

建筑装饰工程必须符合一定的质量、安全标准，能满足人们对装饰装修综合效果的要求，发包人、承包人是建筑装饰工程施工承包合同的当事人。发包人、承包人必须具备一定的资格，才能成为建筑装饰工程合同的合法当事人，否则，建筑装饰工程合同可能因主体不合格而导致无效。

1. 发包人的主体资格

发包人有时也称发包单位、建设单位、业主或项目法人。发包人的主体资格也就是进行工程发包并签订建设工程合同的主体资格。发包人进行工程发包应当具备下列基本条件：

（1）应当具有相应的民事权利能力和民事行为能力。

（2）实行招标发包的，应当具有编制招标文件和组织评标的能力或者委托招标代理机构代理招标事宜。

（3）进行招标项目的相应资金或者资金来源已经落实。

2. 承包人的主体资格

建筑装饰工程合同的承包人分为勘察人、设计人、施工人。对于建设工程承包人，我国实行严格的市场准入制度。作为建筑装饰合同的承包方必须具备相应的资质等级。

建筑装饰工程施工合同承包方应具备的资质等级要求及承包范围参照本书项目一中"任务三建筑装饰工程承包企业资质等级"的相关内容。

三、建筑装饰工程施工承包合同内容

建筑装饰工程施工承包合同主要由《协议书》《通用条款》和《专用条款》三部分组成。

1. 协议书

协议书是施工合同的总纲领性法律文件,内容有以下几个方面:

(1)工程概况。包括工程名称、工程地点、工程内容、工程立项批准文告、资金来源。

(2)工程承包范围。即承包人承包的工作范围和内容。

(3)合同工期。包括开工日期、竣工日期。合同工期应填写总日历天数。

(4)质量标准。工程质量必须达到国家标准规定的合格标准,双方也可以约定达到国家标准规定的优良标准。

(5)合同价款。合同价款应填写双方确定的合同金额。

(6)组成合同的文件。合同文件应能相互解释,互为说明。除专用条款另有约定外,组成合同的文件及优先解释顺序如下:

①本合同协议书。

②中标通知书。

③投标书及其附件。

④本合同专用条款。

⑤本合同通用条款。

⑥标准、规范及有关技术文件。

⑦图纸。

⑧工程量清单。

⑨工程报价单或预算书。

(7)本协议书中有关词语含义与本合同第二部分通用条款中分别赋予它们的定义相同。

(8)承包人向发包人承诺按照合同约定进行施工、竣工并在质量保修期内承担工程质量保修责任。

(9)发包人向承包人承诺按照合同约定的期限和方式支付合同价款及其他应当支付的款项。

(10)合同的生效。

2. 通用条款

通用条款是指通用于一切建筑装饰工程,规范承发包双方履行合同义务的标准化条款。其内容包括词语定义及合同文件、双方一般权利和义务、施工组织设计和工期、质量与检验、安全施工、合同价款与支付、材料设备供应、工程变更、竣工验收与结算、违约、索赔和争议、其他。

3. 专用条款

专用条款是指反映具体招标工程具体特点和要求的合同条款,其解释优于通用条款。

四、签订建筑装饰工程施工合同注意事项

建筑装饰工程当事人签订施工承包合同应注意以下几项:

(1)必须遵守现行法规。建筑装饰工程承包项目种类多,材料品种多,内容复杂,工期紧,签订合同时应严格遵守现行法规。

（2）必须确认合同的合法性与真实性。签订建筑装饰工程合同应注意装饰工程项目的合法性，了解该项目是否经有关招标投标管理部门批准；还要注意当事人的真实性，避免那些不具备法人资格、没有管理能力、没有施工能力（技术力量）的单位充当施工方；另外还要注意是否具备装饰工程施工条件；现场水、电、道路、通讯是否畅通等。

（3）明确合同依据的规范标准。建筑装饰工程合同必须按照国家颁发的有关定额、取费标准、工期定额、质量验收规范标准执行，并经双方当事人核定清楚后方可进行签约。

（4）合同条款必须具体确切。建筑装饰工程合同条款必须具体明确，以免事后争议。对于双方当事人暂时都不能明确的合同条款，可以采用灵活的处理方式，留待施工过程中确定。

项目小结

1. 合同法律基础

从本质上说，合同是一种协议，由两个或两个以上的当事人参加，通过协商一致达成协议，就产生了合同，但合同法规范的合同，是一种有特定意义的合同，是一种有严格的法律界定的协议。

（1）合同效力。

第一，在合同当事人之间产生受法律保护的民事权利和民事义务关系。

第二，合同生效后具有法律强制约束力，当事人应当全面履行，不得擅自变更成解除合同。

第三，合同是处理双方当事人之间合同纠纷的依据。

（2）无效合同，是指虽然已经成立，但因其内容和形式违反了法律、行政法规的强制性规定，或者损害了国家利益、第三人利益和社会公共利益，因而不为法律所承认和保护、不具有法律效力的合同。

无效合同的具体情形主要包括下列几种：

①一方以欺诈、胁迫的手段订立合同，损害国家利益。

②恶意串通，损害国家、集体或者第三人利益。

③以合法形式掩盖非法目的。

④损害社会公共利益。

⑤违反法律、行政法规的强制性规定。

（3）可变更或可撤销合同。

可变更或可撤销的合同，是指欠缺性效条件，但一方当事人可依照自己的意思使合同的内容变更或者使合同的效力归于消灭的合同。

可变更或可撤销合同的具体情形主要包括下列几种：

①当事人对合同的内容存在重大误解。

②在订立合同时显失公平。

③一方以欺诈、胁迫的手段或者乘人之危，使对方在违背真实意思情况下订立的合同。

对可撤销合同，只有受损害方才有权提出变更或撤销。有过错的一方不仅不能提出变更或撤销，而且还要赔偿对方因此所受到的损失。

（4）合同担保。

合同担保，是合同当事人为了保证合同的切实履行，根据法律规定，经过协商一致而采取的一种促使一方履行合同义务，满足他方权利实现的法律办法。担保合同必须由合同的当事人双方协商一致,自原订立为有效。如果由第三方承担担保义务时,必须由第三方,即保证人亲自订立担保合同。

合同的担保方式有保证、抵押、质押、留置和定金五种。

(5)合同的变更。

合同的变更是指合同依法成立后,在尚未履行或尚未完全履行时,当出现法定条件时当事人对合同内容进行的修订或调整。

(6)合同的转让。

合同转让是指当事人一方将其合同权利或者义务的全部或者部分,或者将权利和义务一并转让给第三人,由第三人相应的享有合同权利,承担合同义务的行为。

(7)合同的终止。

合同终止即合同权利义务的终止,也称合同的消灭,是指因某种原因而引起的合同权利义务(债权债务)客观上不复存在。

建筑装饰工程合同终止的原因包括以下几个方面:

①债务已经按照约定履行。

②合同解除。

③债务相互抵消。

④债务人依法将标的物提存。

⑤债权人免除债务。

⑥债权债务同归于一人。

⑦法律规定或者当事人约定终止的其他情形。

(8)合同解除。

合同的解除,是指在合同没有履行或没有完全履行之前,因订立合同所依据的主客观情况发生变化,致使合同的履行成为不可能或不必要,依照法律规定的程序和条件,合同当事人的一方或者协商一致后的双方,终止原合同法律关系。合同解除具有以下法律特征:

①合同解除只适用于有效成立的合同。

②合同解除必须具备一定的条件。

③合同解除必须有解除行为。

④合同解除的效力是使合同的权利义务关系自始消灭或者向将来消灭。

(9)合同违约。

建筑装饰工程合同违约责任,是指当事人任何一方不履行合同义务或者履行合同义务不符合约定而应当承担的法律责任。

违约行为的表现形式包括不履行和不适当履行。

(10)合同争议处理。

合同争议也称合同纠纷,是指合同当事人之间对合同履行状况和合同违约责任承担等问题所产生的争议。

(11)合同争议的和解。

建筑装饰工程合同争议的和解是解决合同争议的常用、主要和有效的方式。

和解是指合同当事人之间发生纠纷后,在没有第三方介入的情况下,合同当事人双方在自愿、互谅的基础上,就已经发生的纠纷进行商谈并达成协议,自行解决纠纷的一种方式。

（12）合同争议的仲裁。

仲裁又称为公断，是指发生纠纷的合同当事人双方根据合同中约定的仲裁条款或者纠纷发生后由其达成的书面仲裁协议，将合同纠纷提交给仲裁机构并由仲裁机构按照仲裁法律规范的规定居中裁决，从而解决合同纠纷的法律制度。

2. 建筑装饰工程承包合同类型

（1）按签约各方关系划分承包合同类型。

建筑装饰工程承包合同按签约各方关系可划分为总包合同、分包合同。

（2）按合同标的性质划分承包合同类型。

建筑装饰工程承包合同按合同标的性质可划分为勘察设计合同、施工合同、监理合同。

（3）按计价方法划分承包合同类型。

所谓的工程计价方法就是指采用何种方法来计算工程合同的价格。建筑装饰工程合同的计价方法可以按照总价计价、单价计价和成本酬金计价，所以，按照承包工程计价方法，建筑装饰工程合同可以分为总价合同、单价合同和成本酬金合同。

3. 建筑装饰施工承包合同内容

（1）建筑装饰工程承包合同主要条款。

确定建筑装饰工程承包合同主要条款时，要格外认真，总的来说应当做到条款表述准确、逻辑严密。建筑装饰工程合同应当具备的条款主要包括以下几项：

①合同双方当事人的姓名或单位名称、住所地、联系方式等。

②工程概况，包括工程名称、工程地点、工程范围等。

③承包方式。

④合同工期，即开工至竣工所需的时间。

⑤双方的一般义务。

⑥材料、设备的供应方式与质量标准。

⑦工程款的拨付与结算。

⑧工程质量等级和验收标准。工程质量是履行合同易出现争议的地方，订立合同时，要严格按照有关工程质量的规定商定合同条款，法律没有规定的，当事人的约定更要严密、详尽。

⑨安全生产与相关责任。

⑩违约责任与承担违约责任的方式。

⑪争议的解决方式。

⑫其他当事人认为应当约定的条款。

（2）建筑装饰工程施工承包合同内容。

建筑装饰工程施工承包合同主要由《协议书》《通用条款》和《专用条款》三部分组成。

 **案例分析**

【案例1】

建筑工程合同管理和索赔

某施工单位根据领取的某 200 m² 两层厂房工程项目招标文件和全套施工图纸，采用低报价策略编制了投标文件，并获得中标。该施工单位（乙方）于××年××月××日与建设单位

（甲方）签订了该工程项目的固定价格施工合同。合同工期为 8 个月。甲方在乙方进入施工现场后，因资金紧缺，无法如期支付工程款，口头要求乙方暂停施工一个月。乙方亦口头答应。工程按合同规定期限验收时，甲方发现工程质量有问题，要求返工。两个月后，返工完毕。结算时甲方认为乙方迟延交付工程，应按合同约定偿付逾期违约金。乙方认为临时停工是甲方要求的。乙方为抢工期，加快施工进度才出现了质量问题，因此迟延交付的责任不在乙方。甲方则认为临时停工和不顺延工期是当时乙方答应的。乙方应履行承诺，承担违约责任。

问题：

1. 该工程采用固定价格合同是否合适？

2. 该施工合同的变更形式是否妥当？此合同争议依据合同法律规范应如何处理？

分析要点：

本案例主要考核建设工程施工合同的类型及其适用性，解决合同争议的法律依据。建设工程施工合同以计价方式不同可分为：固定价格合同、可调价格合同和成本加酬金合同。根据各类合同的适用范围，分析该工程采用固定价格合同是否合适。

参考答案：

（1）因为固定价格合同适用于工程量不大且能够较准确计算、工期较短、技术不太复杂、风险不大的项目。该工程基本符合这些条件，故采用固定价格合同是合适的。

（2）根据《中华人民共和国合同法》和《建设工程施工合同（示范文本）》的有关规定，建设工程合同应当采取书面形式，合同变更亦应当采取书面形式。若在应急情况下，可采取口头形式，但事后应予以书面形式确认。否则，在合同双方对合同变更内容有争议时，往往因口头形式协议很难举证，而不得不以书面协议约定的内容为准。本案例中甲方要求临时停工，乙方亦答应，是甲、乙双方的口头协议，且事后并未以书面的形式确认，所以该合同变更形式不妥。在竣工结算时双方发生了争议，对此只能以原书面合同规定为准。在施工期间，甲方因资金紧缺要求乙方停工一个月，此时乙方应享有索赔权。乙方虽然未按规定程序及时提出索赔，丧失了索赔权，但是根据《民法通则》之规定，在民事权利的诉讼时效期内，仍享有通过诉讼要求甲方承担违约责任的权利。甲方未能及时支付工程款，应对停工承担责任，故应当赔偿乙方停工一个月的实际经济损失，工期顺延一个月。工程因质量问题返工，造成逾期交付，责任在乙方，故乙方应当支付逾期交工一个月的违约金，因质量问题引起的返工费用由乙方承担。

【案例 2】

超资质承建工程，合同无效，责任难逃

2013 年 10 月 2 日，某市帆布厂（以下简称甲方）与某市区修建工程队（以下简称乙方）订立了建筑工程承包工程。合同规定：乙方为甲方建一框架厂房，跨度 12 m，总造价为 98.9 万元；承包方式为包工包料；开、竣工日期为 2013 年 11 月 2 日至 2015 年 3 月 10 日。自工程开工至 2015 年底，甲方付给乙方工程款、材料垫付款共 101.6 万元。到合同规定的竣工期限，未能完工，而且已完工程质量部分不合格。为此，双方发生纠纷。经查明：乙方在工商行政管理机关登记的经营范围为维修和承建小型非生产性建筑工程，无资格承包此项工程。经有关部门鉴定：该项工程造价应为 98.9 万元，未完工程折价为 11.7 万元，已完工程的厂房屋面质量不合格，返工费为 5.6 万元。

问题：

(1)该合同是否有效？请说明理由。

(2)乙方应返还甲方多少钱？（多付的工程款和质量不合格的返工费）

参考答案：

(1)原、协告所订立的建筑工程承包合同无效。

(2)被告返还原告多付的工程款14.4万元(101.6－98.9＋11.7)；被告偿付原因工程质量不合格所需的返工费5.6万元。

建筑企业在进行承建活动时，必须严格遵守核准登记的建筑工程承建技术资质等级范围，禁止超资质等级承建工程。本案被告的经营范围仅能承建小型非生产性建筑工程和维修项目，其技术等级不能承建与原告所订合同规定的生产性厂房。因此被告对合同无效及工程质量问题应负全部责任，承担工程质量的返工费，并偿还给原告多收的工程款。

 能力训练

一、单项选择题

1.在下列合同中，( )合同是可变更的合同。

A. 一方以欺诈、胁迫的手段订立合同，损害国家利益的

B. 以合法活动掩盖非法目的

C. 因重大误解而订立的

D. 损害社会公共利益的

答案：C

2.当工程内容明确、工期较短时，宜采用( )。

A. 总价可调合同　　　　　　　　B. 总价不可调合同

C. 单价合同　　　　　　　　　　D. 成本加酬金合同

答案：B

3.根据我国《施工合同文本》规定，对于具体工程的一些特殊问题，可通过( )约定承发包双方的权利和义务。

A. 通用条款　　　B. 专用条款　　　C. 监理合同　　　D. 协议书

答案：B

4.一般认为，投标是一种( )。

A. 履约　　　　　B. 要约　　　　　C. 要约邀请　　　D. 竞拍行为

答案：B

5.法律规定合同的诉讼有效期为2年。若某合同的诉讼时效进行到20个月时，发生中止是由，该是由持续5个月，则该是由消除后，诉讼时效尚有( )。

A. 9个月　　　　　B. 6个月　　　　C. 4个月　　　　D. 2个月

答案：C

6.工程建设施工招标，招标单位应在定标内( )天发出招标通知书。

A. 5　　　　　　　B. 7　　　　　　C. 9　　　　　　D. 15

答案：B

7.《施工合同示范文本》中规定,索赔事件发生( )天内,承包人应向工程师发出索赔意向通知。

A. 14　　　　　　　B. 10　　　　　　　C. 28　　　　　　　D. 56

答案:C

8. 下列建设工程施工合同文件出现矛盾时,应优先考虑执行的是( )。

A. 工程量清单　　　　　　　　　　　B. 工程预算书

C. 工程变更协议书　　　　　　　　　D. 施工图纸

答案:C

9. 对于执行政府定价或政府指导价的合同,如果在其履行过程中逾期交货而遇到标的物的价格发生变化时,则( )。

A 无论是价格上涨还是下降,都按原合同价执行

B 无论是价格上涨还是下降,都按新价格执行

C 遇价格上涨,按新价执行;遇价格下降,按原价执行

D 遇价格上涨,按原价执行;遇价格下降,按新价执行

答案:D

10. 按计价方式不同,建设工程施工合同可分为:①总价合同;②单价合同;③成本加酬金合同三种。以承包商所承担的风险从小到大的顺序来排列,应该是( )。

A. ①②③　　　　　　B. ③②①　　　　　　C. ②③①　　　　　　D. ②①③

答案:B

➢ 二、多项选择题

1.《建设工程施工合同示范文本》规定了工程变更的程序和变更后合同价款的确定,下列表述正确的是( )。

A. 设计变更超过原设计标准时,应报发包人批准

B. 承包人在施工过程中更改施工组织设计,应经工程师同意

C. 改变有关工程的施工时间和顺序属于设计变更

D. 变更有关工程的质量标准和工期属于设计变更

E. 变更工程价款的报告应由承包人提出

答案:CDE

2. 评标过程中应当作为废标处理的情况包括( )。

A. 投标文件未按对投标文件的要求予以密封

B. 拒不按要求对投标文件进行澄清、说明或补正

C. 投标文件未能对招标文件提出的所有实质性要求和条件作出响应

D. 经评标委员会确认投标人报价低于其成本价

E. 组成联合体投标,投标文件未附联合体各方投标协议

答案:CD

3. 凡在国内使用国有资金的项目,必须进行招标的情况包括( )。

A. 勘察、设计、监理等服务的采购,单项合同估算价在 50 万元人民币以上

B. 重要设备、材料采购等货物的采购,单项合同估算价在 100 万元人民币以上

C. 施工单项合同估算价在 200 万元人民币以上

D. 项目总投资额在 1000 万元人民币以上

E. 项目总投资额在 2000 万元人民币以上

答案：ABCE

4. 投标文件的技术性评审包括（　　）。

A. 实质上响应程度　　　B. 质量控制措施　　　C. 方案可行性评估和关键工序评估

D. 环境污染的保护措施评估　　　E. 现场平面布置和进度计划

答案：BCD

5. 工程索赔的依据有（　　）。

A. 工程检验报告　　　　　　　　　B. 工程进度计划

C. 施工合同文本及附件　　　　　　D. 施工许可证

E. 招标文件

5 答案：ABCE

6.《施工合同文本》由（　　）组成。

A. 协议书　　　　　B. 中标函　　　　　C. 通用条款　　　　　D. 专用条款

E. 规划许可证

答案：ACD

7. 招投标应遵循的原则有（　　）。

A. 公开　　　　　　　B. 公平　　　　　C. 投标方资信好　　　D. 公正

E. 诚实信用

答案：ABDE

8. 根据国家计委关于工程建设项目招标范围和规模标准所作出的具体规定，关系到社会公共利益、公众安全的公用事业项目的范围包括（　　）。

A. 石油项目　　　　B. 供电项目　　　　C. 教育项目　　　　D. 商品住宅

E. 娱乐场所项目

答案：BCD

9. 标底的编制依据有（　　）。

A. 招标文件确定的计价依据和计价方法

B. 经验数据资料

C. 工程量清单

D. 工程设计文件

E 施工组织设计和施工方案等

答案：ACD

10. 建设工程的招标方式可分为（　　）。

A. 公开招标　　　　B. 邀请招标　　　　C. 议标　　　　　D. 系统内招标

E. 行业内招标

答案：ABC

项目六 建筑装饰施工组织概论

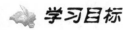**学习目标**

通过本章内容的学习,掌握建筑装饰工程施工程序和施工准备工作的内容,掌握施工组织设计的概念、作用及分类。

教学重点

1.建筑装饰工程施工程序;

2.建筑装饰工程准备工作。

任务一 建筑装饰工程施工程序和施工准备

➤ 一、建筑装饰工程施工程序

建筑装饰工程施工程序是在整个施工过程中各项工作必须遵循的先后顺序,反映了施工过程中必须遵循的客观规律,是多年来建筑装饰工程施工实践经验的总结。

建筑装饰工程的施工程序一般可划分为承接任务阶段、计划准备阶段、全面施工阶段、竣工验收阶段及交付使用阶段。大中型建设项目的建筑装饰工程施工程序如图6-1所示。

1.承接施工任务、签订合同

(1)承接施工任务。建筑装饰工程施工任务的承接方式同土建工程一样,有两种:一是通过公开招投标承接,二是由建设单位(业主)向预先选择的几家有承包能力的施工企业发出招标邀请。目前,以前者最为普遍,它有利于建筑装饰行业的竞争与发展,有利于施工单位提高技术水平,改善管理体制,提高企业素质。

(2)签订施工合同。承接施工任务后,建设单位(业主)与装饰施工单位应根据《经济合同法》和《建筑装饰工程施工合同》的有关规定及要求签订施工合同。施工合同经双方法人代表签字后具有法律效力,必须共同遵守。建筑装饰工程施工合同应规定承包的内容、要求、工期、质量、造价及材料供应等,明确合同双方应承担的义务和职责以及应完成的施工准备工作。

2.施工准备

施工合同签订后,施工单位应全面展开施工准备工作,施工准备工作包括开工前的计划准备和现场准备。

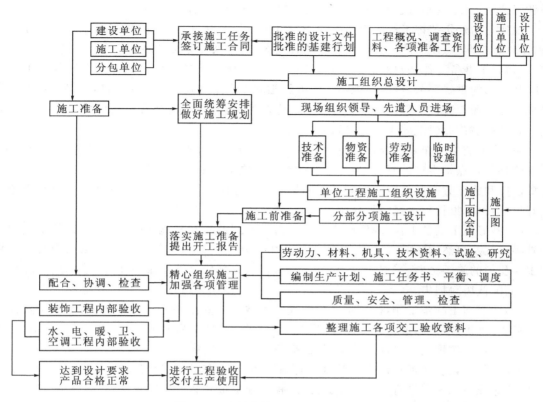

图 6-1　建筑装饰工程施工程序简图

3. 组织施工

在做好现场充分施工准备的基础上,在具备开工条件的前提下可向建设单位(业主)提交开工报告,提出开工申请,在征得建设单位及有关部门的批准后,即可开工。建筑装饰施工过程中应严格按照《建筑工程施工质量验收统一标准》(GB 50300—2001)及《建筑装饰装修工程质量验收规范》(GB 50210—2001)进行检查与验收,以确保装饰质量达到标准,满足用户要求。

4. 竣工验收、交付使用

竣工验收是施工的最后阶段,在竣工验收前,施工单位内部应先进行预验收,检查各分部分项工程的装饰质量,整理各项交工验收的技术经济资料,由建设单位(业主)或委托监理单位组织竣工验收,经有关部门验收合格后办理验收签证书,即可交付使用。如验收不符合有关规定的标准,必须采取措施进行整改,达到所规定的标准方可交付使用。

➤ 二、建筑装饰工程施工准备工作

1. 建筑装饰工程施工准备工作的重要性

建筑装饰工程施工准备工作是指施工前从组织、技术、资金、劳动力、物资、生活等方面,为了保证施工顺利进行,事先要做好的各项工作。建筑装饰工程施工准备工作不仅存在于开工之前,而且贯穿在整个工程建设的全过程。因此,应当自始至终坚持"不打无准备之仗"的原则来做好这项工作,否则就会丧失主动权,处处被动,甚至使施工无法开展。

现代化的建筑装饰工程施工是一项十分复杂的生产活动,它不但具有一般建筑工程的特点,还具有工期短、质量严、工序多、材料品种复杂、与其他专业交叉多等特点。

(1)施工准备工作是建筑施工程序的重要阶段。施工准备工作是保证整个工程施工和安装顺利进行的重要环节,可以为拟建工程的施工建立必要的技术和物质条件,统筹安排施工力量和施工现场。现代工程施工是十分复杂的生产活动,其技术规律和市场经济规律要求工程施工必须严格按照建筑施工程序进行。

(2)施工准备工作是建筑业企业生产经营管理的重要组成部分。现代企业管理理论认为,企业管理的重点是生产经营,而生产经营的核心是决策。施工准备工作就是对拟建工程目标、资源供应和施工方案及其空间布置和时间排列等诸方面进行选择和施工决策。它有利于企业搞好目标管理,推行技术经济责任制。

(3)做好施工准备工作,降低施工风险。由于建筑产品及其施工生产的特点,其生产过程受外界干扰及自然因素的影响较大,因而施工中可能遇到的风险较多。只有根据周密的分析和多年积累的施工经验,采取有效的防范控制措施,充分作好施工准备工作,才能加强应变能力,从而降低风险损失。

(4)作好施工准备工作,提高企业综合经济效益。认真作好施工准备工作,有利于发挥企业优势,合理供应资源,加快施工进度,提高工程质量,降低工程成本,增加企业经济效益,赢得企业社会信誉,实现企业管理现代化,从而提高企业综合经济效益。

实践证明,只有重视且认真细致地作好施工准备工作,积极为工程项目创造一切施工条件,才能保证施工顺利进行。否则,就会给工程的施工带来麻烦和损失,以致造成施工停顿、发生质量安全事故等恶果。

2. 建筑装饰工程施工准备工作的分类及内容

(1)施工准备工作的分类。

①按施工准备工作的范围不同进行分类。

A. 施工总准备(全场性的施工准备工作)。它是以整个建筑装饰工程群为对象进行的各项施工准备,其施工准备工作的目的是为全场性施工服务,如全场性的仓库、水电管线等。

B. 单位工程施工准备。它是以一个建筑物或构筑物为对象而进行的各项施工准备工作。其作用是为单位工程的顺利施工创造条件,即为单位工程作好一切准备,又要为分部(分项)工程施工进行作业条件的准备。如单位装饰工程的材料、施工机具、劳动力准备工作等。

C. 分部分项工程施工准备。它是以单位装饰工程中的分部分项工程为编制对象,其施工准备工作的目的是为分部分项工程施工服务,如分部分项工程施工技术交底、工作面条件、机械施工、劳动力安排等。

②按工程所处的施工阶段不同进行分类。

A. 开工前的施工准备工作,它是在拟建装饰装修工程正式开工之前所做的一切准备工作,其目的是为拟建工程正式开工创造必要的施工条件。它既包括全场性的施工准备,又包括单项单位工程施工准备。

B. 各阶段施工前的施工准备。它是在拟建工程开工后各个施工阶段正式开工前所做的施工准备。其作用是为每个施工阶段创造必要的施工条件,其一方面是开工前施工准备工作的深化和具体化;另一方面要根据各施工阶段的实际需要和变化情况,随时做出补充修正与调整。

由此可见,施工准备工作具有整体性与阶段性的统一,且体现出连续性,必须有计划、有步骤、分期、分阶段地进行。

(2)建筑装饰工程施工准备工作的内容。建筑装饰工程施工准备工作一般可以归纳为:调查研究与收集资料、技术资料准备、施工现场准备、劳动力及物资的准备、冬雨期施工准备等。

①调查研究与收集资料。当建筑装饰工程施工企业在一个新的区域进行施工时,需要对施工区域的环境特点(如可施工时间、给排水、供电、交通运输、材料供应、生活条件)等情况进行详细的调查和研究,以此作为项目准备工作的依据。

②技术资料的准备。

A.熟悉和会审图纸。施工图纸是施工的依据,在施工前必须熟悉图纸中的各项要求。对于建筑装饰工程施工,不仅要熟悉本专业的施工图,而且要熟悉与之有关的建筑结构、水电、暖、风、消防等设计图纸。

B.编制施工组织设计。施工组织设计对施工的全过程起指导作用,它既要体现设计的要求,又要符合施工活动的客观规律,对施工全过程起到部署和安排的双重作用,因此,编制施工组织设计本身就是一项重要的施工准备工作。

C.编制施工预算。施工预算是施工单位以每一个分项工程为对象,根据施工图纸和国家或地方有关部门编制的施工预算定额等资料编制的经济计划文件。它是控制工程消耗和施工中成本支出的重要依据。施工预算的编制,可以确定人工、材料、机械费用的支出,并确定人工数量、材料消耗和机械台班使用量,以便在施工中对用工、用料实行切实有效的控制,从而能够实现工程成本的降低与施工管理水平的提高。

D.各种成品、半成品的技术准备。对材料、设备、制品等的规格、性能、加工图纸等进行说明;对国家控制性的材料(如金、银)还需先进行申报,方可在施工中使用。

E.新技术、新工艺、新材料的试制试验。建筑装饰工程随着时间的变化,技术、材料的更新速度非常快,在施工中遇到新材料、新技术、新工艺时,应通过制作样板间来总结经验或通过试验来了解材料性能,以满足施工的需要。

③施工现场的准备。建筑装饰工程在开工前除了做好各项经济技术的准备工作外,还必须做好现场的施工准备工作。其主要内容包括:做好施工现场的清理工作,拆除障碍物,特别是改造工程;进行装饰工程施工项目的工程测量、定位放线,必要时应设永久性坐标;做好水、电、道路等施工所必需的各项作业条件的准备,对现场办公用房、工人宿舍、仓库等临时设施,不得随意搭建,尽可能利用永久性设施。

④劳动力及物资的准备。

A.劳动力的准备。根据施工组织设计中编制的劳动力需用量计划,进行任务的具体安排;集结施工力量,调整、健全和充实施工组织机构,建立健全管理制度;建立精干的施工专业队伍,对特殊工种、稀缺工种进行专业技术培训;落实外包施工队伍的组织;及时安排和组织劳动力进场。

B.物资的准备。各种技术物资只有运到现场并运行必要的储备后,才具备开工条件。要根据施工方案确定的施工机械和机具需用量进行准备,按计划组织施工机械和机具进场安装、检修和试运转,同时根据施工组织设计计算所需的材料、半成品和预制构件的数量、质量、品种、规格等,按计划组织订货和进货,并在指定地点堆放或入库。

⑤冬雨期施工准备。建筑装饰工程施工主要分为室外装饰和室内装饰两大部分,而室外

装饰工程受季节的影响较大。为了保质、保量地按期完成施工任务,施工单位必须做好冬雨期的施工准备工作。当室外平均气温低于 5℃ 及最低气温低于 −3℃ 时,即转入冬期施工阶段,当次年初春连续七昼夜不出现负温度时,即转入常温施工阶段。北方地区应多考虑冬期对施工的影响,而南方雨期对施工的影响较大。

任务二　建筑装饰工程施工组织设计基本内容

➤ 一、施工组织设计的概念

施工组织设计是根据拟建工程的特点,对人力、材料、机械、资金、施工条件等方面的因素作出科学合理的安排,并形成规划和指导拟建工程从施工准备到竣工验收中各项生产活动的综合性经济技术文件,是专门对施工过程科学组织协调的设计文件。

➤ 二、建筑装饰工程施工组织设计的内容

(1)工程概况。简要说明本装饰工程的性质、规模、地点、装饰面积、施工期限以及气候条件等情况。

(2)施工方案。应根据工程概况,结合人力、材料、机械设备等条件,全面安排施工任务,安排总的施工顺序,确定主要工种工程的施工方法;对拟建工程根据各种条件可能采用的几种方案进行定性、定量的分析,通过经济评价,选择最佳施工方案。

(3)施工进度计划。施工进度计划反映最佳方案在时间上的全面安排,采用计划的方法,使工期、成本、资源等方面通过计算和调整达到既定目标,在此基础上即可安排人力和各项资源需用量计划。

(4)施工准备工作计划。施工准备工作是完成单位工程施工任务的重要环节,也是单位工程施工组织设计中的一项重要内容。施工准备工作是贯穿整个施工过程的,施工准备工作的计划包括技术准备、现场准备及劳动力、材料、机具和加工半成品的准备等。

(5)各项资源需用量计划。各项资源需用量计划包括材料、设备需用量计划,劳动力需用量计划,构件和加工成品、半成品需用量计划,施工机具设备需用量计划及运输计划。每项计划必须有具体数量及供应时间。

(6)施工平面布置图。施工平面布置图是施工方案及进度在空间上的全面安排。它是将投入的各项资源和生产、生活场地合理地布置在施工现场,使整个现场有组织、有计划地文明施工。

(7)主要技术组织措施。主要技术组织措施是指为保证工程质量、安全、节约和文明施工而在技术和组织方面所采用的方法。制定这些措施是施工组织设计编制者的创造性工作。主要技术组织措施包括保证质量措施、保证安全措施、成品保护措施、保证进度措施、消防措施、保卫措施、环保措施、冬雨期施工措施等。

(8)主要技术经济指标。主要技术经济指标是对确定施工方案及施工部署的技术经济效益进行全面的评价,用以衡量组织施工的水平。

(9)结束语。

三、建筑装饰工程施工组织设计的分类

（1）按编制阶段的不同分类。

按编制阶段的不同，建筑装饰工程施工组织设计可分为如图6-2所示的类别。

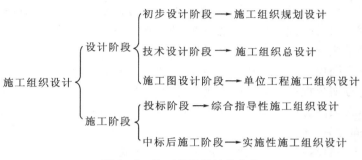

图6-2 施工组织设计的分类

（2）按编制对象范围的不同分类。

①施工组织总设计。施工组织总设计是以一个建筑群或一个施工项目为编制对象，用以指导整个建筑群或施工项目施工全过程的各项施工活动的技术、经济和组织的综合性文件。

②单位工程施工组织设计。单位工程施工组织设计是以一个单位工程（一个建筑物或构筑物、一个交工系统）为对象，用以指导其施工全过程的各项施工活动的技术、经济和组织的综合性文件。

③分部分项工程施工组织设计。分部分项工程施工组织设计是以分部分项工程为编制对象，用以具体指导其施工全过程的各项施工活动的技术、经济和组织的综合性文件。

④专项施工组织设计。专项施工组织设计是以某一专项技术（如重要的安全技术、质量技术或高新技术）为编制对象，用以指导施工的综合性文件。

（3）按编制内容的繁简程度分类。

①完整的施工组织设计。②简单的施工组织设计。

任务三 施工组织设计作用与编制原则

一、施工组织设计的作用

建筑装饰工程施工组织设计是建筑装饰工程施工前的必要准备工作之一，是合理组织施工和加强施工管理的一项重要措施，它对保质、保量、按时完成整个建筑装饰工程具有决定性的作用。其作用主要表现为：

（1）是沟通设计和施工的桥梁，也可以用来衡量设计方案的施工可能性。

（2）对拟装饰工程从施工准备到竣工验收全过程起到战略部署和战术安排的作用。

（3）是施工准备工作的重要组成部分，对及时做好各项施工准备工作起到促进作用。

（4）是编制施工预算和施工计划的主要依据。

（5）是对施工过程进行科学管理的重要手段。

（6）是装饰工程施工企业进行经济技术管理的重要组成部分。

➤ 二、施工组织设计的编制原则

在组织建筑装饰工程施工或编制施工组织设计时,应根据装饰工程施工的特点和以往积累的经验,遵循以下几项原则:

(1)认真贯彻执行党和国家的方针、政策。在编制建筑装饰工程施工组织设计时,应充分考虑党和国家有关的方针政策,严格审批制度;严格按基本建设程序办事;严格执行建筑装饰工程施工程序;严格执行国家制定的规范、规程。

(2)严格遵守合同规定的工程开、竣工时间。对总工期较长的大型装饰工程,应根据生产或使用要求,安排分期分批进行建设投产或交付使用,以便早日发挥经济效应。在确定分期分批施工的项目时,必须注意使每期交工的项目可以独立地发挥效用,即主要施工项目同有关的辅助施工项目应同时完工,可以立即交付使用。如新建大型宾馆首层大厅餐饮区,在装饰施工时应作为首期交工项目尽早完工,以发挥最大的经济效益。

(3)施工程序和施工顺序安排的合理性。装饰工程施工的程序和顺序,反映了其施工的客观规律要求,交叉搭接则体现时间的主观努力。在组织施工时,必须合理地安排装饰工程施工的程序和顺序,避免不必要的重复、返工,加快施工速度,缩短工期。

(4)采用国内外先进的施工技术,科学地确定施工方案。在选择施工方案时,要利用技术的先进适用性和经济合理性相结合的手段,同时注意结合工程特点和现场条件,积极使用新材料、新工艺、新技术,防止单纯追求技术的先进性而忽视效率的做法;符合施工验收规范、操作规程的要求和遵守有关防火、保安及环卫等规定,确保工程质量和施工安全。

(5)采用网络计划和流水施工方法安排进度计划。在编制施工进度计划时,从实际出发,采用网络计划技术和流水施工方法安排进度计划,以保证施工连续、均衡、有节奏地进行,合理地使用人力、物力、财力,做好人力、物力的综合平衡,做到多、快、好、省,安全地完成施工任务。对于那些必须进入冬雨期施工的项目,应落实季节性施工的措施,以增加施工的天数,提高施工的连续性和均衡性。

(6)合理布置施工平面图,减少施工用地。对于新建工程的装饰装修,应尽量利用土建工程的原有设施(脚手架、水电管线)等,以减少各种临时设施;尽量利用当地资源,合理安排运输、装卸与存放,减少物资的运输量,避免二次运输;精心进行场地规划,节约施工用地,防止施工事故。

(7)提高建筑装饰装修的工业化程度。应根据地区条件和作业性质充分利用现有的机械设备,以发挥其最高的机械效率。通过技术经济比较,恰当地选择预制施工或现场施工,努力提高建筑装饰施工的工业化程度。

(8)充分合理地利用机械设备。在现代化的装饰工程施工中,采用先进的装饰施工机具,是加快施工进度、提高施工质量的重要途径。

同时,对施工机具的选择,除应注意机具的先进性外,还应注意选择与之相配套的辅件,如电钻在使用时要根据材料、部位的不同,配备不同的钻头。

(9)尽量降低装饰工程成本,提高经济效益。应因地制宜,就地取材,制定节约能源和材料的措施,充分利用已有的设施、设备,合理安排人力、物力,做好综合平衡调度,提高经济效益。

(10)严把安全、质量关。施工过程中应严格制定保证质量的措施,严格按照施工验收规范、操作规程和质量检验评定标准,从各方面制定保证质量的措施,预防和控制影响工程质量的各种因素。建立健全的各项安全管理制度,制定确保安全施工的措施,并在施工中经常进行检查和监督。

项目小结

1. **建筑装饰工程施工程序**

建筑装饰工程的施工程序一般可划分为承接任务阶段、计划准备阶段、全面施工阶段、竣工验收阶段及交付使用阶段。

2. **建筑装饰工程施工准备工作**

(1)按施工准备工作的范围不同进行分类。

①施工总准备;

②单位工程施工准备;

③分部分项工程施工准备。

(2)按工程所处的施工阶段不同进行分类。

①开工前的施工准备工作;

②各阶段施工前的施工准备。

3. **施工组织设计的概念**

施工组织设计是根据拟建工程的特点,对人力、材料、机械、资金、施工条件等方面的因素作出科学合理的安排,并形成规划和指导拟建工程从施工准备到竣工验收中各项生产活动的综合性经济技术文件,是专门对施工过程科学组织协调的设计文件。

 案例分析

施工顺序的确定

某装饰公司承接了某公寓装饰装修工程后,在其编制的施工组织设计中确定了:

(1)施工展开程序。

①先准备后开工;②先围护后装饰;③先室内后室外;④先湿后干;⑤先面后隐;⑥先设备管线,后面层装饰。

(2)室内首层装饰工程的施工顺序。

清理、放线→安装门框→墙面石材→水电管线安装→地面石材→安装吊顶龙骨→安装纸面石膏板→安装灯具、喷洒头→安装踢脚、饰板、门→局部顶墙涂料→清理验收。

问题:

(1)上述施工展开程序中错误的是哪几项? 写出正确程序。

(2)上述室内装饰工程施工顺序中有何错误? 写出正确的顺序安排。

参考答案:

1.⑤先面后隐为错误程序,应改为先隐蔽施工后,再做面层施工。

2.正确顺序:清理、放线→水电管线安装→地面石材→安装吊顶龙骨→安装纸面石膏板→局部顶墙涂料→安装灯具、喷洒头→安装门框→安装踢脚、饰板、门→清理验收。

能力训练

一、单项选择题

1.建设活动中各项工作必须遵循的先后顺序称（　）。

A. 基本建设程序　　　B. 建筑施工程序　　　C. 建筑施工顺序

答案：A

2.以一个建筑物作为组织施工对象而编制的技术、经济文件称（　）。

A. 施工组织总设计　　　B. 单位工程施工组织设计　　　C. 分部工程施工设计

答案：B

3.建筑产品施工的特点体现在（　）。

A. 多样性　　　B. 固定性　　　C. 流动性

答案：C

4.不仅为单位工程开工前作好准备，而且还要为分部工程的施工作好准备的施工准备工作称为（　）。

A. 施工总准备　　　B. 单位工程施工条件准备　　　C. 分部工程作业条件准备

答案：B

5.技术资料准备的内容不包括（　）。

A. 图纸会审　　　B. 施工预算　　　C. 制定测量、放线方案

答案：C

6."三材"通常是指（　）。

A. 钢材、水泥、砖　　　B. 钢材、砖、木材　　　C. 钢材、木材、水泥

答案：C

二、多项选择题

1.建筑施工程序一般包括以下几个阶段（　）。

A. 承接施工任务　B. 作好施工准备　C. 组建施工队伍　D. 组织施工　E. 竣工验收

答案：ABDE

2.建筑产品的特点体现在（　）。

A. 建筑产品的固定性　　　B. 建筑产品的庞体性　　　C. 建筑施工的流动性

D. 建筑施工的复杂性　　　E. 建筑产品的综合性

答案：ABE

3.作好施工准备工作的意义在于（　）。

A. 遵守施工程序　　　B. 降低施工风险　　　C. 提高经济效益

D. 创造施工条件　　　E. 保证工程质量

答案：ABCD

4.熟悉与图纸会审的目的在于（　）。

A. 保证按图施工　　　B. 了解和掌握设计意图　　　C. 发现问题的错误

D. 保证工程质量　　　E. 提高经济效益

答案：ABC

项目七　流水施工原理

学习目标

通过本章内容的学习，重点掌握流水施工的组织方式，流水施工的基本概念、原理，熟悉流水施工的主要参数。

教学重点

1. 流水施工的概念及其组织条件；
2. 流水施工的主要参数及其确定的原则和方法；
3. 流水施工的组织方式。

任务一　流水施工概述

➤ 一、流水施工的基本概念

流水施工是组织施工的一种科学方法，它能使施工过程具有连续性、均衡性和节奏性，能合理地组织施工，取得较好的经济效益。流水施工来源于"流水作业"，是流水作业原理在建筑装饰工程施工组织设计中的具体应用。

流水施工是将建筑物划分为几个装饰施工段，组织若干个班组（或工序），按照一定的装饰施工顺序和一定的时间间隔，依次从一个施工段转移到另一个施工段，使同一施工过程的施工班组保持连续、均衡地进行，不同的装饰施工过程尽可能平行搭接施工。

➤ 二、施工组织方式及其比较

考虑工程项目的施工特点、工艺流程、资源利用、平面或空间布置等要求，组织施工时有依次施工、平行施工、流水施工等组织方式。

1. 依次施工

依次施工方式是将拟建工程项目中的每一个施工对象分解为若干个施工过程，按施工工艺要求依次完成每一个施工过程；当一个施工对象完成后，再按同样的顺序完成下一个施工对象，以此类推，直至完成所有施工对象。

依次施工方式具有以下特点：

（1）没有充分利用工作面进行施工，工期长。

（2）如果按专业成立工作队，则各专业队不能连续作业，有时间间歇，劳动力及施工机具等资源无法均衡使用。

（3）如果由一个工作队完成全部施工任务，则不能实现专业化施工，不利于提高劳动生产率和工程质量。

（4）单位时间内投入的劳动力、施工机具、材料等资源量较少，有利于资源供应的组织。

（5）施工现场的组织、管理比较简单。

【例 7-1】现有四榀钢筋混凝土梁需要预制，共有三个施工过程，每个施工过程由相应的专业施工班组完成，其中每个施工过程的工程量指标如表 7-1 所示，如采用依次施工组织方式施工，则其施工进度计划如图 7-1 所示。

表 7-1　梁的施工过程及工程量指标

施工过程	工程量		每班工人数	施工天数	班组工种
	数量	单位			
绑扎钢筋	2	t	4	1	钢筋工
立模板	1	m²	3	1	木工
浇混凝土	1	m²	13	1	混凝土工

施工过程	班组人数	施工进度(天)											
		1	2	3	4	5	6	7	8	9	10	11	12
绑扎钢筋	4												
立模板	3												
浇混凝土	13												

图 7-1　依次施工进度计划

由图 7-1 可以看出，采用依次施工组织方式时，组织管理工作比较简单，投入的劳动力较少，单位时间内投入的资源量比较少，有利于资源供应的组织工作，适用于规模较小、工作面有限的工程。其突出的问题是由于没有充分利用工作面去争取时间，所以施工工期长；工作队不能实现专业化施工，不利于改进工人的操作方法和施工机具，不利于提高工程质量和劳动生产率；在施工过程中，由于工作面的影响很可能造成部分工人窝工。

2．平行施工

平行施工方式是组织几个劳动组织相同的工作队，在同一时间、不同的空间，按施工工艺要求各自完成施工对象。

平行施工方式具有以下特点：

（1）能充分地利用工作面进行施工，工期短。

（2）如果每一个施工对象均按专业成立工作队，则各专业队不能连续作业，劳动力及施工机具等资源无法均衡使用。

（3）如果由一个工作队完成一个施工对象的全部施工任务，则不能实现专业化施工，不利于提高劳动生产率和工程质量。

（4）单位时间内投入的劳动力、施工机具、材料等资源量成倍增加，不利于资源供应的组织。

（5）施工现场的组织、管理比较复杂。

【例7-2】在例7-1中,若采用平行施工组织方式进行施工,则其施工进度计划如图7-2所示。

施工过程	施工班组数	班组人数	进度(d)		
			1	2	3
绑扎钢筋	4	4			
立模板	4	3			
浇混凝土	4	13			

图7-2　平行施工进度计划

由图7-2可以看出,采用平行施工组织方式,可以充分利用工作面,争取时间、缩短施工工期。但同时单位时间内投入施工的资源量成倍增长,现场临时设施也相应增加,施工现场组织、管理复杂。与依次施工组织方式相同,平行施工组织方式工作队也不能实现专业化生产,不利于改进工人的操作方法和施工机具,不利于提高工程质量和劳动生产率,容易造成工人窝工。

3. 流水施工

流水施工组织方式将拟建工程项目的整个建造过程分解成若干个施工过程,也就是划分成若干个工作性质相同的分部、分项工程或工序,同时将拟建工程项目在平面上划分成若干个劳动量大致相等的施工段,在竖向上划分成若干个施工层,按照施工过程分别建立相应的专业工作队,各专业工作队按照一定的施工顺序投入施工,在完成第一个施工段上的施工任务后,在专业工作队的人数、使用的机具和材料不变的情况下,依次、连续地投入到第二、第三直到最后一个施工段的施工,在规定的时间内,完成同样的施工任务。不同的专业工作队在工作时间上最大限度地、合理地搭接起来。当第一施工层各个施工段上的相应施工任务全部完成后,专业工作队依次、连续地投入到第二、第三等施工层,保证拟建工程项目的施工全过程在时间上、空间上,有节奏、连续、均衡地进行下去,直到完成全部施工任务。

流水施工方式具有以下特点:

(1)尽可能地利用工作面进行施工,工期比较短。

(2)各工作队实现专业化施工,有利于提高技术水平和劳动生产率,也有利于提高工程质量。

(3)专业工作队能够连续施工,同时使相邻专业队的开工时间能够最大限度地搭接。

(4)单位时间内投入的劳动力、施工机具、材料等资源量较为均衡,有利于资源供应的组织。

(5)为施工现场的文明施工和科学管理创造了有利条件。

【例7-3】在例7-1中,若采用流水施工组织方式进行施工,则其施工进度计划如图7-3所示。

由图7-3可以看出,采用流水施工所需的工期比依次施工所需的工期短,资源消耗的强度比平行施工少,最重要的是各专业班组能连续、均衡地施工,前后施工过程尽可能平行搭接施工,能较充分地利用施工工作面,从而缩短工期,提高劳动生产率,降低工程成本。

➤ 三、流水施工的技术经济效果

通过比较上述三种施工方式可以看出,流水施工是一种先进、科学的施工方式。由于它在工艺过程划分、时间安排和空间布置上进行了统筹安排,必然会体现出优越的技术经济效果。

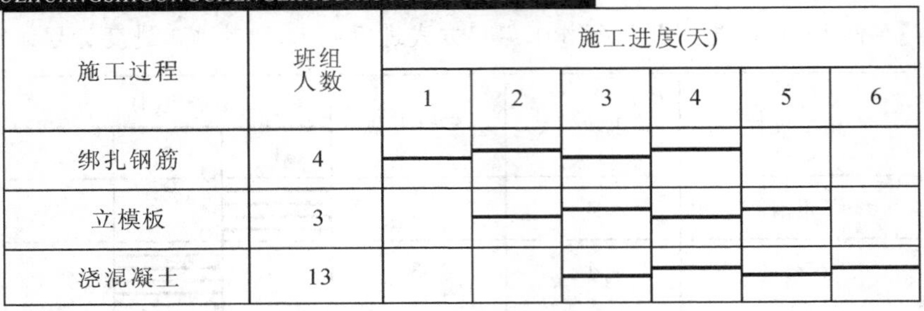

施工过程	班组人数	施工进度(天)					
		1	2	3	4	5	6
绑扎钢筋	4						
立模板	3						
浇混凝土	13						

图 7-3 流水施工进度计划

具体可归纳为以下几点:

(1)由于流水施工的连续性,减少了专业工作的间隔时间,达到了缩短工期的目的,可使拟建工程项目尽早竣工,交付使用,发挥投资效益。

(2)便于改善劳动组织,改进操作方法和施工机具,有利于提高劳动生产率。

(3)专业化的生产可提高工人的技术水平,使工程质量相应提高。

(4)工人技术水平和劳动生产率的提高,可以减少用工量和施工临时设施的建造量,降低工程成本,提高利润水平。

(5)可以保证施工机械和劳动力得到充分、合理的利用。

(6)由于工期短、效率高、用人少、资源消耗均衡,可以减少现场管理费和物资消耗,实现合理储存与供应,有利于提高项目的综合经济效益。

四、流水施工的分类

根据流水施工组织的范围不同,流水施工可分为分项工程流水施工、分部工程流水施工、单位工程流水施工和群体工程流水施工等几种形式。

1. 分项工程流水施工

分项工程流水施工也称为细部流水施工。它是在一个专业工种内部组织起来的流水施工,在项目施工进度计划表上,它由一组标有施工段或工作队编号的水平进度指示线段来表示,如浇筑混凝土的工作队依次连续地在各施工区域完成浇筑混凝土的工作。

2. 分部工程流水施工

分部工程流水施工也称为专业流水施工。它是在一个分部工程内部、各分项工程之间组织起来的流水施工。在项目施工进度计划表上,它由一组标有施工段或工作队编号的水平进度指示线段来表示。

3. 单位工程流水施工

单位工程流水施工也称为综合流水施工。它是在一个单位工程内部、各分部工程之间组织起来的流水施工,在项目施工进度计划表上,它是由若干组分部工程的进度指示线段表示的,并由此构成一张单位工程施工进度计划。

4. 群体工程流水施工

群体工程流水施工亦称为大流水施工。它是在若干单位工程之间组织起来的流水施工。反映在项目施工进度计划上,是一张项目施工总进度计划表。

分项工程流水施工与分部工程流水施工是流水施工组织的基本形式。在实际施工中,分项工程流水施工的效果不大,只有把若干个分项工程流水施工组织成分部工程流水施工,才能得到良好的效果。单位工程流水施工与群体工程流水施工实际上是分部工程流水施工的扩充应用。

五、组织流水施工的条件

1. 划分施工段
根据组织流水施工的需要,将每个装饰施工过程尽可能地划分为劳动量大致相等的施工段。

2. 划分施工过程
把建筑物的整个装修过程分解为若干个装饰施工过程,每个装饰施工过程分别由固定的专业施工班组负责完成。

3. 每个施工过程组织独立的施工班组
在一个流水组中,每个施工过程尽可能组织独立的施工班组,其形式可以是专业班组,也可以是混合班组。这样可使每个施工班组按施工顺序,依次、连续、均衡地从一个施工段转移到另一个施工段进行相同的操作。

4. 主要施工过程必须连续、均衡地施工
对工程量较大、作业时间较长的施工过程必须组织连续、均衡的施工。对于其他次要的施工过程,可考虑与相邻的施工过程合并;如不能合并,为缩短工期,可安排其间断施工。

5. 不同的施工过程尽可能组织平行搭接施工
根据不同的施工顺序和不同的施工过程之间的关系,在有工作面的条件下,除必要的技术和组织间歇时间外,应尽可能地组织平行搭接施工。

六、流水施工的表达方式

流水施工的表达方式主要有横道图和网络图,横道图是装饰工程中常用的表达方式,它具有绘制简单、直观清晰、形象易懂、使用方便等优点。横道图根据绘制方法可分为水平指示图表和垂直指示图表。而网络图可分为横道式流水网络图、流水步距式流水网络图和搭接式流水网络图等形式。

(一)横道图

1. 水平指示图表
水平指示图表的横坐标表示持续时间,纵坐标表示施工过程或专业工作队编号,带有编号的圆圈表示施工段的编号。它是利用时间坐标上横线条的长度和位置来反映工程中各施工过程的相互关系和施工进度。在图的下方,还可以画出单位时间所需要的资源曲线,它是根据横道图中各施工过程的单位时间某资源的需要量叠加而成,用以表示某资源需要量在时间上的动态变化。水平指示图表的形式如图7-4所示。

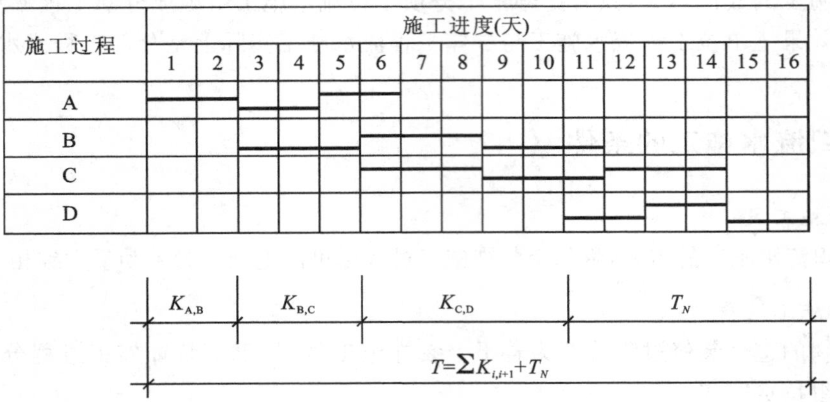

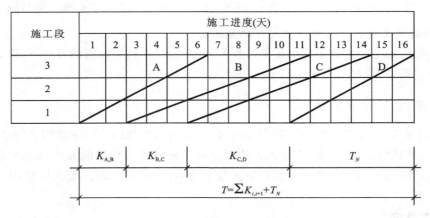

图 7-4　水平指示图表

2．垂直指示图表

垂直指示图表的横坐标表示持续时间,纵坐标表示施工段的编号,斜向指示线段的代号表示施工过程或专业工作队的编号。垂直指示图表能表现出在一个施工段或工程对象中各施工过程的先后顺序和配合线,斜线的斜率能形象地反映各施工过程进行的快慢。垂直指示图表的形式如图 7-5 所示。

图 7-5　垂直指示图表

(二)网络图

1．横道式流水网络图

横道式流水网络图(见图 7-6)中粗黑错阶箭线表示施工过程进展状态,在箭线上面标有该过程编号和施工段编号,在箭线下面标有流水节拍;细黑箭线分别表示开始步距($K_{j,j+1}$)和结束步距($J_{j,j+1}$);带有编号的圆圈表示事件或节点。

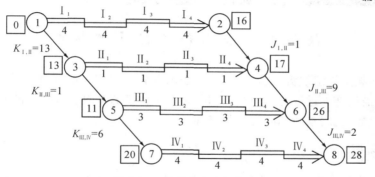

图 7-6　横道式流水网络图

2. 流水步距式流水网络图

流水步距式流水网络图（见图 7-7）中实箭线表示实工作，其上标有施工过程和施工段编号，其下标有流水节拍；虚箭线表示虚工作，即工作之间的制约关系，其持续时间为零；流水步距也由实箭线表示，并在其下面标出流水步距编号和数值。

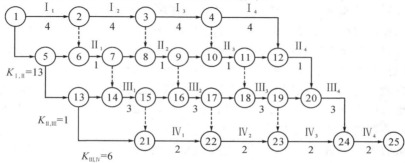

图 7-7　流水步距式流水网络图

3. 搭接式流水网络图

搭接式流水网络图（见图 7-8）中的大方框表示施工过程，其内标有：施工过程编号、流水节拍、施工段数目、过程开始和结束时间；方框上面的实箭线表示相邻两个施工过程从结束到结束的搭接时距，即结束步距；方框下面的实箭线表示相邻两个施工过程从开始到开始的搭接时距，即流水步距。

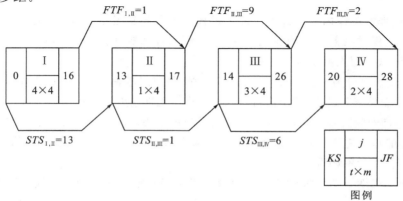

图 7-8　搭接式流水网络图

任务二　流水施工的主要参数

流水施工参数是指组织流水施工时,为了表示各施工过程在时间和空间上的相互依存关系,引入的一些描述施工进度计划图特征和各种数量关系的参数。按性质的不同,流水施工参数可分为工艺参数、空间参数和时间参数三种。

➤ 一、工艺参数

工艺参数是指用以表达流水施工在施工工艺上开展顺序(表示施工过程数)及其特征的参数。通常工艺参数包括施工过程数和流水强度两种。

1. 施工过程数 n

在组织建筑装饰工程流水施工时,首先应将施工对象划分若干个施工过程。施工过程划分的数目多少和粗细程度,一般与下列因素有关:

(1)施工计划的性质和作用。对于长期计划及建筑群体、规模大、工期长的工程施工控制性进度计划,其施工过程划分可以粗一些,综合性大一些。对于中小型单位工程及工期不长的工程施工实施性计划,其施工过程划分可以细一些,具体一些,一般可划分至分项工程。对于月度作业性计划,有些施工过程还可以分解为工序,如刮腻子、油漆等。

(2)施工方案。对于一些相同的施工工艺,应根据施工方案的要求,可以将它们合并为一个施工过程,也可以根据施工的先后分为两个施工过程。比如,油漆木门窗可以作为一个施工过程,如果施工方案中有说明,也可以作为两个施工过程。

(3)工程量的大小与劳动组织。施工过程的划分与施工班组及施工习惯有一定的关系。例如,安装玻璃、油漆的施工,可以将它们合并为一个施工过程即玻璃油漆施工过程,它的施工班组就作为一个混合班组,也可以将它们分为两个施工过程,即玻璃安装施工过程和油漆施工过程,这时它们的施工班组为单一工种的施工班组。

施工过程的划分还与工程量的大小有关。对于工程量小的施工过程,当组织流水施工有困难时,可以与其他施工过程相合并。例如地面工程,如果垫层的工程量较小,可以与面层相结合,合并为一个施工过程,这样就可以使各个施工过程的工程量大致相等,便于组织流水施工。

(4)施工过程的工作内容和范围。施工过程的划分与其工作内容和范围有关。例如,直接在施工现场与工程对象上进行的施工过程,可以划入流水施工过程,而场外的施工内容(如零配件的加工)可以不划入流水施工过程。

装饰施工过程可分为三类:①制备类施工过程,即为制造装饰成品、半成品而进行的制备类施工过程;②运输类施工过程,即指把材料和制品运至工地仓库或转运至装饰施工现场的运输类施工过程;③装饰安装类施工过程,即在施工过程中占主要地位的装饰安装施工类施工过程。

流水施工的每一施工过程如果都由一个专业施工班组施工,则施工过程数与专业施工班组数相等,否则,两者不相等。

对装饰施工工期影响最大的或对整个流水施工起决定性作用的装饰施工过程称为主导施工过程。

在划分施工过程之后,应先找出主导施工过程,以便抓住流水施工的关键环节。

2. 流水强度V

流水强度是指流水施工的某一装饰施工过程(专业施工班组)在单位时间内所完成的工程量,也称为流水能力或生产能力。

二、空间参数

空间参数是指在组织流水施工时,用以表达流水施工在空间布置上开展状态的参数。通常包括工作面、施工段和施工层。

1. 工作面

工作面是表明施工对象上可能安置多少工人操作或布置施工机械场所的大小。工作面反映了施工过程在空间上布置的可能性。每个作业工人或每台施工机械所需工作面的大小,取决于单位时间内其完成的工程量和安全施工的要求。工作面确定的合理与否,直接影响专业工作队的生产效率,因此必须合理确定工作面。

对于某些装饰工程,在施工一开始就已经在整个长度或宽度上形成了工作面,这种工作面称为"完整的工作面"(如外墙饰面工程);对于有些工程的工作面是随着施工过程的进展逐步(逐层、逐段)形成的,这样的工作面叫做"部分的工作面"(如内墙粉刷等)。但是,不论在哪一个工作面上,通常前一施工过程结束,就为后面的施工过程提供了工作面。

在确定一个施工过程必要的工作面时,不但要考虑前一施工过程为这一施工过程可能提供的工作面的大小,还必须要遵守施工规范和安全技术的有关规定。

有关工种工作面可参考表7-2。

表7-2 主要工种工作面参考数据表

工作项目	每个技工的工作面	说　明
砖基础	7.6m/人	以1.5砖计 2砖乘以0.8 3砖乘以0.55
砌砖墙	8.5m/人	以1砖计 1.5砖乘以0.71 2砖乘以0.57
毛石墙基	3m/人	以60cm计
毛石墙	3.3m/人	以40cm计
混凝土柱、墙基础	8m³/人	机拌、机捣
混凝土设备基础	7m³/人	机拌、机捣
现浇钢筋混凝土柱	2.45m³/人	机拌、机捣
现浇钢筋混凝土梁	3.20m³/人	机拌、机捣
现浇钢筋混凝土墙	5m³/人	机拌、机捣
现浇钢筋混凝土楼板	5.3m³/人	机拌、机捣
预制钢筋混凝土柱	3.6m³/人	机拌、机捣
预制钢筋混凝土梁	3.6m³/人	机拌、机捣

工作项目	每个技工的工作面	说　明
预制钢筋混凝土屋架	$2.7m^3$/人	机拌、机捣
预制钢筋混凝土平板、空心板	$1.91m^3$/人	机拌、机捣
预制钢筋混凝土大型屋面板	$2.62m^3$/人	机拌、机捣
混凝土地坪及面层	$40m^2$/人	机拌、机捣
外墙抹灰	$16m^2$/人	
内墙抹灰	$18.5m^2$/人	
卷材屋面	$18.5m^2$/人	
防水水泥砂浆屋面	$16m^2$/人	
门窗安装	$11m^2$/人	

2. 施工段数 m 和施工层数 r

在组织流水施工时,通常把装饰施工对象划分为劳动量相等或大致相等的若干区段数。一般把平面上划分的若干个劳动量大致相等的施工区段称为流水段或施工段,用 m 表示。把建筑物垂直方向划分的施工区段称为施工层,用 r 表示。每一个施工段在某一段时间内,只能供一个施工过程的专业工作队使用。

划分施工段的目的是为了组织流水施工,保证不同的施工班组能在不同的施工段上同时进行施工,从而使各施工班组按照一定的时间间隔从一个施工段转移到另一个施工段进行连续施工。这样既能消除等待、停歇现象,又互不干扰,同时又缩短了工期。

划分施工段应满足以下基本要求:

(1)施工段的数目要适宜。施工段数目划分过少,会引起劳动力、机械、材料供应的过分集中,有时会造成供应不足的现象。若划分过多,则会增加施工持续总时间,而且工作面不能充分利用。

(2)以主导施工过程为依据。划分施工段时,应以主导施工过程的需要来划分。

(3)施工段的分界与施工对象的结构界限(温度缝、沉降缝或单元尺寸)或幢号一致,以便保证施工质量。

(4)各施工段上所消耗的劳动量相等或大致相等(相差宜在 15％之内),以保证各施工班组施工的连续性和均衡性。

(5)当组织流水施工对象有层间关系时,应使各队能够连续施工。即各施工过程的工作队做完第一段能立即转入第二段,做完第一层的最后一段能立即转入第二层的第一段,因而每层最小施工段数目 m 应大于或等于施工过程数 n,即 $m \geqslant n$。

当 $m = n$ 时,工作队连续施工,施工段上始终有施工班组,工作面能充分利用,无停歇现象,也不会产生工人窝工现象,比较理想。

当 $m > n$ 时,工作队仍能连续施工,虽然有停歇的工作面,但不一定是不利的,有时还是必要的,如利用停歇的时间做养护、备料、弹线等工作。

当 $m < n$ 时,工作队不能连续施工,会出现窝工,这对一个建筑物的装饰施工组织流水施工是不适宜的。

对于 $m \geqslant n$ 这一要求，并不适用于所有流水施工的情况，在有的情况下，当 $m < n$ 时，也可以组织流水施工。施工段的划分是否符合实际要求，主要还是看在该施工段划分的情况下主导施工过程是否能够保证连续均衡地施工。如果主导施工过程能连续均衡地施工，则施工段的划分可行；否则，更改施工段划分情况。

三、时间参数

时间参数是流水施工中反映各施工过程相继投入施工的时间数量指标。一般有流水节拍、流水步距、平行搭接时间、技术间歇时间、组织间歇时间和流水工期等。

1. 流水节拍

流水节拍是指在组织流水施工时，从事某一装饰施工过程的专业施工班组在各个施工段上完成相应的施工任务所需要的工作持续时间，通常以 t_i 表示。它是流水施工的基本参数之一。它与投入到该施工过程的劳动力、机械设备和材料供应的集中程度有关。流水节拍决定着装饰施工速度、装饰施工的节奏性和资源消耗量的多少。

影响流水节拍数值大小的因素主要有：项目施工时所采取的施工方案，各施工段投入的劳动力人数或施工机械台数、工作班次，以及该施工段工程量的多少。为避免工作队转移时浪费工时，流水节拍在数值上最好是半个班的整倍数。

确定流水节拍应考虑的因素如下：

（1）施工班组人数要适宜。工班组人数既要满足最小劳动组合人数要求，又要满足最小工作面的要求，即最小劳动组合，也指某一施工过程进行正常施工所必需的最低限度的班组人数及其合理组合。如模板安装就要按技工和普工的最少人数及合理比例组成施工班组，人数过少或比例不当都将引起劳动生产率的下降。最小工作面是指施工班组为保证安全生产和有效地操作所必需的工作面。它决定了最高限度可安排多少工人。不能为了缩短工期而无限地增加人数，否则将造成工作面的不足而产生窝工。

（2）工作班制要恰当。工作班制要视工期要求而定。当工期不紧迫，工艺上又无连续施工要求时，可采用一班制；当组织流水施工是为了给第二天连续施工创造条件时，某些施工过程可考虑在夜班进行，即采用两班制；当工期较紧或工艺上要求连续施工，或为了提高施工机械的使用率时，某些项目可考虑三班制施工。

2. 流水步距 K

流水步距是指流水施工过程中，相邻的两个专业班组，在保持其工艺先后顺序、满足连续施工要求和时间上最大搭接的条件下，相继投入流水施工的时间差，即时间间隔，用 K 表示。例如，木工工作队第一天进入第一个施工段工作，工作5天做完（流水节拍 $t = 5$ 天），第六天油漆工作队开始进入第一个施工段工作，木工工作队与油漆工作队先后进入第一个施工段的时间间隔为5天，那么它们的流水步距 $K = 5$ 天。

流水步距的大小，反映着流水作业的紧凑程度，对工期起着很大的影响。在流水段不变的条件下，流水步距越大，工期越长；流水步距越小，则工期越短。

流水步距的数目取决于参加流水施工的施工过程数。如果施工过程为 n 个，则流水步距的总数为 $n-1$ 个。确定流水步距时，一般应满足以下基本要求：

（1）各施工过程按各自流水速度施工，始终保持工艺先后顺序。

(2)各施工班组投入施工后尽可能保持连续作业。

(3)相邻两个施工班组在满足连续施工的条件下,能最大限度地实现合理搭接。

根据以上基本要求,在不同的流水施工组织形式中,可以采用不同的方法确定流水步距。

流水步距的基本计算公式为:

$$K_{i,i+1} = \begin{cases} t + t_j + t_d & (t_i \leqslant t_{i+1}) \\ mt_i - (m-1)t_{i+1} + t_j - t_d & (t_i > t_{i+1}) \end{cases}$$

式中:$K_{i,i+1}$——两个相邻施工过程的流水步距;

t_j——两个相邻施工过程间的技术间歇时间或组织间歇时间;

t_d——两个相邻施工过程间的平行搭接时间。

对流水步距的计算通常也采用累加数列错位相减取大差法计算。由于这种方法是由潘特考夫斯基(译音)首先提出的,故又称为潘特考夫斯基法。这种方法简捷、准确,便于掌握。

累加数列错位相减取大差法的基本步骤如下:

第一,对每一个施工过程在各施工段上的流水节拍依次累加,求得各施工过程流水节拍的累加数列。

第二,将相邻施工过程流水节拍累加数列中的后者错后一位,相减后求得一个差数列。

第三,在差数列中取最大值,即为这两个相邻施工过程的流水步距。

【例7-4】某项目由A、B、C、D四个施工过程组成,分别由四个专业工作队完成,在平面上划分成四个施工段,每个施工过程在各个施工段上的流水节拍见表7-3。试确定相邻专业工作队之间的流水步距。

表7-3 某工程流水节拍

施工段 施工过程	Ⅰ	Ⅱ	Ⅲ	Ⅳ
A	4	3	4	2
B	3	5	4	4
C	3	2	3	3
D	3	2	2	2

【解】(1)求流水节拍的累加数列。

A:4,7,11,13

B:3,8,12,16

C:3,5,8,11

D:3,5,7,9

(2)错位相减。

A 与 B

$$\begin{array}{r} 4,7,11,13 \\ \rightarrow \quad 3,8,12,16 \\ \hline 4,4,3,1,-16 \end{array}$$

A 与 B

$$3,8,12,16$$

$$\longrightarrow \quad 3,5,8,11$$

$$\overline{\quad 3,5,7,8,-11 \quad}$$

A 与 B

$$3,5,8,11$$

$$\longrightarrow \quad 3,5,7,9$$

$$\overline{\quad 3,2,3,4,-9 \quad}$$

(3)确定流水步距。因流水步距等于错位相减所得结果中数值最大者,故有:

$$K_{AB} = \max\{4,4,3,1,-16\} = 4$$

$$K_{BC} = \max\{3,5,7,8,-11\} = 8$$

$$K_{CD} = \max\{3,2,3,4,-9\} = 4$$

3. 平行搭接时间

平行搭接时间是指在组织流水施工时,有时为缩短工期,在工作面允许的情况下,如果前一个施工班组完成部分施工任务后,后一个施工过程的施工班组提前进入该施工段,两个相邻施工过程的施工班组同时在一个施工段上施工的时间。

4. 技术间歇时间

在流水施工过程中,由于施工工艺的要求,某施工过程在某施工段上必须停歇的时间间隔称为技术间歇时间,如混凝土浇筑后的养护时间、砂浆抹面和油漆的干燥时间等。

5. 组织间歇时间

组织间歇时间是指在流水施工中,由于施工技术或施工组织的原因,造成的流水步距以外增加的间歇时间。如墙体砌筑前的墙身位置弹线,施工人员、机械转移,回填土前的地下管道检查验收等。

6. 流水工期

流水工期是指完成一项工程任务所需的时间。

流水施工的主要参数说明了流水施工过程的工艺关系,反映了它们在时间和空间的开展情况。它们的相互关系可集中反映在施工工期的计算式中。某一个工程项目的流水施工工期等于各流水步距之和加上最后投入施工的施工班组的流水节拍之和,即

$$T = \sum K_{i,i+1} + \sum Z + T_n$$

式中:$\sum K_{i,i+1}$——所有流水步距之和;

T_n——最后一个施工过程在各施工段上的流水节拍之和;

$\sum Z$——所有技术间歇时间之和。

上式适宜于任何节奏专业流水施工的工期计算。式中既包含了主要流水施工参数,也充分反映了这些参数之间的联系和制约关系,熟练地掌握这些关系是组织流水施工的基础。根据以上流水施工参数的概念,可以把流水施工的组织要点归纳如下:

(1)将拟建工程(如一个单位工程或分部分项工程)的全部施工活动,划分组合为若干施工过程,每一施工过程交给按专业分工组成的施工班组或混合施工班组来完成。施工班组的人数要考虑每个工人所需要的最小工作面和流水施工组织的需要。

（2）将拟建工程每层的平面上划分为若干施工段，每个施工段在同一时间内，只供一个施工班组开展作业。

（3）确定各施工班组在每段的作业时间，并使其连续均衡。

（4）按照各施工过程的先后排列顺序，确定相邻施工过程之间的流水步距，并使其在连续作业的条件下，最大限度地搭接起来，形成分部工程施工的专业流水组。

（5）搭接各分部工程的流水组，组成单位工程流水施工。

（6）绘制流水施工进度计划。

任务三　流水施工的组织方式

建筑装饰工程的流水施工要求有一定的节拍，才能步调和谐，配合得当。由于建筑装饰工程的多样性，各分部分项工程量差异较大，要使所有的流水施工都组织成统一的流水节拍是很困难的，因此在大多数情况下，各施工过程流水节拍不一定相等，有的甚至一个施工过程本身在各施工段上的流水节拍也不相等，这样就形成了不同节拍特征的流水施工。流水施工根据不同的节拍特征可以分为有节奏流水和无节奏流水两大类。

➤ 一、有节奏流水

有节奏流水是指同一施工过程的各施工段上的流水节拍都相等的一种流水施工方式。有节奏流水又根据不同施工过程之间的流水节拍是否相等，分为等节奏流水和异节奏流水两大类型。

1. 等节奏流水

等节奏流水亦称全等节拍流水，是指各个施工过程的流水节拍均为常数的一种流水施工方式。即同一施工过程在各施工段上的流水节拍都相等，并且不同施工过程之间的流水节拍也相等的一种流水施工方式，这是最理想的流水施工组织方式。

等节奏流水根据相邻施工过程之间是否存在间歇时间或搭接时间，可分为等节拍等步距流水和等节拍不等步距流水两种。

等节奏流水施工组织方式能保证专业班组的工作连续、有节奏，可以实现均衡施工，能最理想地达到组织流水施工作业的目的。

（1）等节拍等步距流水。等节拍等步距流水是指同一施工过程流水节拍都相等，不同施工过程流水节拍也都相等，并且各过程之间不存在间歇时间（t_j）或搭接时间（t_d）的流水施工方式，即 $t_j = t_d = 0$。该流水施工方式下各施工过程的节拍、施工过程之间的步距以及工期的特点为：

①节拍特征。

$$t = 常数$$

②步距特征。

$$K_{i,i+1} = 节拍(t) = 常数$$

式中：$K_{i,i+1}$——表示第 i 个过程和第 $i+1$ 个过程之间的流水步距。

③工期计算公式。

$$T = \sum K_{i,i+1} + T_n$$

$$T = \sum K_{i,i+1} = (n-1)t \qquad T_n = mt$$

则

$$T = (n-1)t + mt = (n+m-1)t$$

式中：$\sum K_{i,i+1}$——所有相邻施工过程之间的流水步距之和；

　　T_n——最后一个施工过程的施工班组完成所有施工任务所花的时间；

　　m——施工段数；

　　n——施工过程数。

【例 7-5】某分部工程可以划分为 A，B，C，D，E 五个施工过程，每个施工过程可以划分为六个施工段，且各过程之间既无间歇时间也无搭接时间，流水节拍均为 4d，试组织全等节拍流水。要求：绘制横道图并计算工期。

【解】第一步：计算工期。

$$T = \sum K_{i,i+1} + T_n = (n+m-1)t = (5+6-1) \times 4 = 40(\mathrm{d})$$

第二步，绘制横道图，如图 7-9 所示。

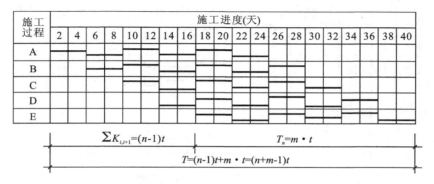

图 7-9　某分部工程全等节拍流水进度计划

（2）等节拍不等步距流水。等节拍不等步距流水是指各施工过程的流水节拍全部相等，但是各过程之间的间歇时间（t_j）或搭接时间（t_d）不等于零，即流水步距不相等（$t_j \neq 0$ 或 $t_d \neq 0$）。该流水施工方式下各施工过程的节拍、施工过程之间步距以及工期的特点为：

①节拍特点。

$$t = 常数$$

②步距特征。

$$K_{i,i+1} = t + t_j - t_d$$

式中：t_j——第 i 个过程和第 $i+1$ 个过程之间的技术或组织间歇时间；

　　t_d——第 $i+1$ 个过程和第 i 个过程之间的搭接时间。

③工期计算公式。

$$T = \sum K_{i,i+1} + T_n$$

$$\sum K_{i,i+1} = (n-1)t + \sum t_j - \sum t_d \qquad T_n = mt$$

$$T = (n-1)T + \sum t_j - \sum t_d + mt$$

$$= (n+m-1)t + \sum t_j - \sum t_d$$

式中：$\sum t_j$——所有相邻过程之间间歇时间之和；

$\sum t_d$——所有相邻过程之间搭接时间之和。

【例7-6】某装饰工程划分为四个施工过程，每个施工过程分四个施工段，各施工过程的流水节拍为3d。其中，施工过程A与B之间有2d间歇时间，施工过程C和D搭接1d。该工程等节拍不等步距流水施工进度安排如图7-10所示，其工期计算如下：

【解】第一步：根据已知条件计算工期。

$n=4, m=4, t=3, \sum t_d=1, \sum t_j=2$

根据公式有：

$$T=(m+n-1)t+\sum t_j-\sum t_d=(4+4-1)\times 3+2-1=22\text{(d)}$$

第二步，绘制进度计划，如图7-10所示。

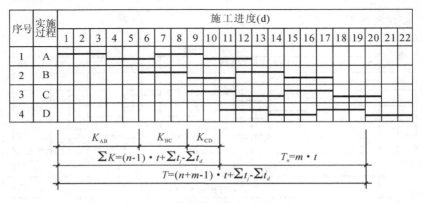

图7-10 等节拍不等步距流水施工

总体来说，等节奏流水虽然是一种比较理想的流水施工方式，即它既能保证各专业施工班组连续均衡地施工，又能保证工作面充分利用，但是在实际工程中，要使某分部工程的各个施工过程都采用相同的流水节拍，组织时困难较大。因此，全等节拍流水的组织方式仅适用于工程规模较小、施工过程数目不多的某些分部工程的流水。

全等节拍流水的组织方法是：

①划分施工过程，将工程量较小的施工过程合并到相邻的施工过程中去，目的是使各过程的流水节拍相等。

②根据主要施工过程的工程量以及工程进度要求，确定该施工过程的施工班组的人数，从而确定流水节拍。

③根据已确定的流水节拍，确定其他施工过程的施工班组人数。

④检查按此流水施工方式确定的流水施工是否符合该工程工期以及资源等的要求，如果符合，则按此计划实施；如果不符合，则通过调整主导施工过程的班组人数使流水节拍发生改变，从而调整了工期以及资源消耗情况，使计划符合要求。

2. 异节奏流水

异节奏流水是指同一施工过程在各施工段上的流水节拍都相等，不同施工过程之间的流水节拍不一定相等的流水施工方式。异节奏流水又可分为成倍节拍流水和不等节拍流水两种。

（1）成倍节拍流水。成倍节拍流水是指同一施工过程在各施工段上的流水节拍都相等，不同施工过程之间的流水节拍不完全相等，但各施工过程的流水节拍均为最小流水节拍的整数倍（或节拍之间存在公约数）关系的流水施工方式。

①成倍节拍流水施工的特点。

A. 节拍特征。各节拍是最小流水节拍的整数倍或节拍值之间存在公约数关系。

B. 成倍节拍流水最显著特点是各过程的施工班组数不一定是一个班组，而是根据该过程流水节拍为各流水节拍值之间的最大公约数（最大公约数一般情况等于节拍值中间的最小流水节拍 $t_{\min}$）的整数倍相应调整班组数。即：

$$b_i = \frac{t_i}{t_{\min}}$$

式中：b_i——某施工过程所需施工班组数；

t_i——某施工过程的流水节拍；

$t_{\min}$——所有流水节拍的最小流水节拍。

C. 流水步距特征。

$$K = t_{\min}$$

需要注意的是：第一，各施工过程的各个施工段如果要求有间歇时间或搭接时间，流水步距应相应减去或加上；第二，流水步距是指任意两个相邻施工班组开始投入施工的时间间隔，这里的"相邻施工班组"并不一定是指从事不同施工过程的施工班组。

D. 工期计算公式。成倍节拍流水实质上是一种不等节拍等步距的流水，它的工期计算公式与等节拍流水工期表达式相近，可以表示为：

$$T = (n' + m - 1)t_{\min} + \sum t_i - \sum t_d$$

式中：n'——施工班组数之和，且 $n' = \sum_{i=1}^{n} b_i$。

【例7-7】某分部工程有 A、B、C、D 四个施工过程，施工段数为 6 个，流水节拍分别为 $t_n = 2$ d；$t_b = 6$ d；$t_c = 4$d；$t_d = 2$ d，试组织成倍节拍流水施工，并绘制成倍节拍流水施工进度计划。

【解】因为　　　　　　　　　　$t_{\min} = 2$d（最大公约数）

　　　所以　　　　　　　　　$K_b = t_{\min} = 2$ d

　　　因为

$$b_A = \frac{t_A}{t_{\min}} = \frac{2}{2} = 1（个）\qquad b_B = \frac{t_B}{t_{\min}} = \frac{6}{2} = 3（个）$$

$$b_C = \frac{t_C}{t_{\min}} = \frac{4}{2} = 2（个）\qquad b_D = \frac{t_D}{t_{\min}} = \frac{2}{2} = 1（个）$$

专业施工队总数：

$$n' = \sum_{i=1}^{4} b_i = 1 + 3 + 2 + 1 = 7（个）$$

该工程流水步距为：

$$K_{AB} = K_{BC} = K_{CD} = 最大公约数 = t_{\min} = 2（d）$$

该工程工期为：

$$T = (n' + m - 1)t_{\min} = (7 + 6 - 1) \times 2 = 24（d）$$

根据所确定的流水施工参数绘制该工程横道计划,如图7-11所示。

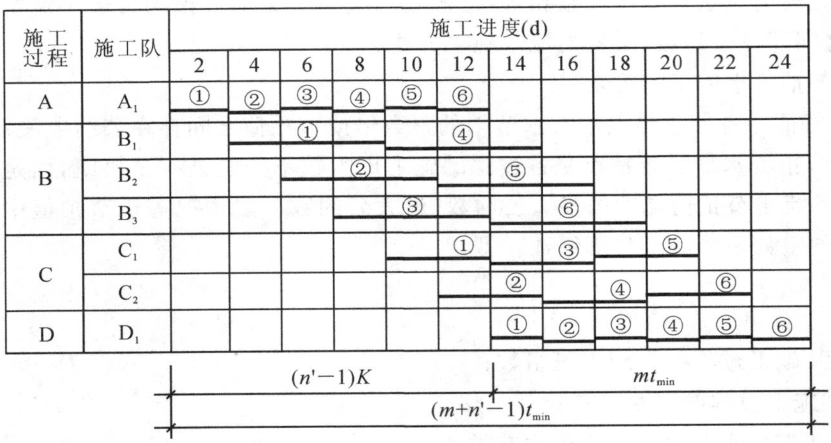

施工过程	施工队	施工进度(d)											
		2	4	6	8	10	12	14	16	18	20	22	24
A	A₁	①	②	③	④	⑤	⑥						
B	B₁			①			④						
	B₂				②			⑤					
	B₃					③			⑥				
C	C₁						①		③		⑤		
	C₂							②		④		⑥	
D	D₁							①	②	③	④	⑤	⑥

$$(n'-1)K \qquad mt_{min}$$
$$(m+n'-1)t_{min}$$

图 7-11　成倍节拍流水施工进度计划

②成倍节拍流水的组织方式。

A. 首先根据工程对象和施工要求,将工程划分为若干个施工过程。

B. 根据预算出的工程量,计算每个过程的劳动量,再根据最小劳动量的施工过程班组人数确定出最小流水节拍。

C. 确定其他各过程的流水节拍,通过调整班组人数,使各过程的流水节拍均为最小流水节拍的整数倍。

D. 为了充分利用工作面,加快施工进度,各过程应根据其节拍为最小节拍的整数倍关系相应调整施工班组数。

E. 检查按此流水施工方式确定的流水施工是否符合该工程工期以及资源等要求。如果符合,则按此计划实施;如果不符合,则通过调整使计划符合要求。

③成倍节拍流水的适用范围。成倍节拍流水施工方式在管道、线性工程中适用较多,在建筑装饰工程中,也可根据实际情况选用此方式。

(2)不等节拍流水。不等节拍流水是指同一施工过程在各个施工段的流水节拍相等,不同施工过程之间的流水节拍既不相等也不成倍数的流水施工方式。

①不等节拍流水施工方式的特点。

A. 节拍特征。同一施工过程流水节拍相等,不同施工过程流水节拍不一定相等。

B. 步距特征。各相邻施工过程的流水步距确定方法为:

$$K_{i,i+1} = \begin{cases} t_i + (t_j - t_d) & (\text{当 } t_i \leqslant t_{i+1} \text{ 时}) \\ mt_i - (m-1)t_{i+1} + (t_j - t_d) & (\text{当 } t_i > t_{i+1} \text{ 时}) \end{cases}$$

C. 工期特征。不等节拍工期计算公式为一般流水工期计算表达式:

$$T = \sum K_{i,i+1} + \sum Z + T_n$$

【例7-8】已知某装饰工程可以划分为4个施工过程,3个施工段,各过程的流水节拍分别为 $t_A = 2$ d; $t_B = 3$ d; $t_C = 4$ d; $t_D = 3$ d,并且A过程结束后,B过程开始之前,工作面有1d技术间歇时间,试组织不等节拍流水,并绘制流水施工进度计划表。

【解】(1)计算流水步距。

由于 $t_A < t_B$ 过程之间有 1 天间歇时间即 $t_j = 1$ (d)

$$K_{AB} = t_A + t_j = 2 + 1 = 3 \text{ (d)}$$

由于 $t_B < t_C$

$$K_{BC} = t = 3 \text{ (d)}$$

由于 $t_C > t_D$

$$K_{CD} = mt_C - (m-1)\,t = 3 \times 4 - (3-1) \times 3 = 6 \text{ (d)}$$

D. 计算流水工期。

$$T = \sum K_{i,i+1} + T_n$$
$$= K_{AB} + K_{BC} + K_{CD} + mt_D$$
$$= 3 + 3 + 6 + 3 \times 3 = 21 \text{(d)}$$

根据流水施工参数绘制流水施工进度计划表,如图 7 - 12 所示。

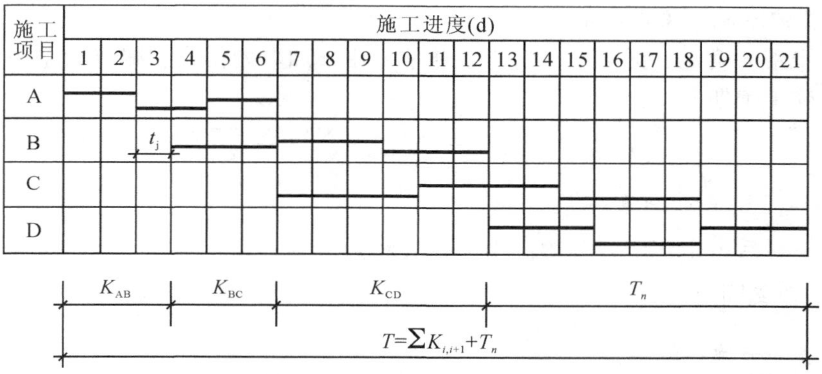

图 7 - 12 不等节拍流水施工进度计划

②不等节拍流水的组织方式。

A. 首先根据工程对象和施工要求,将工程划分为若干个施工过程。

B. 根据各施工过程的工程量,计算每个过程的劳动量,然后根据各过程施工班组人数确定出各自的流水节拍。

C. 组织同一施工班组连续均衡地施工,相邻施工过程尽可能平行搭接施工。

D. 在工期要求紧张的情况下,为了缩短工期,可以间断某些次要工序的施工,但主导工序必须连续均衡地施工,且决不允许发生工艺顺序颠倒的现象。

③不等节拍流水的适用范围。不等节拍流水施工方式的适用范围较为广泛,适用于各种分部和单位工程流水。

二、无节奏流水

无节奏流水施工亦称分别流水法施工,是指同一施工过程流水节拍不完全相等,不同施工过程流水节拍也不完全相等的流水施工方式。

在实际工程中,通常每个施工过程在各个施工段上的工程量彼此不等,各专业施工队组的生产效率也相差较大,导致大多数的流水节拍彼此不相等,因此有节奏流水,尤其是全等节拍和成倍节拍流水往往是难以组织的,而无节奏流水则是利用流水施工的基本概念,在保证施工工艺、满足施工顺序要求的前提下,按照一定的计算方法,确定相邻专业施工队组之间的流水步距,使其在开工时间上最大限度地、合理地搭接起来,形成每个专业施工队都能连续作业的流水施工方式。它是流水施工的普遍形式。

无节奏流水作业实质是各专业施工班组连续流水作业,流水步距经计算确定,使工作班组之间在一个施工段内互不干扰,或前后工作班组之间工作紧紧衔接。因此,组织无节奏流水作业的关键在于计算流水步距。

1. 无节奏流水施工的特征

(1)每个施工过程在各个施工段上的流水节拍不尽相等。

(2)各个施工过程之间的流水步距不完全相等且差异较大。

(3)各施工作业队能够在施工段上连续作业,但有的施工段之间可能有空闲时间。

(4)施工队组数(n_1)等于施工过程数(n)。

2. 无节奏流水施工主要参数的确定

(1)流水步距的确定。无节奏流水步距通常采用累加数列错位相减取大差法计算确定。

(2)流水施工工期。

$$T = \sum K_{i,i+1} + \sum t_n + \sum t_j - \sum t_d$$

式中:$\sum K_{i,i+1}$——流水步距之和;

$\sum t_n$——最后一个施工过程的流水节拍之和。

其他符号含义同前。

3. 无节奏流水施工的组织

无节奏流水施工的实质是:各工作队连续作业,流水步距经计算确定,使专业工作队之间在一个施工段内不相互干扰(不超前,但可能滞后),或做到前后工作队之间工作紧紧衔接。因此,组织无节奏流水的关键就是正确计算流水步距。组织无节奏流水施工的基本要求与异步距异步拍流水相同,即保证各施工过程的工艺顺序合理和各施工队组尽可能依次在各施工段上连续施工。

无节奏流水施工不像有节奏流水施工那样有一定的时间规律约束,在进度安排上比较灵活、自由,适用于分部工程和单位工程及大型建筑群的流水施工,实际运用比较广泛。

【例7-9】某工程有 A、B、C、D、E 五个施工过程,平面上划分成四个施工段,每个施工过程中各个施工段上的流水节拍见表7-4。规定 B 完成后有 2d 的技术间歇时间,D 完成后有 1d 的组织间歇时间,A 与 B 之间有 1d 的平行搭接时间,试编制流水施工方案。

表7-4 某工程流水节拍

施工段 / 施工过程	I	II	III	IV
A	3	2	2	4
B	1	3	5	3
C	2	1	3	5
D	4	2	3	3
E	3	4	2	1

【解】(1)计算流水步距。因每一施工过程在各施工段的流水节拍不相等,没有任何规律,因此,采用累加数列错位相减取大差的方法进行计算,无数据的地方补 0 计算,计算过程及结果如下:

①求 K_{AB}。

$$3.5.7.11.0$$
$$\underline{-0.1.4.9.12}$$
$$3.4.3.2.-12$$

$$K_{AB}=\max\{3,4,3,2,-12\}=4d$$

②求 K_{BC}。

$$1.4.9.12$$
$$\underline{-0.2.3.6.11}$$
$$1.2.6.6.-11$$

$$K_{BC}=\max\{1,2,6,6,-11\}=6d$$

③求 K_{CD}。

$$2.3.6.11$$
$$\underline{-0.4.6.9.12}$$
$$2.-1.0.2.-12$$

$$K_{CD}=\max\{2,-1,0,2,-12\}=2d$$

④求 K_{DE}。

$$4.6.9.12$$
$$\underline{-0.3.7.9.10}$$
$$4.3.2.3.-10$$

$$K_{DE}=\max\{4,3,2,3,-10\}=4d$$

(2)确定流水工期。

$$T=\sum K_{i,i+1}+\sum t_n+\sum t_j-\sum t_d$$
$$=(4+6+2+4)+(3+4+2+1)+2+1-1=28(d)$$

绘制流水施工进度图如图 7-13 所示。

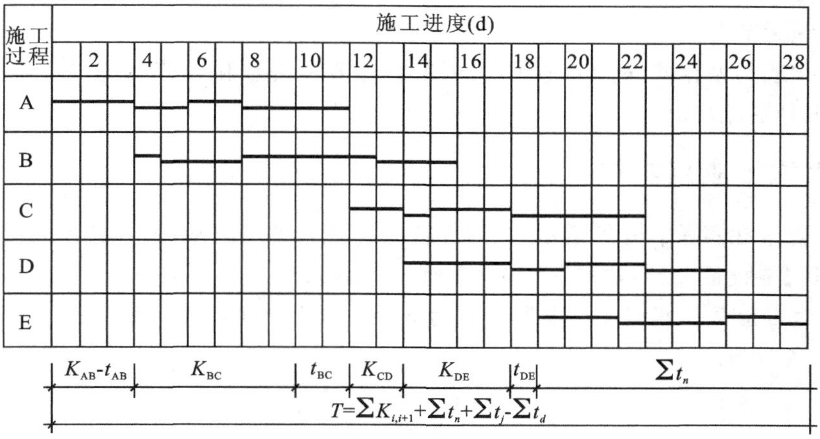

图 7-13 某工程无节奏流水施工进度计划

4. 无节奏流水施工方式的适用范围

无节奏流水施工适用于各种不同性质、不同用途、不同规模的建筑装饰工程的单位工程流水或分部工程流水。由于它不像有节奏流水施工那样有一定的时间规律约束,在进度安排上比较灵活、自由,是实际流水施工中应用较为广泛的一种方式。

上述流水施工方式,到底应采用哪一种方式,除了分析流水节拍的特点外,还要考虑工期要求和各项资源的供应情况。

任务四　流水施工的具体应用

在建筑装饰施工中,流水施工是一种行之有效的科学组织施工的方法。编制施工进度计划时,应根据工程实际情况,分别选择适当的流水施工方式组织施工,以保证施工有较为鲜明的节奏性、均衡性和连续性。

➢ 一、选择流水施工方式和基本要求

选择流水施工方式时,须根据工程实际情况拟定。通常分为两步:第一步,将单位工程流水分解为分部工程流水;第二步,根据分部工程的各施工过程的劳动量的大小、班组人数选择流水施工方式。

若分部工程的施工过程数目不多(3~5个),可以通过调整班组人数使各施工过程流水节拍相等,组织等节奏流水;若分部工程的施工过程数目较多,各过程流水节拍很难相等,此时可考虑流水节拍的规律,从而组织成倍节拍或不等节拍或无节奏流水。具体来说,选择流水施工方式的基本要求有以下几点:

(1)凡有条件组织等节奏流水施工时,一定要组织等节奏流水施工,以取得良好的经济效果。

(2)如果组织等节奏流水条件不足,则应该考虑组织“成倍节拍流水施工”,以求取得与等节奏流水相同的效果。应注意的是,可相应增加施工班组数和施工段数,使各专业施工班组都有工作面。小型工程不可以组织成倍节拍流水施工。

(3)各个分部工程都可以组织等节奏或成倍节拍流水施工。但是,对于单位工程或建设项目,就必须组织无节奏流水。

(4)标准化或类型相同的住宅小区,可以组织等节奏流水和异节奏流水,但对于工业群体工程只能组织分别流水。

➢ 二、流水施工应用实例

流水施工原理在实际中具有广泛的应用价值,以下以常见工程为例来阐述流水施工的应用。

【例7-10】某校图书馆,建筑面积2000 m²。现对其进行地面装修。做法为:基层处理,铺结合砂浆,大理石面层。根据工程量将其分为3个施工段,各有关数据如表7-5所示。试编制施工进度计划。

表 7-5 某校图书馆有关施工数据

过程名称	工程 $Q_{总}$（m^2）	平均产量定额 H_i 或 S_i	每班作业人数 R_i
基层处理	144	0.89m^2/工日	9 人
铺结合砂浆	1500	0.0796 工日/m^2	5 人
大理石面层	1500	0.0568 工日/m^2	14 人

【解】(1)根据表 7-5 中数据计算流水节拍,结果如表 7-6 所示。

表 7-6 流水节拍

过程名称	m_i	$Q_{总}$（m^2）	Q_i（m^2）	H_i 或 S_i	P_i	R_i	t_i
①	②	③	④	⑤	⑥	⑦	⑧
基层处理	3	144	48	0.89m^2/工日	53.93	9 人	6
铺结合砂浆	3	1500	500	0.0796 工日/m^2	39.8	5 人	8
大理石面层	3	1500	500	0.0568 工日/m^2	28.4	14 人	2

表中②列,根据已知条件,各施工过程划分为 3 个施工段。

表中④列,求每一个施工段上的工程量,由 $Q_i = \dfrac{Q_{总}}{m_i}$,得

基层处理每一施工段的工程量为 $144/3 = 48$（m^2）;

铺结合砂浆每一施工段的工程量为 $1500/3 = 500$（m^2）;

大理石面层每一施工段的工程量为 $1500/3 = 500$（m^2）。

表中⑥列,求一个施工段上的人工工日量,即 $P_i = \dfrac{Q_i}{S_i} = Q_i \cdot H_i$,得

基层处理每一施工段的人工工日量为 $48/0.89 = 53.93$(工日);

铺结合砂浆每一施工段的人工工日量为 $500 \times 0.0796 = 39.8$(工日);

大理石面层每一施工段的人工工日量为 $500 \times 0.0568 = 28.4$(工日)。

表中⑧列,求每个施工过程的流水节拍,$t_i = \dfrac{P_i}{R_i \cdot Z_i}$ 工作班制在题目中没有提到,按一班制对待。

基层处理每一施工段的流水节拍为 $53.93/9 = 6$(d);

铺结合砂浆每一施工段的流水节拍为 $39.8/5 = 8$(d);

大理石面层每一施工段的流水节拍为 $28.4/14 = 2$(d)。

(2)按不等节拍组织流水施工。

第一步:求各过程之间的流水步距。

由于 $t_{基} < t_{结}$,

故 $K_{基,结} = t_{基} = 6d$;

由于 $t_{结} > t_{面}$,

故 $K_{结,面} = mt_{结} - (m-1)t_{面} = 3 \times 8 - (3-1) \times 2 = 20$(d)

第二步,求计算工期。

$$T = \sum K_{i,i+1} + T_n = 6 + 20 + 3 \times 2 = 32\text{(d)}$$

第三步:绘制进度计划表,如图 7 - 14 所示。

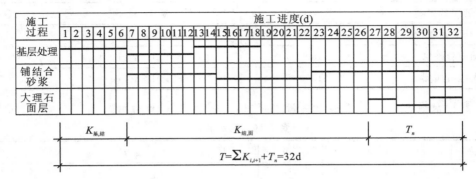

图 7 - 14　施工进度计划表

项目小结

1. 流水施工概述

考虑工程项目的施工特点、工艺流程、资源利用、平面或空间布置等要求,组织施工时有依次施工、平行施工、流水施工等组织方式。

(1)流水施工的分类。根据流水施工组织的范围不同,流水施工可分为分项工程流水施工、分部工程流水施工、单位工程流水施工和群体工程流水施工等几种形式。

(2)组织流水施工的条件。

①划分施工段;

②划分施工过程;

③每个施工过程组织独立的施工班组;

④主要施工过程必须连续、均衡地施工;

⑤不同的施工过程尽可能组织平行搭接施工。

(3)流水施工的表达方式。

流水施工的表达方式主要有横道图和网络图。

2. 流水施工的主要参数

(1)流水施工参数可分为工艺参数、空间参数和时间参数三种。

(2)通常工艺参数包括施工过程数和流水强度两种。

(3)空间参数是指在组织流水施工时,用以表达流水施工在空间布置上开展状态的参数。通常包括工作面、施工段和施工层。

(4)时间参数是流水施工中反映各施工过程相继投入施工的时间数量指标。一般有流水节拍、流水步距、平行搭接时间、技术间歇时间、组织间歇时间和流水工期等。

3. 流水施工的组织方式

(1)流水施工根据不同的节拍特征可以分为有节奏流水和无节奏流水两大类。

(2)有节奏流水又根据不同施工过程之间的流水节拍是否相等,分为等节奏流水和异节奏流水两大类型。

(3)无节奏流水施工亦称分别流水法施工,是指同一施工过程流水节拍不完全相等,不同施工过程流水节拍也不完全相等的流水施工方式。

 案例分析

　　某集团小区建造 4 栋结构形式完全相同的 6 层钢筋混凝土结构住宅楼,如果设计时把一栋住宅楼作为一个施工段,每栋楼的主要施工过程和各个施工过程的流水节拍如下:基础工程 7 天,结构工程 14 天,室内装修工程 14 天,室外工程 7 天。本工程中专业班组和施工机械固定。根据流水节拍的特点,本工程可按异节奏流水施工组织方式中的异步距异节拍流水施工进行进度安排。

问题:

(1)异步距异节拍流水施工有什么特点?

(2)试求各施工过程之间的流水步距及该工程的工期。

(3)绘制流水施工进度表。

参考答案:

(1)异步距异节拍流水施工的特点:

①同一施工过程流水节拍相等,不同施工过程流水节拍不一定相等;

②各个施工过程之间的流水步距不一定相等;

③各施工工作队能够在施工段上连续作业,但有的施工段之间可能有空闲;

④施工班组等于施工过程数。

(2)确定流水步距。

$t_1 < t_2$,$K_{1,2} = t_1 = 7$(天)

$t_2 = t_3$,$K_{2,3} = t_2 = 14$(天)

$t_3 > t_4$,$K_{3,4} = mt_3 - (m-1)t_4 = 4 \times 14 - 3 \times 7 = 35$(天)

(3)确定流水工期。

$T = (7 + 14 + 35) + 4 \times 7 = 84$(天)

(4)绘制流水施工进度表如图 7-15 所示。

施工过程	施工进度(天)											
	7	14	21	28	35	42	49	56	63	70	77	84
基础工程	①	②	③	④								
结构安装	$K_{1,2}$	①		②		③		④				
室内装修		$K_{2,3}$		①		②		③		④		
室外工程				$K_{3,4}$					①	②	③	④

图 7-15　流水施工进度表

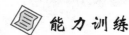 **能 力 训 练**

一、单项选择题

1. 流水作业是施工现场控制施工进度的一种经济效益很好的方法,相比之下在施工现场应用最普遍的流水形式是( )。

A. 非节奏流水　　　　　　　B. 加快成倍节拍流水

C. 固定节拍流水　　　　　　D. 一般成倍节拍流水

答案:A

2. 流水施工组织方式是施工中常采用的方式,因为( )。

A. 它的工期最短

B. 现场组织、管理简单

C. 能够实现专业工作队连续施工

D. 单位时间投入劳力、资源量最少

答案:C

3. 某一施工过程在单位时间内所完成的工程量,称为( )。

A. 流水节拍　　　B. 流水步距　　　　C. 流水时间　　　　D. 流水强度

答案:D

4. 下面所表示流水施工参数正确的一组是( )。

A. 施工过程数、施工段数、流水节拍、流水步距

B. 施工队数、流水步距、流水节拍、施工段数

C. 搭接时间、工作面、流水节拍、施工工期

D. 搭接时间、间歇时间、施工队数、流水节拍

答案:A

5. 在组织施工的方式中,占用工期最长的组织方式是( )施工。

A. 依次　　　B. 平行　　　　C. 流水　　　D. 搭接

答案:A

6. 每个专业工作队在各个施工段上完成其专业施工过程所必需的持续时间是指( )。

A. 流水强度　　　B. 时间定额　　　C. 流水节拍　　　D. 流水步距

答案:C

7. 某专业工种所必须具备的活动空间指的是流水施工空间参数中的( )。

A. 施工过程　　　B. 工作面　　　C. 施工段　　　D. 施工层

答案:B

8. 已知某工程有五个施工过程,分成三段组织固定节拍流水施工,工期为 55 天,工艺间歇和组织间歇的总和为 6 天,则各施工过程之间的流水步距为( )。

A. 3　　　B. 5　　　C. 7　　　D. 8

答案:C

9. 已知某施工项目分为四个施工段,甲工作和乙工作在各施工段上的持续时间分别为 4、2、3、2 天和 2、2、3、3 天,若组织流水施工,则甲乙之间应保持( )流水步距。

A. 1 天　　　B. 2 天　　　C. 4 天　　　D. 5 天

答案:D

10.某工程由支模板、绑钢筋、浇筑混凝土3个分项工程组成,它在平面上划分为6个施工段,该3个分项工程在各个施工段上流水节拍依次为6天、4天和2天,则其工期最短的流水施工方案为( )天。

A. 18　　B. 20　　C. 22　　D. 24

答案:C

二、多项选择题

1.组织流水施工时,划分施工段的原则是( )。

A. 能充分发挥主导施工机械的生产效率

B. 根据各专业队的人数随时确定施工段的段界

C. 施工段的段界尽可能与结构界限相吻合

D. 划分施工段只适用于道路工程

E. 施工段的数目应满足合理组织流水施工的要求

答案:ACE

2.描述流水施工空间参数的指标有( )。

A. 建筑面积　　B. 施工段数　　C. 工作面　　D. 施工过程数

答案:BC

项目八　网络计划技术

学习目标

通过本章内容的学习,掌握网络计划技术的基本知识,使学生能够掌握网络计划的编制和时间参数的计算。

教学重点

1. 网络计划的绘制、计算及应用;
2. 双代号网络图的绘制与时间参数的计算;
3. 单代号网络图的绘制与时间参数的计算。

任务一　网络计划基本知识

➤ 一、网络计划技术的起源与发展

网络计划技术是一种科学的计划管理方法,它是随着现代科学技术和工业生产的发展而产生的。20世纪50年代,为了适应科学研究和新的生产组织管理的需要,国外陆续出现了一些计划管理的新方法。1956年,美国杜邦公司研究创立了网络计划技术的关键线路方法(CPM),并试用于一个化学工程,取得了良好的经济效果。1958年美国海军武器计划处在研制"北极星"导弹计划时,应用了计划评审方法(PERT)进行项目的计划安排、评价、审查和控制,使北极星导弹工程的工期由原计划的10年缩短为8年。20世纪60年代初期,网络计划技术在美国得到了推广,并被引入日本和欧洲其他国家。随着现代科学技术的迅猛发展,管理水平的不断提高,网络计划技术也在不断发展和完善。

目前,它广泛地应用于世界各国的工业、国防、建筑、运输和科研等领域,已成为发达国家盛行的一种现代生产管理的科学方法。

我国对网络计划技术的研究与应用起步较早,20世纪70年代中期,由著名数学家华罗庚教授首先在我国的生产管理中推广和应用这些新的计划管理方法,并根据网络计划统筹兼顾、全面规划的特点,将其概括为统筹法。经过多年的实践和应用,网络计划技术在我国的工程建设领域得到了迅速发展,尤其是在大中型工程项目的建设中,其在资源的合理安排,进度计划的编制、优化和控制等方面应用效果显著。目前,网络计划技术已成为我国工程建设领域必不可少的现代化管理方法。

➤ 二、网络计划的概念及基本原理

1. 网络计划的概念

网络计划是以网络图的形式来表达任务构成、工作顺序并加注工作时间参数的一种进度计划。网络图是指由箭线和节点(圆圈)组成的,用来表示工作流程的有向、有序的网状图形。

2. 网络计划方法的基本原理

网络计划首先是应用网络图形来表达一项计划(或工程)中各项工作的开展顺序及其相互间的关系;然后通过计算找出计划中的关键工作及关键线路;继而通过不断改进网络计划,寻求最优方案,并付诸实施;最后在执行过程中进行有效的控制和监督。

在装饰施工中,网络计划方法主要用来编制工程项目施工的进度计划和施工企业的生产计划,并通过对计划的优化、调整和控制,达到缩短工期、提高效率、节约劳力、降低消耗的项目施工管理目标。

3. 网络计划的优点

(1)网络图把施工过程中的各有关工作组成了一个有机的整体,能全面而明确地表达出各项工作开展的先后顺序,反映出各项工作之间相互制约和相互依赖的关系。

(2)能进行各种时间参数的计算。

(3)在名目繁多、错综复杂的计划中找出决定工程进度的关键工作,便于计划管理者集中力量抓主要矛盾,确保工期,避免盲目施工。

(4)能够从许多可行方案中,选出最优方案。

(5)在计划的执行过程中,某一工作由于某种原因推迟或者提前完成时,可以预见到它对整个计划的影响程度,而且能根据变化的情况,迅速进行调整,保证自始至终对计划进行有效地控制与监督。

(6)利用网络计划中反映出的各项工作的时间储备,可以更好地调配人力、物力,以达到降低成本的目的。

(7)网络计划技术的出现与发展使现代化的计算工具——计算机在工程施工计划管理中得以应用。

➤ 三、横道计划与网络计划的比较

1. 横道计划

(1)优点。

①绘制容易,编制简便。

②各施工过程表达直观清楚,排列整齐有序。

③结合时间坐标,各过程起止时间、持续时间及工期一目了然。

④可以直接在图中进行劳动力、材料、机具等各项资源需要量统计。

(2)缺点。

①不能直接反映各施工过程之间相互联系、相互制约的逻辑关系。

②不能明确指出哪些工作是关键工作,哪些工作不是关键工作,即不能表明某个施工过程

的推迟或提前完成对整个工程进度计划的影响程度。

③不能计算每个施工过程的各个时间参数,因此也无法指出在工期不变的情况下某些过程存在的机动时间,进而无法指出计划安排的潜力有多大。

④不能应用计算机进行计算,更不能对计划进行有目标的调整和优化。

2.网络计划

网络计划与横道计划相比,具有以下特点:

(1)优点。

①能明确反映各施工过程之间相互联系、相互制约的逻辑关系。

②能进行各种时间参数的计算,找出关键施工过程和关键线路,便于在施工中抓住主要矛盾,避免盲目施工。

③可通过计算各过程存在的机动时间,更好地利用和调配人力、物力等各项资源,达到降低成本的目的。

④可以利用计算机对复杂的计划进行有目的的控制和优化,实现计划管理的科学化。

(2)缺点。

①绘图麻烦,不易看懂,表达不直观。

②无法直接在图中进行各项资源需要量统计。

为了克服网络计划的不足之处,在实际工程中可以利用流水网络计划和时标网络计划。

➢ 四、网络计划的分类

(1)按节点和箭线所代表的含义不同,网络图可分为单代号网络图和双代号网络图两大类。

①单代号网络图。以节点及其编号表示工作,以箭线表示工作之间的逻辑关系的网络图称为单代号网络图。即每一个节点表示一项工作,节点所表示的工作名称、持续时间和工作代号等标注在节点内,如图8-1所示。

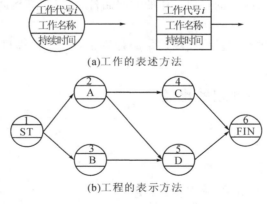

(a)工作的表述方法

(b)工程的表示方法

图8-1 单代号网络图

②双代号网络图。以箭线及其两端节点的编号表示工作的网络图称为双代号网络图。即用两个节点一根箭线代表一项工作,工作名称写在箭线上面,工作持续时间写在箭线下面,在箭线前后的衔接处画上节点编上号码,并以节点编号 i 和 j 代表一项工作名称,如图8-2所示。

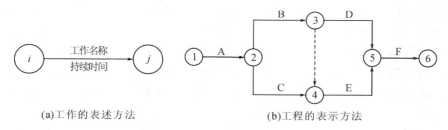

(a)工作的表述方法　　　　　　　(b)工程的表示方法

图 8-2　双代号网络图

(2)根据计划最终目标的多少,网络计划可分为单目标网络计划和多目标网络计划。

①单目标网络计划。只有一个最终目标的网络计划称为单目标网络计划。单目标网络计划只有一个终节点。如图 8-3 所示。

②多目标网络计划。由若干独立的最终目标和与其相关的有关工作组成的网络计划称为多目标网络计划。多目标网络计划一般有多个终节点。如图 8-4 所示。

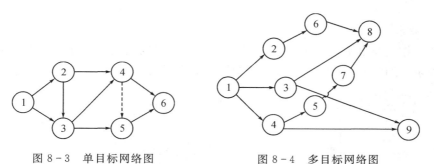

图 8-3　单目标网络图　　　　　　图 8-4　多目标网络图

(3)按有无时间坐标,网络计划可分为有时标网络计划和非时标网络计划。

①有时标网络计划。带有时间坐标的网络计划称为有时标网络计划。该计划以横坐标为时间坐标,每项工作箭杆的水平投影长度与其持续时间成正比关系,即箭杆的水平投影长度就代表该工作的持续时间。时间坐标的时间单位(天、周、月等)可根据实际需要来确定。

②非时标网络计划。不带有时间坐标的网络计划称为非时标网络计划。在非时标网络计划中,工作箭杆长度该工作的持续时间无关,各施工过程持续时间用数字写在箭杆的下方,习惯上简称网络计划。

(4)根据计划的工程对象不同和使用范围大小,网络计划可分为局部网络计划、单位工程网络计划和综合网络计划。

①局部网络计划。以一个分部工程或施工段为对象编制的网络计划称为局部网络计划。

②单位工程网络计划。以一个单位工程为对象编制的网络计划称为单位工程网络计划。

③综合网络计划。以一个建筑项目或建筑群为对象编制的网络计划称为综合网络计划。

(5)按工作衔接特点,网络计划可分为普通网络计划、搭接网络计划和流水网络计划。

①普通网络计划。工作间关系均按首尾衔接关系绘制的网络计划称为普通网络计划,如单代号、双代号和概率网络计划。

②搭接网络计划。按照各种规定的搭接时距绘制的网络计划称为搭接网络计划,网络图中既能反映各种搭接关系,又能反映相互衔接关系,如前导网络计划。

③流水网络计划。充分反映流水施工特点的网络计划称为流水网络计划,包括横道流水网络计划、搭接流水网络计划和双代号流水网络计划。

(6)按网络参数的性质不同,网络计划可分为肯定型网络计划和非肯定型网络计划。

①肯定型网络计划。如果网络计划中各项工作之间的逻辑关系是肯定的,各项工作的持续时间也是确定的,而且整个网络计划有确定的工期,这种类型的网络计划称为肯定型网络计划。其解决问题的方法主要为关键线路法(CPM)。

②非肯定型网络计划。如果网络计划中各项工作之间的逻辑关系或工作的持续时间是不确定的,整个网络计划的工期也是不确定的,这种类型的网络计划称为非肯定型网络计划。

五、网络计划基本概念

(一)逻辑关系

工作之间相互制约或依赖的关系称为逻辑关系。工作中的逻辑关系包括工艺关系和组织关系。

1. 工艺关系

生产性工作之间由工艺过程决定的、非生产性工作之间由工作程序决定的先后顺序关系称为工艺关系。如图 8-5 所示,支模 I→钢筋 I→浇筑 I 为工艺关系。

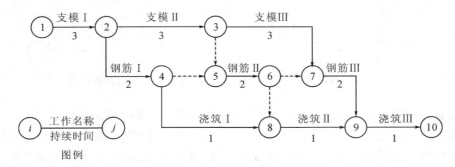

图 8-5 某现浇工程网络图

2. 组织关系

工作之间由于组织安排需要或资源(劳动力、原材料、施工机具等)调配需要而规定的先后顺序关系称为组织关系。如图 8-5 所示,支模 I→支模 II→支模 III、钢筋 I→钢筋 II→钢筋 III 等为组织关系。

(二)紧前工作、紧后工作和平行工作

1. 紧前工作

紧排在本工作之前的工作称为本工作的紧前工作。双代号网络图中,本工作和紧前工作之间可能有虚工作。如图 8-5 所示,支模 I 是支模 II 在组织关系上的紧前工作;钢筋 I 和钢筋 II 之间虽然存在虚工作,但钢筋 I 仍然是钢筋 II 在组织关系上的紧前工作。支模 I 则是钢筋 I 在工艺关系上的紧前工作。

2. 紧后工作

紧排在本工作之后的工作称为本工作的紧后工作。双代号网络图中,本工作和紧后工作之间可能有虚工作。如图 8-5 所示,钢筋Ⅱ是钢筋Ⅰ在组织关系上的紧后工作;浇筑Ⅰ是钢筋Ⅰ在工艺关系上的紧后工作。

3. 平行工作

可与本工作同时进行的工作称为本工作的平行工作。如图 8-5 所示,钢筋Ⅰ和支模Ⅱ互为平行工作。

(三)先行工作和后续工作

1. 先行工作

相对于某工作而言,从网络图的第一个节点(起点节点)开始,顺箭头方向经过一系列箭线与节点到达该工作为止的各条通路上的所有工作,都称为该工作的先行工作。如图 8-5 所示,支模Ⅰ、钢筋Ⅰ、浇筑Ⅰ、支模Ⅱ、钢筋Ⅱ均为浇筑Ⅱ的先行工作。

2. 后续工作

相对于某工作而言,从该工作之后开始,顺箭头方向经过一系列箭线与节点到网络图最后一个节点(终点节点)的各条通路上的所有工作,都称为该工作的后续工作。如图 8-5 所示,钢筋Ⅰ的后续工作有浇筑Ⅰ、浇筑Ⅱ、浇筑Ⅲ、钢筋Ⅱ、钢筋Ⅲ。

任务二 双代号网络计划图

➤ 一、双代号网络图的组成

双代号网络图由箭线、节点、线路三个基本要素组成。

1. 箭线

网络图中一端带箭头的实线即为箭线,一般可分为内向箭线和外向箭线两种。在双代号网络图中,箭线表达的内容有以下几点:

(1) 在双代号网络图中,一根箭线表示一项工作,如图 8-6 所示。

(2)每一项工作都要消耗一定的时间和资源。只要消耗一定时间的施工过程都可作为一项工作。各施工过程用实箭线表示。

(3)箭线的箭尾节点表示一项工作的开始,而箭头节点表示工作的结束。工作的名称(或字母代号)标注在箭线上方,该工作的持续时间标注于箭线下方。如果箭线以垂直线的形式出现,工作的名称通常标注于箭线左方,而工作的持续时间则填写于箭线的右方。如图 8-6 所示。

(4)在非时标网络图中,箭线的长度不直接反映工作所占用的时间长短。箭线宜画成水平直线,也可画成拆线或斜线。水平直线投影的方向应自左向右,表示工作的进行方向。

(5)在双代号网络图中,为了正确表达施工过程的逻辑关系,有时必须使用一种虚箭线。这种虚箭线没有工作名称,不占用时间,不消耗资源,只解决工作之间的连接问题,称之为虚工作。虚工作在双代号网络计划中起施工过程之间的逻辑连接或逻辑间断的作用。

2. 节点

（1）双代号网络图中，节点表示前面工作结束或后面工作开始的瞬间，既不消耗时间也不消耗资源。

（2）节点分起点节点、终点节点、中间节点。网络图的第一个节点为起点节点，表示一项计划的开始；网络图的最后一个节点称为终点节点，它表示一项计划的结束；其余节点都称为中间节点，任何一个中间节点既是其紧前各施工过程的结束节点，又是其紧后各施工过程的开始节点，如图 8-7 所示。

图 8-6　双代号网络图工作表示法　　　　图 8-7　开始节点与结束节点

3. 线路

网络图中从起点节点开始，沿箭头方向顺序通过一系列箭线与节点，最后到达终点节点的通路称为线路。通常情况下，一个网络图可以有多条线路，线路上各施工过程的持续时间之和为线路时间，它表示完成该线路上所有工作所需要的时间。一般情况下，各条线路时间往往各不相同，其中，所花时间最长的线路称为关键线路；除关键线路之外的其他线路称为非关键线路，非关键线路中所花时间仅次于关键线路的线路称为次关键线路。

如图 8-8 所示，该网络图中共有 8 条线路，各条线路持续时间如下：

第一条线路：①→②→③→⑤→⑦→⑧＝2＋4＋2＋7＋3＝18；

第二条线路：①→②→③→⑤→⑥→⑦→⑧＝2＋4＋2＋2＋3＝13；

第三条线路：①→②→③→④→⑤→⑦→⑧ ＝2＋4＋3＋7＋3＝19；

第四条线路：①→②→ ③→④→ ⑥→⑦→⑧＝2＋4＋2＋2＋3＝13；

第五条线路：①→②→ ③→④→⑤→ ⑥→⑦→⑧ ＝2＋4＋3＋2＋3＝14；

第六条线路：①→②→④→⑥→⑦→⑧＝2＋3＋2＋2＋3＝12；

第七条线路：①→②→④→⑤→⑦→⑧＝2＋3＋3＋7＋3＝18；

第八条线路：①→②→④→⑤→⑥→⑦→⑧＝2＋3＋3＋2＋3＝13。

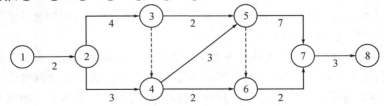

图 8-8　双代号网络图

由上述分析计算可知，第三条线路所花时间最长，即为关键线路。它决定该网络计划的计算工期。其他条线路都称为非关键线路。关键线路在网络图上一般用粗箭线或双箭线来表示。一个网络图至少存在一条关键线路，也可能存在多条关键线路。在一个网络计划中，关键线路不宜过多，否则按计划工期完成任务的难度就较大。

关键线路不是一成不变的,在一定的条件下,关键线路和非关键线路可以互相转化。例如,当关键线路上的工作时间缩短或非关键线路上的工作时间延长时,就可能使关键线路发生转移。

> ## 二、双代号网络图的绘制

1. 双代号网络图的绘制规则

正确绘制工程的网络图是网络计划方法应用的关键。在绘制双代号网络图时,一般应遵循以下基本原则:

(1)双代号网络图必须正确表达已定的逻辑关系。由于网络图是有向、有序网络图形,所以必须严格按照工作之间的逻辑关系绘制,这也是为保证工程质量和资源优化配置及合理使用所必需的。例如,已知工作之间的逻辑关系如表 8-1 所示,若绘出网络图如图 8-9(a)所示则是错误的,因为工作 A 不是工作 D 的紧前工作。此时,可用虚箭线将工作 A 和工作 D 的联系断开,如图 8-9(b)所示。

表 8-1　逻辑关系表

工　作	紧前工作
A	—
B	—
C	A、B
D	B

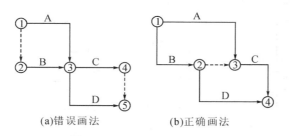

(a)错误画法　　　　(b)正确画法

图 8-9　网络图

(2)在双代号网络图中严禁出现循环回路。在网络图中,从一个节点出发沿着某一条线路移动,又回到原出发节点,即在网络图中出现了闭合的循环路线,称为循环回路。如图 8-10(a)中的②—③—⑤—②,就是循环回路。正确的表达如图 8-10(b)所示。循环回路表示的网络图在逻辑关系上是错误的。

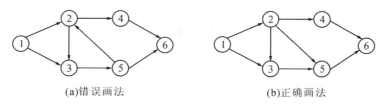

(a)错误画法　　　　　　(b)正确画法

图 8-10　双代号网络图

(3)双代号网络图中，在节点之间严禁出现双向箭头和无箭头的连接。图 8－11 所示即为错误的工作箭线画法，其工作进行的方向不明确，因而不能满足网络图有向的要求。

(4)双代号网络图中严禁出现没有箭头节点的箭线或没有箭尾节点的箭线。图 8－12 所示即为错误的画法。

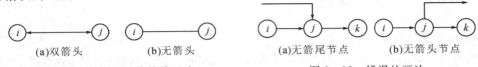

(a)双箭头　　(b)无箭头

图 8－11　错误的工作箭线画法

(a)无箭尾节点　　(b)无箭头节点

图 8－12　错误的画法

(5)一个网络图中，不允许出现同样编号的节点或箭线。在图 8－13(a)中两个工作 A、B 均用①→②代号表示是错误的，正确的表达如图 8－13 (b)所示。此外，箭尾的编号要小于箭头的编号，编号不可重复，可连续编号或跳号。

(a)错误　　(b)正确

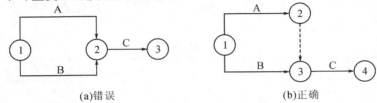

图 8－13　节点编号方法

(6)当网络图的起点节点有多条外向箭线或终点节点有多条内向箭线时，为使图形简洁可应用母线法绘制(见图 8－14)。

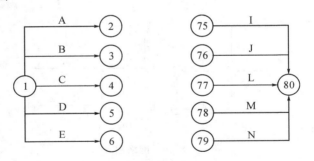

图 8－14　母线法

(7)同一个网络图中，同一项工作不能出现两次。图 8－15 (a)中活动 C 出现了两次是不允许的，应引进虚工作表达成如图 8－15 (b)所示。

(a)错误　　(b)引入虚工作

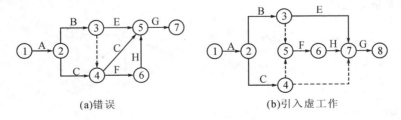

图 8－15　网络图中同一项工作不能出现两次

（8）网络图中尽量避免交叉箭线，当无法避免时，应采用过桥法、断线法或指向法表示，如图 8-16 所示。

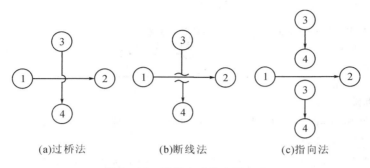

(a)过桥法   (b)断线法   (c)指向法

图 8-16 箭线交叉的表示方法

2. 双代号网络图的逻辑关系表示方法

在网络图中，各施工过程之间有多种逻辑关系，在绘制网络图时，必须正确地反映各施工过程之间的逻辑关系，如表 8-2 所示列举了几种常见的逻辑关系表示方法。

表 8-2 网络图中各工作逻辑关系表示方法

序号	工作间的逻辑关系	网络图上的表示方法	说　明
1	A、B 两项工作，依次进行施工		B 依赖 A，A 约束 B
2	A、B、C 三项工作，同时开始施工		A、B、C 三项工作为平行施工方式
3	A、B、C 三项工作，同时结束施工		A、B、C 三项工作为平行施工方式
4	A、B、C 三项工作，只有 A 完成之后，B、C 才能开始		A 工作制约 B、C 工作的开始，B、C 工作为平行施工方式
5	A、B、C 三项工作，C 工作只能在 A、B 完成之后才能开始		C 工作依赖于 A、B 工作，A、B 工作为平行施工方法
6	A、B、C、D 四项工作，当 A、B 完成之后，C、D 才能开始		通过中间事件 j 正确地表达了 A、B、C、D 之间的关系
7	有 A、B、C、D 四项工作，A 完成后 C 才能开始，A、B 完成后 D 才能开始		D 与 A 之间引入了逻辑连接（虚工作），只有这样才能正确表达它们之间的约束关系
8	有 A、B、C、D、E 五项工作，A、B 完成后 C 开始，B、D 完成后 E 开始		虚工作 $i—j$ 反映出 C 工作受到 B 工作的约束，虚工作 $i—k$ 反映出 E 工作受到 B 工作的约束
9	有 A、B、C、D、E 五项工作，A、B、C 完成后 D 才能开始，B、C 完成后 E 才能开始		虚工作表示 D 工作受到 B、C 工作制约

序号	工作间的逻辑关系	网络图上的表示方法	说　明
10	A、B两项工作,按三个施工段进行平行流水砖工	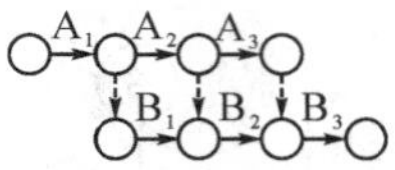 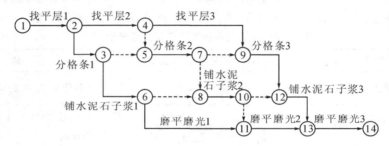	按工种建立两个专业工作队,在每个施工段上进行流水作业,不同工作之间用逻辑接关系表示

3. 网络图的排列方式

在绘制网络图的实际应用中,我们都要求网络图按一定的次序组成排列,使其条理清晰、形象直观。主要有以下几种:

(1)按施工过程排列。根据施工顺序把各施工过程按垂直方向排列,施工段按水平方向排列,其特点是相同工种在同一水平线上,突出不同工种的工作情况。例如,某水磨石地面工程分为水泥砂浆找平层、镶玻璃分格条、铺抹水泥石子浆面层、磨平磨光浆面等四个施工过程,若按三个施工段组织流水施工,其网络图的排列形式如图 8-17 所示。

图 8-17　按施工过程排列

(2)按施工段排列。同一施工段上的有关施工过程按水平方向排列,施工段按垂直方向排列,其特点是同一施工段的工作在同一水平线上,反映出分段施工的特征,突出工作面的利用情况。其网络图形式如图 8-18 所示。

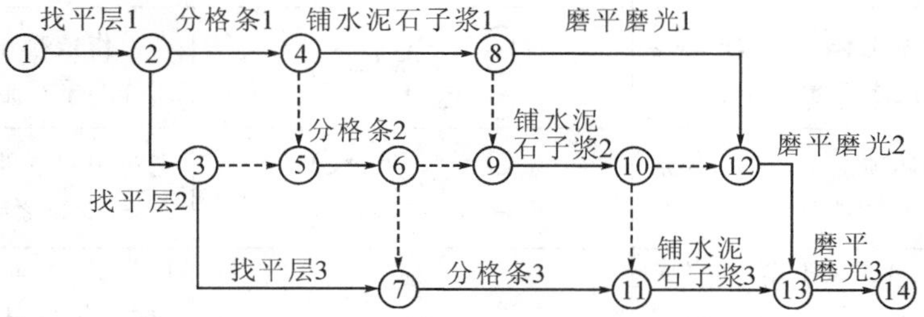

图 8-18　按施工段排列

(3)按楼层排列。如图 8-19 所示,是一个五层内装饰工程的施工组织网络图,整个施工分四个施工过程,而这四个施工过程是按自上而下的顺序组织施工的。

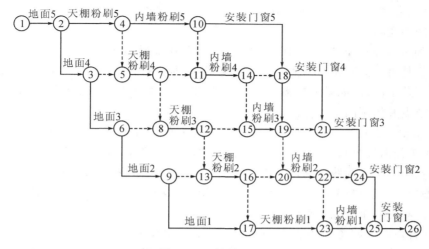

图 8-19　按楼层排列

（4）按工程幢号排列。如图 8-20 所示的施工网络计划的排列方式，它的主要特点是沿水平方向是同一幢号的各个施工过程，一般用于群体工程的施工网络图的绘制。

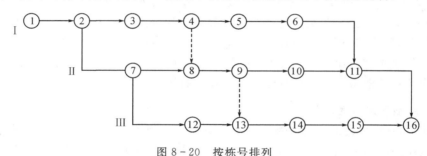

图 8-20　按栋号排列

4. 双代号网络图的绘制方式

当已知每一项工作的紧前工作时，可按下述步骤绘制双代号网络图：

（1）绘制没有紧前工作的工作箭线，使它们具有相同的开始节点，以保证网络图只有一个起点节点。

（2）依次绘制其他工作箭线。这些工作箭线的绘制条件是其所有紧前工作箭线都已经绘制出来。在绘制这些工作箭线时，应按下列原则进行：

①当所要绘制的工作只有一项紧前工作时，则将该工作箭线直接画在其紧前工作箭线之后即可。

②当所要绘制的工作有多项紧前工作时，应按以下四种情况分别予以考虑：

A. 对于所要绘制的工作（本工作）而言，如果在其紧前工作中存在一项只作为本工作紧前工作的工作（即在紧前工作栏目中，该紧前工作只出现一次），则应将本工作箭线直接画在该紧前工作箭线之后，然后用虚箭线将其他紧前工作箭线的箭头节点与本工作箭线的箭尾节点分别相连，以表达它们之间的逻辑关系。

B. 对于所要绘制的工作（本工作）而言，如果在其紧前工作之中存在多项只作为本工作紧前工作的工作，应先将这些紧前工作箭线的箭头节点合并，再从合并后的节点开始，画出本工作箭线,最后用虚箭线将其他紧前工作箭线的箭头节点与本工作箭线的箭尾节点分别相连,以表达它们之间的逻辑关系。

C. 对于所要绘制的工作(本工作)而言,如果不存在情况 A 和情况 B 时,应判断本工作的所有紧前工作是否都同时作为其他工作的紧前工作(即在紧前工作栏目中,这几项紧前工作是否均同时出现若干次)。如果上述条件成立,应先将这些紧前工作箭线的箭头节点合并后,再从合并后的节点开始画出本工作箭线。

D. 对于所要绘制的工作(本工作)而言,如果既不存在情况 A 和情况 B,也不存在情况 C 时,则应将本工作箭线单独画在其紧前工作箭线之后的中部,然后用虚箭线将其各紧前工作箭线的箭头节点与本工作箭线的箭尾节点分别相连,以表达它们之间的逻辑关系。

(3)当各项工作箭线都绘制出来之后,应合并那些没有紧后工作的工作箭线的箭头节点,以保证网络图只有一个终点节点(多目标网络计划除外)。

(4)按照各道工作的逻辑顺序将网络图绘好以后,就要给节点进行编号。编号的目的是赋予每道工作一个代号,便于进行网络图时间参数的计算。当采用电子计算机来进行计算时,工作代号就显得尤为必要。

编号的基本要求是:箭尾节点的号码应小于箭头节点的号码(即 $i<j$),同时任何号码不得在同一张网络图中重复出现。但是号码可以不连续,即中间可以跳号,如编成 1,3,5……或 10,15,20……均可。这样做的好处是将来需要临时加入工作时不致打乱全图的编号。

为了保证编号能符合要求,编号应这样进行:先用我们打算使用的最小数编起点节点的代号,以后的编号每次都应比前一代号大,而且只有指向一个节点的所有工作的箭尾节点全部编好代号,这个节点才能编一个比所有已编号码都大的代号。

5. 绘制网络图应注意的问题

(1)层次清晰,重点突出。绘制网络图时,首先遵循网络图的绘制原则绘出一张符合工艺和组织逻辑关系的网络草图,然后检查,整理出一幅条理清楚、层次分明、重点突出的网络计划图。

(2)构图形式应简洁、易懂。绘制网络图时,箭线应以水平线为主,竖线为辅,如图 8-21(a)所示。应尽量避免用曲线,图 8-21(b)中②→⑤应避免使用。

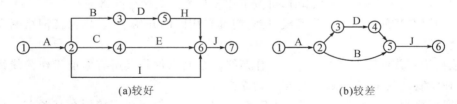

(a)较好　　　　　　　　　　　　(b)较差

图 8-21　构图形式

(3)正确应用虚箭线。绘制网络图时,正确应用虚箭线可以使网络图中逻辑关系更加明确、清楚。

①用虚箭线切断逻辑关系。如图 8-22(a)所示的 A、B 工作的紧后工作是 C、D 工作,如果要切断 A 工作与 D 工作的关系,就需增加虚箭线,增加节点,如图 8-22(b)所示。

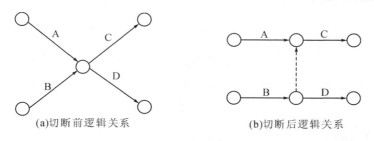

(a)切断前逻辑关系　　　　　(b)切断后逻辑关系

图8-22　用虚箭线切断逻辑关系

②用虚箭线连接逻辑关系。如图8-23(a)中B工作的紧前工作是A工作,D工作的紧前工作是C工作。若D工作的紧前工作不仅有C工作而且还有A工作,那么连接A与D的关系就要使用虚箭线,如图8-23(b)所示。

网络图中应避免使用不必要的虚箭线,如图8-23(a)中⑤~⑥,④~⑥是多余虚箭线,正确的画法应如图8-23(b)所示。

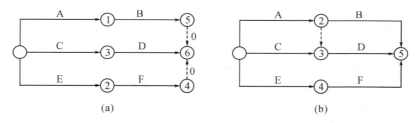

(a)　　　　　　　　　　　(b)

图8-23　虚箭线的正确应用

6. 双代号网络图常见的错误画法

双代号网络图绘制过程中,容易出现的错误画法如表8-3所示。

表8-3　双代号网络图中常见错误画法

工作约束关系	错误画法	正确画法
A、B、C都完成后D才能开始,C完成后E即可开始		
A、B都完成后H才能开始,B、C、D都完成后F才能开始,C、D都完成后G即可开始		
A、B两工作,分三段施工		
其混凝土工程,分三段施工		

续表 8-3

工作约束关系	错误画法	正确画法
装修工程在三个楼层交叉施工		
A、B、C 三个工作同时开始,都结束后 H 才能开始		

7. 双代号网络图画法实例

【例 8-1】根据表 8-4 中各施工过程的逻辑关系,绘制双代号网络图。

表 8-4　某工程各施工过程的逻辑关系

施工过程名称	A	B	C	D	E	F	G	H
紧前工作	—	—	—	A	A、B	A、B、C	D、E	E、F
紧后工作	D、E、F	E、F	F	G	G、H	H	I	I

【解】绘制该网络图,可按下面要点进行:

(1)由于 A、B、C 均无紧前工作,A、B、C 必然为平行开工的三个过程。

(2)D 只受 A 控制,E 同时受 A、B 控制,F 同时受 A、B、C 控制,故 D 可直接排在 A 后,E 排在 B 后,但用虚箭线同 A 相连,F 排在 C 后,用虚箭线与 A、B 相连。

(3)G 在 D 后,但又受控于 E,故 E 与 G 应有虚箭线相连,H 在 F 后,但也受控于 E,故 E 与 H 应有虚箭线。

(4)G、H 交汇于 I。

综上所述,绘出的网络图如图 8-24 所示。

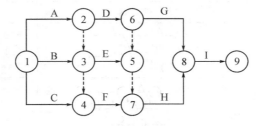

图 8-24　网络图的绘制

三、双代号网络图时间参数的计算

分析和计算网络计划的时间参数,是网络计划方法的一项重要技术内容。通过计算网络计划的时间参数,可以确定完成整个计划所需要的时间——计划工期,明确计划中各项工作对整个计划工期的不同影响,从工期的角度区分出关键工作与非关键工作,计算出非关键工作的作业时间有多少机动性(作业时间的可伸缩度)。所以计算网络计划的时间参数,是确定计划工期的依据,是确定网络计划机动时间和关键线路的基础,是计划调整与优化的依据。

双代号网络图时间参数计算的内容主要包括:各项工作的最早开始时间、最迟开始时间、最早完成时间、最迟完成时间、节点的最早时间、节点的最迟时间、工作的总时差及自由时差。网络图时间参数的计算有许多方法,一般常用的有分析计算法、图上计算法、表上计算法、矩阵计算法和电算法等。

1. 时间参数计算常用符号

D_{i-j}(duration)——工作 $i-j$ 的持续时间;

ES_{i-j}(earliest start time)——工作 $i-j$ 的最早开始时间;

EF_{i-j}(earliest finish time)——工作 $i-j$ 的最早完成时间;

LS_{i-j}(latest finish time)——在总工期已确定的情况下,工作 $i-j$ 的最迟开始时间;

LF_{i-j}(latest start time)——在总工期已确定的情况下,工作 $i-j$ 的最迟完成时间;

ET_i(earliest event time)——节点 i 的最早时间;

LT_i(latest event time)——节点 i 的最迟时间;

TF_{i-j}(total float)——工作 $i-j$ 的总时差;

FF_{i-j}(free float)——工作 $i-j$ 的自由时差。

2. 时间参数的内容及其意义

(1)工作的最早开始时间(ES_{i-j})。工作的最早开始时间表示该工作所有紧前工序都完工后,该工作最早可以开工的时刻。根据每一项工作紧前工序情况不同,其计算公式也不相同。

为了计算方便,假设从起点开始的各工作的最早开始时间是零,即有以下公式:

$$ES_{i-j} = \begin{cases} 0 & (\text{工作 } i-j \text{ 无紧前工作即该工作为开始工作}) \\ ES_{h-i} + D_{h-i} & (\text{工作 } i-j \text{ 有一个紧前工作}) \\ \max(ES_{h-i} + D_{h-i}) & (\text{工作 } i-j \text{ 有多个紧前工作}) \end{cases}$$

(2)工作的最早完成时间(EF_{i-j})。工作的最早完成时间,表示该工作从最早开始时间算起的最早可以完成的时刻。因此,它的计算公式可以表示为:

$$EF_{i-j} = ES_{i-j} + D_{i-j}$$

可见,工作最早完成时间不是独立存在的,它是依附于最早开始时间而存在的。

(3)工作最迟完成时间(LF_{i-j})。工作最迟完成时间是指在不影响计划工期的前提下,该工作最迟必须完成的时刻。

工作最迟完成时间的计算受到网络计划工期的限制。一般情况下,网络计划的工期可以分为计算工期 T_c、要求工期 T_t 和计划工期 T_p 三种。

计算工期 T_c 是由各时间参数计算确定的工期,一个网络计划关键线路所花的时间等于网络计划最后工作(无紧后工作的工作)的最早完成时间。

要求工期 T_t 是合同条款或甲方或主管部门对于该工程的规定的工期。

计划工期 T_p 是根据计算工期和要求工期确定的工期。当规定了要求工期时,$T_p \leqslant T_t$;当未规定要求工期时,$T_p = T_c$。

为了计算方便,通常认为计划工期就等于计算工期,即网络计划的最后工作(无紧后工作的工作)的最迟完成时间就是计划工期。在这一假设条件下,最迟完成时间的计算公式可表示为:

$$LF_{i-j} = \begin{cases} T_P & (i-j \text{ 无紧后工序即该工作为结束工作}) \\ LF_{j-k} - D_{j-k} & (i-j \text{ 工作只有一个紧后工序}) \\ \min(LF_{j-k} - D_{j-k}) & (i-j \text{ 工作有多个紧后工序}) \end{cases}$$

(4)工作最迟开始时间 LS_{i-j}。工作最迟开始时间,表示在不影响该工作最迟完成的情况下,该工作最迟必须开始的时刻。因此,已知工作最迟完成时间,减去该工作的持续时间即可算出它的最迟开始时间。计算公式为:

$$LS_{i-j} = LF_{i-j} - D_{i-j}$$

(5)工作的总时差(TF_{i-j})。工作的总时差是指在不影响计划工期,即不影响紧后工作的最迟开始或完成时间的前提条件下,该工作存在的机动时间(富余时间)。因此,每项工作的总时差都等于该工作的最迟完成时间减去最早完成时间,或最迟开始时间减去最早开始时间(见图 8-25)。其计算公式如下:

$$TF_{i-j} = LF_{i-j} - EF_{i-j}$$

或

$$TF_{i-j} = LS_{i-j} - ES_{i-j}$$

(6)自由时差(FF_{i-j})。自由时差是指在不影响紧后工作的最早开始时间的情况下,该工作存在的机动时间(富余时间)。因此,一项工作的自由时差等于该工作的紧后工作的最早开始时间减去该工作最早完成时间(见图 8-26)。其计算公式如下:

$$FF_{i-j} = ES_{j-k} - EF_{i-j}$$

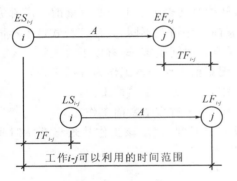

图 8-25 总时差计算简图

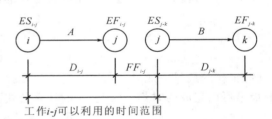

图 8-26 自由时差计算简图

工作的自由时差是在其最早完成时间到其紧后工作最早开始时间范围内的机动时间,所以自由时差是总时差的一部分。因此,总时差为零的工作,其自由时差必然为零,可不必计算。

(7)节点最早时间(ET_i)。节点最早时间表示该节点前面工作都完工后,其紧后工作最早可以开始施工的时刻。其计算有三种情况:

第一种,起点节点 i 如未规定最早时间,其值应等于零,即:

$$ET_i = 0 \qquad (i = 1)$$

第二种,当节点 j 只有一条内向箭线时,其最早时间应为:

$$ET_j = ET_i + D_{i-j}$$

第三种,当节点 j 有多条内向箭线时,其最早时间应为:

$$ET_j = \max\{ET_i + D_{i-j}\}$$

终点节点 n 的最早时间即为网络计划的计算工期,即:

$$ET_n = T_c$$

(8)节点最迟时间(LT_i)。节点最迟时间表示在不影响计划工期的情况下,该节点前面工作最迟必须结束的时间。其计算有三种情况：

第一种，终点节点的最迟时间应等于网络计划的计划工期，即

$$LT_n = T_P$$

若分期完成的节点，则最迟时间等于该节点规定的分期完成的时间。

第二种，当节点 i 只有一个外向箭线时，最迟时间为：

$$LT_i = LT_j - D_{i-j}$$

第三种，当节点 i 有多条外向箭线时，最迟时间为：

$$LT_i = \min\{LT_j - D_{i-j}\}$$

3. 时间参数的计算方法

（1）分析计算法（也叫公式法）。按分析计算法计算时间参数应在确定了各项工作的持续时间之后进行。虚工作也必须视同工作进行计算，其持续时间为零。时间参数的计算结果应标注在箭线之上，如图 8-27 所示。

图 8-27　按工作计算法的标注内容

下面以某双代号网络计划（图 8-28）为例，说明其计算步骤。

① 算各工作的最早开始时间和最早完成时间。

如图 8-28 所示的网络计划中，各工作的最早开始时间和最早完成时间计算如下：

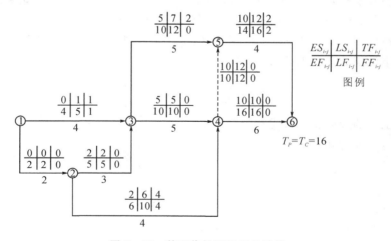

图 8-28　某双代号网络图的计算

工作的最早开始时间：

$$ES_{1-2} = ES_{1-3} = 0$$
$$ES_{2-3} = ES_{1-2} + D_{1-2} = 0 + 2 = 2$$
$$ES_{2-4} = ES_{1-2} + D_{1-2} = ES_{2-3} = 2$$

$$ES_{3-1} = \max \begin{Bmatrix} ES_{1-2} + D_{1-3} \\ ES_{2-3} + D_{1-3} \end{Bmatrix} = \max \begin{Bmatrix} 0 + 4 = 4 \\ 2 + 3 = 5 \end{Bmatrix} = 5$$

$$ES_{3-5} = ES_{3-4} = 5$$

$$ES_{4-5} = \max \begin{Bmatrix} ES_{2-4} + D_{2-4} \\ ES_{3-4} + D_{3-4} \end{Bmatrix} = \max \begin{Bmatrix} 2 + 4 = 6 \\ 5 + 5 = 10 \end{Bmatrix} = 10$$

$$ES_{4-6} = ES_{4-5} = 10$$

$$ES_{5-6} = \max \begin{Bmatrix} ES_{3-5} + D_{3-5} \\ ES_{4-5} + D_{4-5} \end{Bmatrix} = \max \begin{Bmatrix} 5 + 5 = 10 \\ 10 + 0 = 10 \end{Bmatrix} = 10$$

工作的最早完成时间：

$$EF_{1-2} = ES_{1-2} + D_{1-2} = 0 + 2 = 2$$

$$EF_{1-3} = ES_{1-3} + D_{1-3} = 0 + 4 = 4$$

$$EF_{2-4} = ES_{2-4} + D_{2-4} = 2 + 4 = 6$$

$$EF_{2-3} = ES_{2-3} + D_{2-3} = 2 + 3 = 5$$

$$EF_{3-4} = ES_{3-4} + D_{3-4} = 5 + 5 = 10$$

$$EF_{3-5} = ES_{3-5} + D_{3-5} = 5 + 5 = 10$$

$$EF_{4-5} = ES_{4-5} + D_{4-5} = 10 + 0 = 10$$

$$EF_{4-6} = ES_{4-6} + D_{4-6} = 10 + 6 = 16$$

$$EF_{5-6} = ES_{5-6} + D_{5-6} = 10 + 4 = 14$$

从上述计算可以看出，计算工作的最早时间时应特别注意以下三点：一是计算程序，即从起点节点开始顺着箭线方向，按节点次序逐项工作计算；二是要弄清该工作的紧前工作是哪几项，以便准确计算；三是同一节点的所有外向工作最早开始时间相同。

②确定网络计划工期。如图 8-28 所示，网络计划未规定要求工期，故其计划工期等于计算工期。该网络计划的计算工期为：

$$T_c = \max \begin{Bmatrix} EF_{4-6} \\ EF_{5-6} \end{Bmatrix} = \max \begin{Bmatrix} 16 \\ 14 \end{Bmatrix} = 16$$

③计算各工作的最迟完成时间和最迟开始时间。

工作的最迟完成时间：

$$LF_{4-6} = T_c = 16$$

$$LF_{5-6} = LF_{4-6} = 16$$

$$LF_{3-5} = LF_{5-6} - D_{5-6} = 16 - 4 = 12$$

$$LF_{4-5} = LF_{3-5} = 12$$

$$LF_{3-4} = \min \begin{Bmatrix} LF_{4-6} - D_{4-6} \\ LF_{4-5} - D_{4-5} \end{Bmatrix} = \min \begin{Bmatrix} 16 - 6 \\ 12 - 0 \end{Bmatrix} = 10$$

$$LF_{2-4} = LF_{3-4} = 10$$

$$LF_{2-3} = \min \begin{Bmatrix} LF_{3-5} - D_{3-5} \\ LF_{3-4} - D_{3-4} \end{Bmatrix} = \min \begin{Bmatrix} 12 - 5 \\ 10 - 5 \end{Bmatrix} = 5$$

$$LF_{1-3} = LF_{2-3} = 5$$

$$LF_{1-2} = \min \begin{Bmatrix} LF_{2-3} - D_{2-3} \\ LF_{2-4} - D_{2-4} \end{Bmatrix} = \min \begin{Bmatrix} 5 - 3 \\ 10 - 4 \end{Bmatrix} = 2$$

工作的最迟开始时间：

$$LS_{4-6} = LF_{4-6} - D_{4-6} = 16 - 6 = 10$$

$$LS_{5-6} = LF_{5-6} - D_{5-6} = 16 - 4 = 12$$

$$LS_{3-5} = LF_{3-5} - D_{3-5} = 12 - 5 = 7$$

$$LS_{3-4} = LF_{3-4} - D_{3-4} = 10 - 5 = 5$$

$$LS_{2-4} = LF_{2-4} - D_{2-4} = 10 - 4 = 6$$

$$LS_{4-5} = LF_{4-5} - D_{4-5} = 12 - 0 = 12$$

$$LS_{1-3} = LF_{1-3} - D_{1-3} = 5 - 4 = 1$$

$$LS_{2-3} = LF_{2-3} - D_{2-3} = 5 - 3 = 2$$

$$LS_{1-2} = LF_{1-2} - D_{1-2} = 2 - 2 = 0$$

上述计算可以看出，计算工作的最迟时间时应特别注意以下三点：一是计算程序，即从终点节点开始逆着箭线方向，按节点次序逐项工作计算；二是要弄清该工作紧后工作有哪几项，以便正确计算；三是同一节点的所有内向工作最迟完成时间相同。

④计算各工作的总时差。

$$TF_{1-2} = LS_{1-2} - ES_{1-2} = 0 - 0 = 0$$

$$TF_{1-3} = LS_{1-3} - ES_{1-3} = 1 - 0 = 1$$

$$TF_{2-3} = LS_{2-3} - ES_{2-3} = 2 - 2 = 0$$

$$TF_{3-5} = LS_{3-5} - ES_{3-5} = 7 - 5 = 2$$

$$TF_{3-4} = LS_{3-4} - ES_{3-4} = 5 - 5 = 0$$

$$TF_{2-4} = LS_{2-4} - ES_{2-4} = 6 - 2 = 4$$

$$TF_{5-6} = LS_{5-6} - ES_{5-6} = 12 - 10 = 2$$

$$TF_{4-6} = LS_{4-6} - ES_{4-6} = 10 - 10 = 0$$

$$TF_{4-5} = LS_{4-5} - ES_{4-5} = 12 - 12 = 0$$

从以上计算可以看出总时差的特性：

A. 凡是总时差为最小的工作就是关键工作，由关键工作连接构成的线路为关键线路，关键线路上各工作时间之和即为总工期。如图 8－28 所示，工作 1－2、2－3、3－4、4－6 为关键工作，线路 1－2－3－4－6 为关键线路。

关键线路应具有以下特点：

a. 当合同工期等于计划工期时，关键线路上的工作总时差等于零。

b. 关键线路是从网络计划起始节点到结束节点之间持续时间最长的线路。

c. 关键线路在网络计划中不一定只有一条，有时存在两条或两条以上。

d. 当非关键线路上的工作时间延长且超过它的总时差时，非关键线路就变成了关键线路。

在工程进度管理中，应把关键工作作为重点来抓，保证各项工作如期完成，同时注意挖掘非关键工作的潜力，合理安排资源，节省工程费用。

B. 当网络计划的计划工期等于计算工期时，凡总时差大于零的工作为非关键工作，凡是具有非关键工作的线路即为非关键线路。非关键线路与关键线路相交时的相关节点把非关键线路划分成若干个非关键线路段,各段有各段的总时差,相互没有关系。

C. 总时差的使用具有双重性,它既可以被该工作使用,又属于非关键线路所共有。当某项工作使用了全部或部分总时差时,则将引起通过该工作的线路上所有工作总时差重新分配。例如图 8-28 中,非关键线路段 1-3-5 中,$TF_{1-3}=1d$, $TF_{3-5}=2d$,如果工作 3-5 使用了 2d 机动时间,则工作 1-3 就没有总时差可利用;反之,若工作 1-3 使用了 1d 机动时间,则工作 3-5 就只有 1d 时差可以利用了。

⑤计算各工作的自由时差。

$$FF_{1-2} = ES_{2-3} - ES_{1-2} - D_{1-2} = 2-0-2 = 0$$
$$FF_{1-3} = ES_{3-5} - ES_{1-3} - D_{1-3} = 5-0-4 = 1$$
$$FF_{2-3} = ES_{3-4} - ES_{2-3} - D_{2-3} = 5-2-3 = 0$$
$$FF_{2-4} = ES_{4-5} - ES_{2-4} - D_{2-4} = 10-2-4 = 4$$
$$FF_{3-5} = ES_{5-6} - ES_{3-5} - D_{3-5} = 10-5-5 = 0$$
$$FF_{4-5} = ES_{5-6} - ES_{4-5} - D_{4-5} = 10-10-0 = 0$$
$$FF_{3-4} = ES_{4-6} - ES_{3-4} - D_{3-4} = 10-5-5 = 0$$
$$FF_{4-6} = T_P - ES_{4-6} - D_{4-6} = 16-10-6 = 0$$
$$FF_{5-6} = T_P - ES_{5-6} - D_{5-6} = 16-10-4 = 2$$

通过计算不难看出自由时差有如下特性:

A. 自由时差为某非关键工作独立使用的机动时间,利用自由时差,不会影响其紧后工作的最早开始时间。例如图 8-28 中,工作 1-3 有 1d 自由时差,如果使用了 1d 机动时间,也不影响紧后工作 3-5 和工作 3-4 的最早开始时间。

B. 非关键工作的自由时差必小于或等于其总时差。

(2)节点计算法。节点时间参数只有两个,即节点最早时间 ET_i 和节点最迟时间 LT_i。按节点计算法计算时间参数,其计算结果应标注在节点之上,如图 8-29 所示。

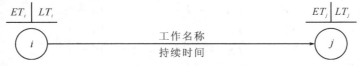

图 8-29 按节点计算法的标注内容

用节点法计算时间参数时,首先计算网络计划各个节点的两个时间参数,然后以这两个时间参数为基础,计算各工作的总时差和自由时差,从而找出关键工作、关键线路以及非关键工作的机动时间。下面以图 8-30 为例,说明其具体计算步骤。

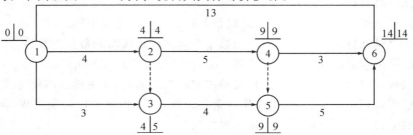

图 8-30 网络计划节点时间参数计算

①计算各节点最早时间。

$$ET_1 = 0$$

$$ET_2 = ET_1 + D_{1-2} = 0 + 4 = 4$$

$$ET_2 = \max \begin{Bmatrix} ET_2 + D_{2-3} \\ ET_1 + D_{1-3} \end{Bmatrix} = \max \begin{Bmatrix} 4+0 \\ 0+3 \end{Bmatrix} = 4$$

$$ET_4 = ET_2 + D_{2-4} = 4 + 5 = 9$$

$$ET_5 = \max \begin{Bmatrix} ET_4 + D_{4-5} \\ ET_3 + D_{3-5} \end{Bmatrix} = \max \begin{Bmatrix} 9+0 \\ 4+4 \end{Bmatrix} = 9$$

$$ET_6 = \max \begin{Bmatrix} ET_1 + D_{1-6} \\ ET_4 + D_{4-6} \\ ET_5 + D_{5-6} \end{Bmatrix} = \max \begin{Bmatrix} 0+13 \\ 9+3 \\ 9+5 \end{Bmatrix} = 14$$

②计算各节点最迟时间。

$$LT_6 = T_P = ET_6 = 14$$

$$LT_5 = LT_6 - D_{5-6} = 14 - 5 = 9$$

$$LT_4 = \min \begin{Bmatrix} LT_6 - D_{4-6} \\ LT_5 - D_{4-5} \end{Bmatrix} = \min \begin{Bmatrix} 14-3 \\ 9-0 \end{Bmatrix} = 9$$

$$LT_3 = LT_5 - D_{3-5} = 9 - 4 = 5$$

$$LT_2 = \min \begin{Bmatrix} LT_4 - D_{2-4} \\ LT_3 - D_{2-3} \end{Bmatrix} = \min \begin{Bmatrix} 9-5 \\ 5-0 \end{Bmatrix} = 9$$

$$LT_1 = \min \begin{Bmatrix} LT_6 - D_{1-6} \\ LT_2 - D_{1-2} \\ LT_3 - D_{1-3} \end{Bmatrix} = \min \begin{Bmatrix} 14-13 \\ 4-4 \\ 5-3 \end{Bmatrix} = 0$$

③根据节点时间参数计算工作时间参数。

A. 工作最早开始时间等于该工作的开始节点的最早时间。

$$ES_{i-j} = ET_i$$

B. 工作最早完成时间等于该工作的开始节点的最早时间加上持续时间。

$$EF_{i-j} = ET_i + D_{i-j}$$

C. 工作最迟开始时间等于该工作的完成节点的最迟时间减去持续时间。

$$LS_{i-j} = LT_j - D_{i-j}$$

④节点时间参数与工作总时差的关系。根据总时差的含义以及节点时间参数与工序时间参数的关系,可以推导出用两个节点时间参数表示工作总时差的公式,即:

$$TF_{i-j} = LT_j - ET_i - D_{i-j}$$

具体推导过程为:

$$TF_{i-j} = LF_{i-j} - EF_{i-j} = LT_j - ES_{i-j} - D_{i-j} = LT_j - ET_i - D_{i-j}$$

该公式说明,任一工序 $i-j$ 的总时差都等于该工作结束节点 j 的最迟时间减去开始节点 i 的最早时间,再减去本工作的持续时间。

⑤节点时间参数与工作自由时差的关系。根据自由时差的含义以及节点时差参数与工序时间参数的关系,可以推导出用两个节点时间参数表达工作自由时差的公式,即

$$FF_{i-j} = ET_j - ET_i - D_{i-j}$$

具体推导过程为：

$$FF_{i-j} = ES_{j-k} - EF_{i-j} = EF_j - ES_{i-j} - D_{i-j}$$

该公式说明，任一工序 $i-j$ 的自由时差都等于该工作结束节点 j 的最早时间减去开始节点 i 的最早时间，再减去本工作的持续时间。

比较总时差与自由时差的计算公式不难看出，一项工作的总时差与自由时差的差值就等于该工作的结束节点的最迟时间与最早时间的差值，即：

$$TF_{i-j} - FF_{i-j} = LT_j - ET_i - D_{i-j} - (ET_j - ET_i - D_{i-j}) = LT_i - ET_j$$

根据这一理论，一方面可以简化时间参数的计算过程，另一方面还可以对已经计算的总时差和自由时差进行检查。该理论可以详细表述为：当某一工作的结束节点的最早时间与最迟时间相等时，该工作的总时差和自由时差一定相等。

如图 8-30 所示的网络计划中，根据节点时间参数计算工作的六个时间参数如下：

A. 工作最早开始时间：

$$ES_{1-6} = ES_{1-2} = ES_{1-3} = ET_1 = 0$$
$$ES_{2-4} = ET_2 = 4$$
$$ES_{3-5} = ET_3 = 4$$
$$ES_{4-6} = ET_4 = 9$$
$$ES_{5-6} = ET_5 = 9$$

B. 工作最早完成时间：

$$EF_{1-6} = ET_1 + D_{1-6} = 0 + 13 = 13$$
$$EF_{1-2} = ET_1 + D_{1-2} = 0 + 4 = 4$$
$$EF_{1-3} = ET_1 + D_{1-3} = 0 + 3 = 3$$
$$EF_{2-4} = ET_2 + D_{2-4} = 4 + 5 = 9$$
$$EF_{3-5} = ET_3 + D_{3-5} = 4 + 4 = 8$$
$$EF_{4-6} = ET_4 + D_{4-6} = 9 + 3 = 12$$
$$EF_{5-6} = ET_5 + D_{5-6} = 9 + 5 = 14$$

C. 工作最迟完成时间：

$$LF_{1-6} = LT_6 = 14$$
$$LF_{1-2} = LT_2 = 4$$
$$LF_{1-3} = LT_3 = 5$$
$$LF_{2-4} = LT_4 = 9$$
$$LF_{3-5} = LT_5 = 9$$
$$LF_{4-6} = LT_6 = 14$$
$$LF_{5-6} = LT_6 = 14$$

D. 工作最迟开始时间：

$$LS_{1-6} = LT_6 - D_{1-6} = 14 - 13 = 1$$
$$LS_{1-2} = LT_2 - D_{1-2} = 4 - 4 = 0$$
$$LS_{1-3} = LT_3 - D_{1-3} = 5 - 3 = 2$$
$$LS_{2-4} = LT_4 - D_{2-4} = 9 - 5 = 4$$
$$LS_{3-5} = LT_5 - D_{3-5} = 9 - 4 = 5$$

$$LS_{4-6} = LT_6 - D_{4-6} = 14 - 3 = 11$$
$$LS_{5-6} = LT_6 - D_{5-6} = 14 - 5 = 9$$

E. 总时差：

$$TF_{1-6} = LT_6 - ET_1 - D_{1-6} = 14 - 0 - 13 = 1$$
$$TF_{1-2} = LT_2 - ET_1 - D_{1-2} = 4 - 0 - 4 = 0$$
$$TF_{1-3} = LT_3 - ET_1 - D_{1-3} = 5 - 0 - 3 = 2$$
$$TF_{2-4} = LT_4 - ET_2 - D_{2-4} = 9 - 4 - 5 = 0$$
$$TF_{3-5} = LT_5 - ET_3 - D_{3-5} = 9 - 4 - 4 = 1$$
$$TF_{4-6} = LT_6 - ET_4 - D_{4-6} = 14 - 9 - 3 = 2$$
$$TF_{5-6} = LT_6 - ET_5 - D_{5-6} = 14 - 9 - 5 = 0$$

F. 自由时差：

$$FF_{1-6} = ET_6 - ET_1 - D_{1-6} = 14 - 0 - 13 = 1$$
$$FF_{1-2} = ET_2 - ET_1 - D_{1-2} = 4 - 0 - 4 = 0$$
$$FF_{1-3} = ET_3 - ET_1 - D_{1-3} = 4 - 0 - 3 = 1$$
$$FF_{2-4} = ET_4 - ET_2 - D_{2-4} = 9 - 4 - 5 = 0$$
$$FF_{3-5} = ET_5 - ET_3 - D_{3-5} = 9 - 4 - 4 = 1$$
$$FF_{4-6} = ET_6 - ET_4 - D_{4-6} = 14 - 9 - 3 = 2$$
$$FF_{5-6} = ET_6 - ET_5 - D_{5-6} = 14 - 9 - 5 = 0$$

（3）图上计算法。图上计算法简称图算法，是指按照各项时间参数计算公式的程序，直接在网络图上计算时间参数的方法。由于计算过程在图上直接进行，不需列计算公式，既快又不易出错，计算结果直接标注在网络图上，一目了然，同时也便于检查和修改，因此比较常用。

①计算工作的最早开始时间和最早完成时间。以起点节点为开始节点的工作，其最早开始时间一般记为 0，如图 8-31 所示的工作 1—2 和工作 1—3。

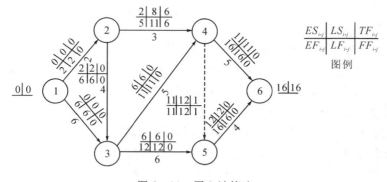

图 8-31　图上计算法

其余工作的最早开始时间可采用"沿线累加，逢圈取大"的计算方法求得。即从网络图的起点节点开始，沿每一条线路将各工作的作业时间累加起来，在每一个圆圈（节点）处，取到达该圆圈的各条线路累计时间的最大值，就是以该节点为开始节点的各工作的最早开始时间。

工作的最早完成时间等于该工作最早开始时间与本工作持续时间之和。

将计算结果标注在箭线上方各工作图例对应的位置上（见图 8-31）。

②计算工作的最迟完成时间和最迟开始时间。以终点节点为完成节点的工作，其最迟完

成时间就等于计划工期,如图8-31所示的工作4—6和工作5—6。

其余工作的最迟完成时间可采用"逆线累减,逢圈取小"的计算方法求得。即从网络图的终点节点逆着每条线路将计划工期依次减去各工作的持续时间,在每一个圆圈处取后续线路累减时间的最小值,就是以该节点为完成节点的各工作的最迟完成时间。

工作的最迟开始时间等于该工作最迟完成时间与本工作持续时间之差。

将计算结果标注在箭线上方各工作图例对应的位置上(见图8-31)。

③计算工作的总时差。工作的总时差等于该工作的最迟开始时间减去工作的最早开始时间,或者等于该工作的最迟完成时间减去工作的最早完成时间。工作的总时差可采用"迟早相减,所得之差"的计算方法求得,并将计算结果标注在箭线上方各工作图例对应的位置上(见图8-31)。

④计算工作的自由时差。工作的自由时差等于紧后工作的最早开始时间减去本工作的最早完成时间。可在图上相应位置直接相减得到,并将计算结果标注在箭线上方各工作图例对应的位置上(见图8-31)。

⑤计算节点最早时间。起点节点的最早时间一般记为0,如图8-32所示的①节点。其余节点的最早时间也可采用"沿线累加,逢圈取大"的计算方法求得。将计算结果标注在相应节点图例对应的位置上(见图8-32)。

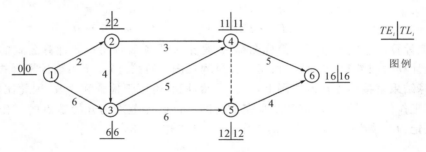

图8-32 网络图时间参数计算

⑥计算节点最迟时间。终点节点的最迟时间等于计划工期。当网络计划有规定工期时,其最迟时间就等于规定工期;当没有规定工期时,其最迟时间就等于终点节点的最早时间。其余节点的最迟时间也可采用"逆线累减,逢圈取小"的计算方法求得。将计算结果标注在相应节点图例对应的位置上(见图8-32)。

(4)表上计算法。为了保持网络图的清晰和计算数据的条理化,也可以采用表格进行时间参数的计算,表格的形式多种多样,表8-5为常用的一种。

表8-5 时间参数计算表

工作代号 $i—j$	持续时间 D_{i-j}	最早开始时间 ES_{i-j}	最早完成时间 EF_{i-j}	最迟完成时间 LF_{i-j}	最迟开始时间 LS_{i-j}	总时差 TF_{i-j}	自由时差 FF_{i-j}	关键工作
①	②	③	④	⑤	⑥	⑦	⑧	⑨
1—2	2	0	2	2	0	0	0	√
1—3	6	0	6	6	0	0	0	√

续表 8－5

工作代号 $i-j$	持续时间 D_{i-j}	最早开始时间 ES_{i-j}	最早完成时间 EF_{i-j}	最迟完成时间 LF_{i-j}	最迟开始时间 LS_{i-j}	总时差 TF_{i-j}	自由时差 FF_{i-j}	关键工作
2—3	4	2	6	6	2	0	0	√
2—4	3	2	5	11	8	6	6	
3—4	5	6	11	11	6	0	0	√
3—5	6	6	12	12	6	0	0	√
4—5	0	11	11	12	12	1	1	
4—6	5	11	16	16	11	0	0	√
5—6	4	12	16	16	12	0	0	√

现仍以图 8－31 所示网络计划图为例，说明表上计算法的计算方法和步骤。

第一步：首先将网络图的各项工作的代码按由小到大的顺序填写在时间参数计算表格的第①栏内，将工作的持续时间依次填写在表格的第②栏内。

第二步：自上而下计算各工作的最早可能时间，包括最早开始时间和最早完成时间两个参数。计算过程中，一定要注意各工作的紧前工作的情况。

如：工作 1—2，开始节点编号为 1，但是，整个网络计划没有以 1 节点为结束节点的工作，因此，工作 1—2 无紧前工作，所以，根据时间参数的内容及意义可得 $ES_{1-2}=0$，将数据填于第③栏中。

有了工作最早开始时间，加上持续时间即可得到工作最早完成时间，即 $EF_{1-2}=0+2=2$，将数据填于第④栏中。

工作 2—3，2—4 开始于同一个节点，最早开始时间是一样的，而在网络计划中，以 2 节点为结束节点的工作有一个，则工作 2—3，2—4 有一个紧前工作，所以，这两个工作的最早可能开始时间为工作 1—2 的最早完成时间，即 $ES_{2-3}=ES_{2-4}=EF_{1-2}=2$，将数据填于第③栏中。同样方法，$EF_{2-3}=ES_{2-3}+D_{2-3}=2+4=6$，$EF_{2-4}=ES_{2-4}+D_{2-4}=2+3=5$，将数据填写于第④栏。

第三步：确定计算工期 T_e。计算工期为第④栏内结束于最后一个节点的各工作最早完成时间的最大值，即 $T_e=\max\{EF_{4-6},EF_{5-6}\}=16$。

第四步：自下而上计算工作最迟完成时间，以最迟完成时间为依据，减去工作持续时间即算出最迟开始时间，填于第⑤栏和第⑥栏。计算过程中一定要注意，应从下往上计算且注意各工作的紧后工作情况。

首先计算结束于最后节点工作的最迟完成时间，例题中工作 4—6，5—6 都结束于最后一个节点，整个网络计划没有以 6 节点为开始节点的工作，所以工作 4—6，5—6 无紧后工作，又因为结束于同一个节点的最迟完成时间是一样的，因此，$LF_{4-6}=LF_{5-6}=T_c=16$ d，填于第⑤栏。第⑤栏数据减去第②栏数据得到最迟开始时间，填于第⑥栏。

第五步：计算工作总时差。因为 $TF_{i-j}=LF_{i-j}-EF_{i-j}=LS_{i-j}-ES_{i-j}$，所以，表上计算工作总时差就等于第⑤栏数据减去第④栏数据或第⑥栏数据减去第③栏数据，填入第⑦栏相应位置。

第六步：计算自由时差。因为自由时差是不影响紧后工序最早可能开始的情况下该工作存在的机动时间，因此，$FF_{i-j}=ES_{j-k}-EF_{i-j}$。如：计算工作 3—5 的自由时差，其紧后工作为 5—6，查出 $ES_{5-6}=12$，所以，$FF_{3-5}=ES_{5-6}-EF_{3-5}=12-12=0$，以此类推。计算结果填于表中相应位置。

第七步：标明关键工作和关键线路。从表中找出总时差为零的工作，在第⑨栏相应的位置上注上"√"表示该工作为关键工作。把关键工作按代码大小连接起来就成为关键线路。

4. 关键线路和关键工作的确定

(1)关键工作。在网络计划中，总时差最小的工作为关键工作；当计划工期等于计算工期时，总时差为零的工作为关键工作。

当进行节点时间参数计算时，凡满足下列三个条件的工作必为关键工作。

$$\begin{cases} LT_i - ET_i = T_p - T_c \\ LT_j - ET_j = T_p - T_c \\ LT_j - ET_i - D_{i-j} = T_p - T_c \end{cases}$$

(2)关键节点。在双代号网络计划中，关键线路上的节点称为关键节点。关键工作两端的节点必为关键节点，但两端为关键节点的工作不一定是关键工作。关键节点的最迟时间与最早时间的差值最小。特别地，当网络计划的计划工期等于计算工期时，关键节点的最早时间与最迟时间必然相等。例如在图 8-32 中，节点①、②、③、④、⑤、⑥就是关键节点。关键节点必然处在关键线路上，但由关键节点组成的线路不一定是关键线路。例如在图 8-32 中，由关键节点②、④、⑤组成的线路就不是关键线路。

当利用关键节点判别关键线路和关键工作时，还要满足下列判别式：

$$ET_i + D_{i-j} = ET_j$$

或

$$LT_i + D_{i-j} = LT_j$$

如果两个关键节点之间的工作符合上述判别式，则该工作必然为关键工作，它应该在关键线路上。否则，该工作就不是关键工作，关键线路也就不会从此处通过。

在双代号网络计划中，当计划工期等于计算工期时，关键节点具有以下一些特性，掌握好这些特性，有助于确定工作的时间参数。

①开始节点和完成节点均为关键节点的工作，不一定是关键工作。例如在图 8-31 所示网络计划中，节点②和节点④为关键节点，但工作 2—4 为非关键工作。由于其两端为关键节点，机动时间不可能为其他工作所利用，故其总时差和自由时差均为 6。

②以关键节点为完成节点的工作，其总时差和自由时差必然相等。例如在图 8-31 所示网络计划中，工作 2—4 的总时差和自由时差均为 6；工作 4—5 的总时差和自由时差均为 10。

③当关键节点间有多项工作，且工作间的非关键节点无其他内向箭线和外向箭线时，则该线路上各项工作的总时差均相等，除以关键节点为完成的节点的工作自由时差等于总时差外，其余工作的自由时差均为零。

④当两个关键节点间有多项工作，且工作间的非关键节点有外向箭线而无其他内向箭线时，则两个关键节点间各项工作的总时差不一定相等。在这些工作中，除以关键节点为完成的节点的工作自由时差等于总时差外，其余工作的自由时差均为零。

任务三　单代号网络计划图

单代号网络图是以节点及其编号表示工作，以箭线表示工作之间逻辑关系的网络图。由于它具有绘图简便、逻辑关系明确、易于修改等优点，因此在国内外日益受到普遍重视，其应用范围和表达功能也在不断发展和扩大。

➤ 一、单代号网络图的组成

单代号网络图由节点、箭线、节点编号三个基本要素组成。

1. 节点

在单代号网络图中，通常将节点画成一个圆圈或方框，一个节点代表一项工作。节点所表示的工作名称、持续时间和工作代号都标注在圆圈或方框内。如图8-33所示。

2. 箭线

在单代号网络图中，箭线既不占用时间，也不消耗资源，只表示紧邻工作之间的逻辑关系，箭线应画成水平直线、拆线或斜线，箭线的箭头指向工作进行方向，箭尾节点表示的工作为箭头节点工作的紧前工作。单代号网络图中无虚箭线。

3. 工作代号

单代号网络图的是以一个单独编号表示一项工作，编号原则和双代号相同，也应从小到大，从左往右，箭头编号大于箭尾编号。一项工作只能有一个代号，不得重号。如图8-34所示。

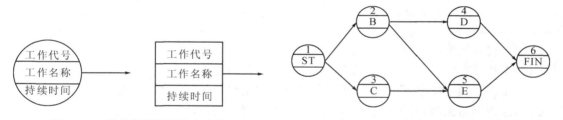

图8-33　单代号网络图节点表示　　　　图8-34　单代号网络图工作代号

➤ 二、单代号网络图与双代号网络图特点的比较

（1）单代号网络图绘制简便，逻辑关系明确，并且表示逻辑关系时，可以不借助虚箭线，因而较双代号网络图绘制简单。

（2）单、双代号网络图的符号虽然一样，但含义正好相反。单代号网络图以节点表示工作，双代号网络图以箭线表示工作。

（3）单代号网络图在表达进度计划时，不如双代号网络计划形象，特别是在应用带有时间坐标的网络计划中。

（4）双代号网络图在应用电子计算机进行计算和优化过程更为简便，这是因为在双代号网络图中，用两个代号表示一项工作，可以直接反映其紧前工作或紧后工作的关系。而单代号网络图就必须按工作列出紧前、紧后工作关系，这在计算机中需要更多的存储单元。

(5)单代号网络图的编号不能确定工作间的逻辑关系,而双代号网络图可以通过节点编号明确工作之间的逻辑关系。如在双代号网络图中,②—③一定是③—⑥的紧前工作。

由此可看出,双代号网络图比单代号网络图的优点突出。但是,由于单代号网络图绘制简便,此外一些发展起来的网络技术,如决策网络、搭接网络等都是以单代号网络图为基础的,因此越来越多的人开始使用单代号网络图。近年来,对单代号网络图进行了改进,可以画成时标形式,更利于单代号网络图的推广与应用。

三、单代号网络图的绘制方法

(1)正确表达已定的逻辑关系。在单代号网络图中,工作之间逻辑关系的表示方法比较简单。如表8-6所示为用单代号表示的几种常见的逻辑关系。

表8-6 单代号网络图逻辑关系表示方法

序号	工作间的逻辑关系	单代号网络图表示方法
1	A、B、C 三项工作依次完成	A → B → C
2	A、B 完成进行 D	A、B → D
3	A 完成后,B、C 同时开始	A → B、C
4	A 完成后进行 C A、B 完成后进行 D	A → C,A、B → D

(2)单代号网络图中,严禁出现循环回路。

(3)单代号网络图中,严禁出现双向箭头或无箭头的连线。

(4)单代号网络图中,严禁出现没有箭尾节点的箭线和没有箭头节点的箭线。

(5)绘制网络图时,箭线不宜交叉。当交叉不可避免时,可采用过桥法或指向法绘制。

(6)单代号网络图只应有一个起点节点和一个终点节点;当网络图中有多个起点节点或多个终点节点时,应在网络图的两端分别设置一项虚工作,作为该网络图的起点节点和终点节点。

【例8-2】已知网络图的资料如表8-7所示,试绘制单代号网络图。

表8-7 网络图资料表

工作名称	A	B	C	D	E	F
持续时间	5	6	5	5	3	6
紧前工作	—	A	A	B	B,C	D,E

绘制的单代号网络图如图8-35所示。

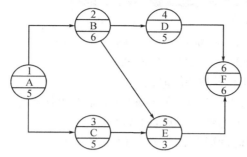

图 8 - 35　单代号网络图

四、单代号网络计划时间参数的计算

单代号网络计划时间参数的含义和计算原理与双代号网络计划基本相同。但由于单代号网络图是用节点表示工作,箭线只表示工作间的逻辑关系,因此,计算时间参数时,并不像双代号网络图那样,要区分节点时间和工序时间。在单代号网络计划中,除标注出各项工作的 6 个时间参数外,还要在箭线上方标注出相邻两个工作的时间间隔。时间间隔就是一项工作的最早完成时间与其紧后工作最早开始时间之间存在的差值,用 $LAG_{i,j}$ 表示。

单代号网络计划时间参数总共有 6 个,包括工作最早开始时间、工作最早结束时间、工作最迟结束时间、工作最迟开始时间、工作总时差和工作自由时差。

单代号网络计划时间参数的计算方法有分析计算法、图上计算法、表上计算法、矩阵计算法及电算法等。

1. 单代号网络图时间参数常用符号

D_i——工作 i 的持续时间;

ES_i——工作 i 的最早开始时间;

EF_i——工作 i 的最早完成时间;

LS_i——工作 i 的最迟开始时间;

LF_i——工作 i 的最迟完成时间;

TF_i——工作 i 的总时差;

FF_i——工作 i 的自由时差;

$LAG_{i,j}$——相邻两项工作 i 和 j 之间的时间间隔。

2. 单代号网络图时间参数的计算步骤

(1)计算工作的最早开始和最早完成时间。

①工作 t 的最早开始时间 ES_i 应从网络计划的起点节点开始,顺着箭线方向依次逐项计算。

②起点节点 i 的最早开始时间 ES_i 如无规定时,其值应等于零,即

$$ES_i = 0(i = 1)$$

③各项工作最早开始和结束时间的计算公式为

$$ES_j = \max\{ES_i + D_i\} = \max\{EF_i\}$$

$$EF_j = ES_j + D_j$$

式中:ES_j——工作 j 最早开始时间;

　　EF_j——工作 j 最早完成时间;

D_j——工作 j 的持续时间；

ES_i——工作 j 的紧前工作 i 最早开始时间；

EF_i——工作 j 的紧前工作 i 最早完成时间；

D_i——工作 j 的紧前工作 i 的持续时间。

④确定网络计划计算工期 T_c。网络计划中，结束节点所表示的工作的最早完成时间，就是网络计划的计算工期，若 n 为终点节点，则 $T_c = EF_n$。

（2）相邻两项工作之间时间间隔的计算。相邻两项工作之间存在着时间间隔，i 工作与 j 工作的时间间隔记为 $LAG_{i,j}$。时间间隔指相邻两项工作之间，后项工作的最早开始时间与前项工作的最早完成时间之差，其计算公式为：

$$LAG_{i,j} = ES_j - EF_i$$

式中：$LAG_{i,j}$——工作 i 与其紧后工作 j 之间的时间间隔；

ES_j——工作 i 的紧后工作 j 的最早开始时间；

EF_i——工作 i 的最早完成时间。

（3）计算工作的最迟完成和最迟开始时间。工作的最迟完成时间也就是在不影响计划工期的情况下，该工作最迟必须结束的时间。它等于其紧后工作最迟开始时间的最小值。计算公式如下：

$LF_n = T_c = T_p$（n 为结束节点，当计划工期等于计算工期时）

$LF_n = T_r = T_p$（n 为结束节点，当有要求工期且为计划工期时）

$LF_i = \min\{LS_j\}$（i 为中间节点表示的工作）

工作的最迟开始时间等于该工作的最迟完成时间减去它的持续时间。计算公式为：

$$LS_i = LF_i - D_i$$

（4）工作总时差的计算。工作总时差的计算应从网络计划的终点节点开始，逆着箭线方向按节点编号从大到小的顺序依次进行。

①网络计划终点节点所代表的工作的总时差（TF_n）应等于计划工期（T_P）与计算工期 T_c 之差，即：

$$TF_n = T_p - T_c$$

当计划工期等于计算工期时，该工作的总时差为零。

②其他工作的总时差应等于本工作与其各紧后工作之间的时间间隔加上该紧后工作的总时差所得之和的最小值，即：

$$TF_i = \min\{LAG_{i,j} + TF_j\}$$

式中：TF_i——工作 i 的总时差；

$LAG_{i,j}$——工作 i 与其紧后工作 j 之间的时间间隔；

TF_j——工作 i 的紧后工作 j 的总时差。

（5）自由时差的计算。工作 i 的自由时差 FF_i 的计算应符合下列规定：

①终点节点所代表的工作 n 的自由时差 FF_n 应为：

$$FF_n = T_p - EF_n$$

式中：FF_n——终点节点 n 所代表的工作的自由时差；

T_p——网络计划的计划工期；

EF_n——终点节点 n 所代表的工作的最早完成时间（即计算工期）。

②其他工作 i 的自由时差 FF_i 应为：

$$FF_i = \min\{LAG_{i,j}\}$$

（6）关键工作和关键线路的确定。

①单代号网络图关键工作的确定与双代号网络图相同。

②利用关键工作确定关键线路。如前所述，总时差最小的工作为关键工作。将这些关键工作相连，并保证相邻两项关键工作之间的时间间隔为零而构成的线路就是关键线路。

③利用相邻两项工作之间的时间间隔确定关键线路。从网络计划的终点节点开始，逆着箭线方向依次找出相邻两项工作之间时间间隔为零的线路就是关键线路。

【例8-3】试计算图8-35所示单代号网络计划的时间参数。

第一步，计算工作最早时间。计算时，由网络图的起点节点开始，从左到右依次向终点节点方向进行。计算过程如表8-8所示。

表8-8　工作最早时间计算

工作代号	工作名称	紧前工作	工作持续时间 D_i	工作最早开始时间 ES_i	工作最早完成时间 EF_i
①	A	—	5	0	0+5=5
②	B	A	6	5	5+6=11
③	C	A	5	5	5+5=10
④	D	B	5	11	11+5=16
⑤	E	B、C	3	max(11,10)=11	11+3=14
⑥	F	D、E	6	max(16,14)=16	16+6=22

从最早结束时间可以得到网络计划的计算工期为22。

第二步，计算前后工作的时间间隔 $LAG_{i,j}$。

$$LAG_{1-2} = ES_2 - EF_1 = 5 - 5 = 0$$
$$LAG_{1-3} = ES_3 - EF_1 = 5 - 5 = 0$$
$$LAG_{2-4} = ES_4 - EF_2 = 11 - 11 = 0$$
$$LAG_{2-5} = ES_5 - EF_2 = 11 - 11 = 0$$
$$LAG_{3-5} = ES_5 - EF_3 = 11 - 10 = 1$$
$$LAG_{4-6} = ES_6 - EF_4 = 16 - 16 = 0$$
$$LAG_{5-6} = ES_6 - EF_5 = 16 - 14 = 2$$

第三步，计算工作最迟时间。计算时，由网络图的终点节点开始，从右到左依次向起点节点方向进行。计算过程如表8-9所示。

表8-9　工作最迟时间计算

工作代号	工作名称	紧前工作	工作持续时间 D_i	工作最迟完成时间 LF_i	工作最迟开始时间 LS_i
⑥	F	—	6	22	22-6=16
⑤	E	F	3	16	16-3=13
④	D	F	5	16	16-5=11
③	C	E	5	13	13-5=8
②	B	D、E	6	min(11,13)=11	11-6=5
①	A	B、C	5	min(5,8)=5	5-5=0

第四步,计算工作总时差。终点节点所代表的工作的总时差等于计划工期与计算工期之差,本例中没有给出要求工期,故计划工期与计算工期相等,则 $TF_6 = 0$。其他工作的总时差等于本工作与其紧后工作之间的时间间隔加该紧后工作的总时差所得之和的最小值,计算过程如下:

$$TF_5 = LAG_{5-6} + TF_6 = 2 + 0 = 2$$
$$TF_4 = LAG_{4-6} + TF_6 = 0 + 0 = 0$$
$$TF_3 = LAG_{3-5} + TF_5 = 1 + 2 = 3$$
$$TF_2 = \min\{LAG_{2-4} + TF_4, LAG_{2-5} + TF_5\} = \min\{0+0, 0+2\} = 0$$
$$TF_1 = \min\{LAG_{1-2} + TF_2, LAG_{1-3} + TF_3\} = \min\{0+0, 0+3\} = 0$$

第五步,计算工作自由时差。本例中没有给出要求工期,故计划工期与计算工期相等,则终点节点所代表的工作的自由时差等于零,即 $FF_6 = 0$。其他工作的自由时差等于其与紧后工作之间时间间隔的最小值,计算过程如下:

$$FF_5 = LAG_{5-6} = 2$$
$$FF_4 = LAG_{4-6} = 0$$
$$FF_3 = LAG_{3-5} = 1$$
$$FF_2 = \min\{LAG_{2-4}, LAG_{2-5}\} = \min\{0, 0\} = 0$$
$$FF_1 = \min\{LAG_{1-2}, LAG_{1-3}\} = \min\{0, 0\} = 0$$

将上述时间参数的计算结果标注于单代号网络计划的相应位置上,如图8-36所示。

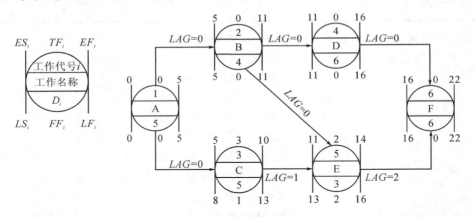

图8-36　单代号网络图时间参数计算结果

任务四　网络计划的优化与控制概述

网络计划的优化是在满足既定约束条件下,按选定目标,通过不断改进网络计划来寻找满意方案。其目的是通过依次改善网络计划,使工程按期完工,并在现有资源的限制条件下,均衡合理地使用各种资源,以较小的消耗取得最大的经济效益。

网络计划的优化目标,应按计划任务的需要和条件选定,包括工期目标、费用目标、资源目标。网络计划的优化只是相对的,不可能做到绝对优化。在一定优化原理的指导下优化的方法可以是多种多样的。

➤ 一、工期优化

工期优化是指在满足既定约束条件下,按要求工期目标,通过延长或缩短网络计划初始方案的计算工期,以达到要求工期目标,保证按期完成任务。

1. 工期优化的方法

网络计划的初始方案编制好后,将其计算工期与要求工期相比较,会出现以下情况:

(1)计算工期小于或等于要求工期。如果计算工期小于要求工期不多或两者相等,则一般不必进行工期优化。

如果计算工期小于要求工期较多,则考虑与施工合同中的工期提前奖等条款相结合,确定是否进行工期优化。若需优化,优化的方法是:延长关键线路上资源占用量大或直接费用高的工作的持续时间(相应减少其单位时间资源需要量);或重新选择施工方案,改变施工机械,调整施工顺序,重新分析逻辑关系;编制网络图,计算时间参数;反复多次进行,直至满足要求工期。

(2)计算工期大于要求工期。

当计算工期大于要求工期,可以在不改变网络计划中各项工作之间的逻辑关系的前提下,通过压缩关键工作的持续时间来满足要求工期。选择应缩短持续时间的关键工作时,应考虑下列因素:

①缩短持续时间对质量和安全影响不大的工作。

②缩短有充足备用资源的工作。

③缩短持续时间所需增加费用最小的工作。

将所有工作按其是否满足上述三方面要求,确定优选系数,优选系数小的工作较适宜压缩。选择关键工作并压缩其持续时间时,应选择优选系数最小的关键工作。若需要同时压缩多个关键工作的持续时间,则它们的优选系数之和(组合优选系数)最小者应优先作为压缩对象。

2. 工期优化的计算

工期优化的计算,应按下述步骤进行:

(1)计算并找出初始网络计划的计算工期、关键线路及关键工作。

(2)按要求工期计算应缩短的时间$\triangle T$。

(3)缩短持续时间所需增加的费用最少的工作。

(4)将应优先缩短的关键工作压缩至最短时间,并找出关键线路,若被压缩的工作变成了非关键工作,则应将其持续时间延长,使之仍为关键工作。

(5)若计算工期满足要求工期的要求,则优化完成;否则,应重复以上步骤,直到满足工期的要求,或工期已不能再缩短为止。

(6)当所有关键工作的持续时间都已达到其能缩短的极限,而工期仍不能满足要求时,则应对计划的原技术方案、组织方案进行修改,对计划作出调整。经反复修改方案和调整计划均不能达到要求工期时,应对要求工期重新审定。

➤ 二、资源优化

一个部门或单位在一定时间内所能提供的各种资源(劳动力、机械及材料等)是有一定限度的,如何经济而有效地利用这些资源是个十分重要的问题。在资源计划安排时有两种情况:

一种情况是网络计划所需要的资源受到限制,如果不增加资源数量(例如劳动力),有时会迫使工程的工期延长,资源优化的目的是使工期延长最少;另一种情况是在一定时间内如何安排各工作活动时间,使可供使用的资源均衡地消耗。

在通常情况下,网络计划的资源优化分为两种,即"资源有限工期最短"的优化和"工期固定资源均衡"的优化。前者是在满足资源限制条件下,通过调整计划安排,使工期延长最少的过程;而后者是在工期保持不变的条件下,通过调整计划安排,使资源需用量尽可能均衡的过程。

进行资源优化的前提条件是:

(1)在优化过程中,原网络计划各工作之间的逻辑关系不改变。

(2)在优化过程中,原网络计划的各工作的持续时间不改变。

(3)除规定可中断的工作外,一般不允许中断工作,应保持其连续性。

(4)网络计划中各工作单位时间的资源需要量为常数,即资源均衡,而且是合理的。

1. "资源有限工期最短"的优化

"资源有限工期最短"的优化是通过计划安排,以满足资源限制的条件,并使工期拖延最少的过程。

"资源有限工期最短"的资源优化工作要达到两个目标:其一是削去原计划中资源供应高峰,使资源需要量满足供应限值要求。因此,这种优化方法又可称为削高峰法。所谓削高峰是指在资源出现供应高峰的时段内移走某些工作,减少高峰时段内的资源需要量,满足资源限值。其二是削高峰时,始终坚持使工期最短的原则。计划工期是由关键线路及其关键工作确定的,移动关键工作将会延长工期。

2. "工期固定资源均衡"的优化

"工期固定资源均衡"的优化是指在工期保持不变的情况下,每天资源的供应量力求接近平均水平,避免资源出现供应高峰,方便资源供应计划的安排与掌握,使资源得到合理运用。

资源均衡可以使各种资源的动态曲线尽可能不出现短时期高峰或低谷,资源供应合理,从而节省施工费用。

"工期固定资源均衡"的优化方法有多种,如方差值最小法、极差值最小法、削高峰法等。其中最常用的优化方法一般采用方差值最小法和削高峰法(利用时差降低资源高峰值)。

削高峰法是利用时差高峰时段的某些工作后移以逐步降低峰值,每次削去高峰的一个资源计量单位,反复进行直到不能再削为止。这种方法比较灵活,只要认为已基本达到要求就可停止,而且为了减少切削的次数,还可以适当地扩大资源的计量单位。

➢ 三、费用优化

费用优化又称工期成本优化或时间成本优化,是指寻求工程总成本最低时的工期安排,或按要求工期寻求最低成本的计划安排过程。通常在寻求网络计划的最佳工期大于规定工期或在执行计划需要加快施工进度时,需要进行工期与成本优化。

1. 工程费用与工期的关系

工程项目的总费用由直接费用和间接费用组成。

直接费是指工程施工过程中直接消耗在工程项目上的活化劳动和物化劳动,包括人工费、材料费、机械使用费以及冬雨期施工增加费、特殊地区施工费、夜间施工增加费等。直接费一般情况下是随着工期的缩短而增加的。施工方案不同,则直接费用不同,即使施工方案相同,工期不同,直接费用也不同。

间接费是与整个工程有关的,不能或不宜直接分摊给每道工序的费用,它包括企业经营管理的费用、全工地临时设施的租赁费、现场临时办公设施费、公用和福利事业费及占用资金应付的利息等。间接费一般与工程工期成正比,即工期越长,间接费用越多,工期越短,间接费用越低。

如果把直接费和间接费加在一起,必有一个总费用最少所对应的工期,这就是费用优化所寻求的目标。

在考虑工程总费用时,还应考虑工期变化带来的其他损益,包括因拖延工期而罚款的损失或提前竣工而得的奖励,甚至也考虑因提前投产而获得的收益和资金的时间价值等。

(1)直接费曲线。直接费曲线通常是一条由左上向右下的下凹曲线。

因为直接费总是随着工期的缩短而更快增加的,在一定范围内与时间成反比关系。如果缩短时间,即加快施工速度,要采取加班加点和多班作业,采用高价的施工方法和机械设备等,直接费用也跟着增加。然而工作时间缩短至某一极限,则无论增加多少直接费,也不能再缩短工期。此极限称为临界点,此时的时间称为最短持续时间,此时费用称为最短时间直接费。

反之,如果延长时间,则可减少直接费。然而时间延长至某一极限,则无论将工期延至多长,也不能再减少直接费。此极限称为正常点,此时的时间称为正常持续时间,此时的费用称为正常时间直接费。

(2)间接费曲线。间接费曲线为表示间接费用与时间成正比关系的曲线,通常用直线表示。其斜率表示间接费用在单位时间内的增加或减少值。间接费用与施工单位的管理水平、施工条件、施工组织等有关。

2.　费用优化的方法与步骤

进行费用优化,应首先求出不同工期情况下对应的不同直接费用,然后考虑相应的间接费用的影响和工期变化带来的其他损益,最后通过叠加即可求得不同工期对应的不同总费用,从而找出总费用最低所对应的最佳工期。

费用优化应按下列步骤进行:

(1)按工作的正常持续时间确定计算关键线路、工期、总费用。

(2)按规定计算直接费用率。

(3)当只有一条关键线路时,应找出直接费用率最小的一项关键工作,作为缩短持续时间的对象;当有多条关键线路时,应找出组合直接费用率最小的一组关键工作,作为缩短持续时间的对象。

(4)缩短找出的关键工作或一组关键工作的持续时间,其缩短值必须符合不能压缩成非关键工作和缩短后其持续时间不小于最短持续时间的原则。

(5)计算相应的费用增加值。

(6)考虑工期变化带来的间接费及其他损益,在此基础上计算总费用。

(7)重复以上(3)~(6)步骤,一直计算到总费用最低为止。

3.　费用优化的其他注意事项

为减少费用优化的计算过程,对于费用优化时选定的压缩对象(一项关键工作或一组关键工作),可以首先比较其直接费用率或组合直接费用率与工程间接费用率的大小。

(1)如果被压缩对象的直接费用率或组合直接费用率大于工程间接费用率,说明压缩关键工作的持续时间会使工程总费用增加,此时应停止缩短关键工作的持续时间,在此之前的方案即为优化方案。

(2)如果被压缩对象的直接费用率或组合直接费用率等于工程间接费用率,说明压缩关键工作的持续时间不会使工程总费用增加,故应缩短关键工作的持续时间。

(3)如果被压缩对象的直接费用率或组合直接费用率小于工程间接费用率,说明压缩关键工作的持续时间会使工程总费用减少,故应缩短关键工作的持续时间。

四、网络计划的检查与调整

利用网络计划对工程进度进行控制是网络计划技术的主要功能之一。任何一项计划在实施过程中都会遇到各种各样的客观因素。比如,工程变更或施工机械及材料未及时进场等都可能影响进度,因此,计划不变是相对的,改变才是绝对的。为了对计划进行有效地控制,就必须在计划执行过程中进行定期检查和调整,这是使计划实现预期目标的基本保证。

(一)网络计划的检查

1. 网络计划检查的时间及内容

网络计划检查应定期进行。检查周期的长短可根据计划工期的长短和管理的需要决定,一般可以天、周、月、季度等为周期。在计划执行过程中,突遇意外情况时,可进行应急检查,也可在必要时做特别检查。

网络计划检查的内容有:关键工作的进展情况、非关键工作的进展情况及时差的利用、计划中各工作的逻辑关系等。

2. 网络计划检查的方法

检查网络计划时,首先必须收集网络计划的实际执行情况,并作记录。针对无时标网络计划,可通过计算工序的时间参数,再与实际执行情况作一比较,直接在图上进行标注。

网络计划的检查方法较多,主要介绍前锋线比较法和列表比较法。

(1)前锋线比较法。前锋线比较法是通过绘制某检查时刻工程项目实际进度前锋线,进行工程实际进度与计划进度比较的方法,它主要适用于时标网络计划。

(2)列表比较法。列表比较法是指记录检查时正在进行的工作名称和已进行的天数,然后列表计算有关时间参数,根据原有总时差和现有总时差判断实际进度与计划进度的比较方法。

(二)网络计划的调整

对网络计划进行检查之后,通过对检查结果的分析,可以看出各工作对于进度计划工期的影响。此时,根据工程实际情况,对网络计划进行适当的调整,使之随时适应变化后的新情况,使计划按期或提前完成。

网络计划调整时间一般应与网络计划的检查时间相一致,或定期调整,一般以定期调整为主。

1. 分析进度偏差的原因

由于工程项目的工程特点,尤其是较大和复杂的工程项目,工期较长,影响进度因素较多。编制计划、执行和控制工程进度计划时,必须充分认识和估计这些因素,才能克服其影响,使工

程进度尽可能按计划进行,当出现偏差时,应考虑有关影响因素,分析产生的原因。其主要影响因素有:

(1)工期及相关计划的失误。

①计划时遗漏部分必需的功能或工作。

②计划值(例如计划工作量、持续时间)不足,相关的实际工作量增加。

③资源或能力不足。

④出现了计划中未能考虑到的风险或状况,未能使工程实施达到预定的效率。

(2)工程条件的变化。

①工作量的变化。可能是由于设计的修改、设计的错误、业主新的要求、修改项目的目标及系统范围的扩展造成的。

②外界(如政府、上层系统)对项目新的要求或限制,设计标准的提高可能造成项目资源的缺乏,使得工程无法及时完成。

③环境条件的变化。工程地质条件和水文地质条件与勘察设计不符,如地质断层、地下障碍物、软弱地基、溶洞以及恶劣的气候条件等,都对工程进度产生影响,造成临时停工或破坏。

④发生不可抗力事件。实施中可能出现意外的事件,如战争、内乱、拒付债务、工人罢工等政治事件;地震、洪水等严重的自然灾害;重大工程事故、试验失败、标准变化等技术事件;通货膨胀、分包单位违约等经济事件都会影响工程进度计划。

(3)管理过程中的失误。

①计划部门与实施部门之间、总分包商之间、业主与承包商之间缺少沟通。

②工程实施者缺乏工期意识,例如管理者拖延了图纸的供应和批准,任务下达时缺少必要的工期说明和责任落实,拖延了工程活动。

③项目参加单位没有清楚地了解各个活动(各专业工程和供应)之间的逻辑关系(活动链),也没有在下达任务时做详细的解释,同时对活动的必要前提条件准备不足,各单位之间缺少协调和信息沟通,许多工作脱节,资源供应出现问题。

④由于其他方面未完成项目计划规定的任务造成拖延。例如设计单位拖延设计、运输不及时、上级机关拖延批准手续、质量检查拖延、业主不果断处理问题等。

⑤承包商同期工程太多,力量不足,造成工期控制不紧,没有集中力量施工,资金缺乏,材料供应拖延。

⑥业主没有集中资金的供应,拖欠工程款,或业主的材料、设备供应不及时。

2. 施工进度计划的调整方法

网络计划的调整是一种动态调整,即计划在实施过程中,要根据情况的不断变化进行及时调整。调整的内容主要有:关键工作、非关键工作时间的调整,时差的调整,过程之间逻辑关系的调整,适当增减工作项目的调整等。

(1)关键线路长度的调整。调整关键线路的长度,可针对不同情况选用下列不同的方法:

①对关键线路的实际进度比计划进度提前的情况。当不需提前工期时,应选择资源占用量大或直接费用高的后续关键工作,适当延长其持续时间,以降低其资源强度或费用;当需要提前完成计划时,应将计划的未完成部分作为一个新计划,重新确定关键工作的持续时间,按新计划实施。

②当拖延时间发生在非关键线路上,拖延时间超过总时差,此时,原来的非关键线路就变

成了关键线路,此时按照关键线路的调整方法进行即可。

③对关键线路的实际进度比计划进度延误的情况,应在未完成的关键工作中,选择资源强度小或费用低的,缩短其持续时间,并把计划的未完成部分作为一个新计划,按工期优化方法进行调整。

(2)非关键工作时差的调整。为了更充分地利用资源,更有效地降低成本,每次对计划进行调整后,都应重新计算时间参数,绘制资源消耗量曲线,研究调整对计划全局的影响。之后,要对非关键工作在时差范围内进行调整,以便在不影响工期的情况下,使计划更完善。调整的内容有:

①将工作在其最早开始时间与最迟完成时间范围内移动,来均衡资源的使用。

②在自由时差或总时差范围内,适当延长某些工作的持续时间,以降低资源强度或直接费用。

③缩短某些工作的持续时间,以消除对后续工作的影响,满足后续工作的限制条件。

(3)当网络计划在实施过程中,需增加某些工作项目时,应符合下列条件:

①不打乱原网络计划的逻辑关系,只对局部逻辑关系进行调整。

②重新计算时间参数,分析对原网络计划的影响。当对工期有影响时,应采取措施,保证计划工期不变。

(4)其他方面的调整。

①调整逻辑关系。逻辑关系的调整只有当实际情况要求改变施工方法或组织方法时才可进行。调整时应避免影响原定计划工期和其他工作顺利进行。

②重新估计某些工作的持续时间。当发现某些工作的原持续时间有误或实现条件不充分时,应重新估算其持续时间,并重新计算时间参数。

③对资源的投入作相应调整。当资源供应发生异常时,应采用资源优化方法对计划进行调整或采取应急措施,使其对工期的影响最小。

项目小结

1. 网络计划基本知识

(1)网络计划方法的基本原理。

网络计划首先是应用网络图形来表达一项计划(或工程)中各项工作的开展顺序及其相互间的关系;然后通过计算找出计划中的关键工作及关键线路;继而通过不断改进网络计划,寻求最优方案,并付诸实施;最后在执行过程中进行有效的控制和监督。

(2)网络计划的分类。

①按节点和箭线所代表的含义不同,网络图可分为单代号网络图和双代号网络图两大类。

②根据计划最终目标的多少,网络计划可分为单目标网络计划和多目标网络计划。

③按有无时间坐标,网络计划可分为有时标网络计划和非时标网络计划。

④根据计划的工程对象不同和使用范围大小,网络计划可分为局部网络计划、单位工程网络计划和综合网络计划。

⑤按工作衔接特点,网络计划可分为普通网络计划、搭接网络计划和流水网络计划。

⑥按网络参数的性质不同,网络计划可分为肯定型网络计划和非肯定型网络计划。

2. 双代号网络计划图

(1)双代号网络图的组成。

双代号网络图由箭线、节点、线路三个基本要素组成。

（2）双代号网络图时间参数的计算。

双代号网络图时间参数计算的内容主要包括：各项工作的最早开始时间、最迟开始时间、最早完成时间、最迟完成时间、节点的最早时间、节点的最迟时间、工作的总时差及自由时差。网络图时间参数的计算有许多方法，一般常用的有分析计算法、图上计算法、表上计算法、矩阵计算法和电算法等。

3. 单代号网络计划图

单代号网络图是以节点及其编号表示工作，以箭线表示工作之间逻辑关系的网络图。由于它具有绘图简便、逻辑关系明确、易于修改等优点，因此在国内外日益受到普遍重视，其应用范围和表达功能也在不断发展和扩大。

（1）单代号网络图由节点、箭线、节点编号三个基本要素组成。

（2）单代号网络计划时间参数的计算。单代号网络计划时间参数总共有6个，包括工作最早开始时间、工作最早结束时间、工作最迟结束时间、工作最迟开始时间、工作总时差和工作自由时差。

（3）单代号网络计划时间参数的计算方法有分析计算法、图上计算法、表上计算法、矩阵计算法及电算法等。

案例分析

【案例1】某建设工程项目，合同工期12个月。承包人向监理机构呈交的施工进度计划如图8-37所示。（图中工作持续时间单位为月）

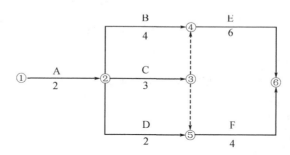

图8-37　施工进度计划图

问题：

（1）该施工进度计划的计算工期为多少个月？是否满足合同工期的要求？

（2）该施工进度计划中哪些工作应作为重点控制对象？为什么？

（3）施工过程中检查发现，工作C将拖后1个月完成，其他工作均按计划进行，工作C的拖后对工期有何影响？

参考答案：

（1）该进度计划的计算工期为12个月，满足合同工期要求。

（2）工作A、B、E应作为重点控制对象。因为它们均为关键工作。

（3）无影响。因工作C有总时差1个月，它拖后的时间没有超过其总时差。

【案例2】拟建3台设备的基础工程,施工过程包括基础开挖、基础处理和混凝土浇筑。因型号与基础条件相同,为了缩短工期,监理人指示承包商分三个施工段组织专业流水施工(一项施工作业由一个专业队完成)。各施工作业在各施工段的施工时间(单位为月)见表8-10:

表8-10 各施工作业在各施工段的施工时间

施工过程	施工段		
	设备A	设备B	设备C
基础开挖	3	3	3
基础处理	4	4	4
浇混凝土	2	2	2

问题:

(1)请根据监理工程师的要求绘制双代号专业流水(平行交叉作业)施工网络进度计划图。

(2)该网络计划的计算工期为多少?指出关键路线并在图上用粗线标出。

参考答案:

(1)网络图,如图8-38所示。

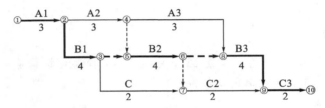

图8-38 网络计划进度图

(2)计算工期为17个月。

关键路线为:①—②—③—⑤—⑥—⑧—⑨—⑩。

 能力训练

一、单项选择题

1.双代号网络计划中( )表示前面工作的结束和后面工作的开始。

A. 起始节点　　B. 中间节点　　C. 终止节点　　D. 虚拟节点

答案:B

2.网络图中有 n 条关键线路,那么这 n 条关键线路持续时间之和( )。

A. 相同　　B. 不相同　　C. 有一条最长的　　D. 以上都不对

答案:A

3.单代号网络计划的起点节点可( )。

A. 有一个虚拟　　B. 有两个　　C. 有多个　　D. 编号最大

答案:A

4.在时标网络计划中,"波折线"表示( )。

A. 工作持续时间　　B. 虚工作　　C. 前后工作时间间隔　　D. 总时差

答案:C

5. 时标网络计划与一般网络计划相比,其优点是( )。

A. 能进行时间参数的计算　　　B. 能确定关键线路

C. 能计算时差　　　　　　　　D. 能增加网络的直观性

答案:D

6. ( )为零的工作肯定在关键线路上。

A. 自由时差　　B. 总时差　　C. 持续时间　　D. 以上三者均不是

答案:B

7. 在工程网络计划中,判别关键工作的条件是该工作( )。

A. 自由时差最小　　B. 与其紧后工作之间的时间间隔为零

C. 持续时间最长　　D. 最早开始时间等于最迟开始时间

答案:D

8. 当双代号网络计划的计算工期等于计划工期时,对关键工作的错误提法是( )。

A. 关键工作的自由时差为零　　B. 相邻两项关键工作之间的时间间隔为零

C. 关键工作的持续时间最长　　D. 关键工作的最早开始时间与最迟开始时间相等

答案:C

9. 网络计划工期优化的目的是为了缩短( )。

A. 计划工期　　B. 计算工期　　C. 要求工期　　D. 合同工期

答案:B

10. 某工程双代号网络计划的计划工期等于计算工期,且工作 M 的完成节点为关键节点,则该工作( )。

A. 为关键工作　　B. 自由时差等于总时差　　C. 自由时差为零　　D. 自由时差小于总时差

答案:B

二、多项选择题

1. 关于网络图比横道图先进的叙述正确的有( )。

A. 网络图可以明确表达各项工作的逻辑关系

B. 网络图形象、直观

C. 横道图不能确定工期

D. 网络可以确定关键线路

E. 网络图可以确定各项工作的机动时间

答案:ADE

2. 网络图的绘图规则有( )。

A. 不允许出现代号相同的节点

B. 不允许出现无箭头的节点

C. 不允许出现多个起始节点

D. 不允许间断标号

E. 不需要出现多个既有内射箭线,又有外向箭线的节点

答案:ABCE

3. 下列关于网络计划的叙述正确的有（　　）。

A. 在单代号网络计划中不存在虚拟工作

B. 在单、双代号网络计划中均可能有虚箭线

C. 在单代号网络计划中不存在虚箭线

D. 在双代号网络计划中，一般存在实箭线和虚箭线

E. 在时标网络计划中，除有实箭线外，还可能有虚箭线

答案：CDE

4. 下列双代号网络计划时间参数计算式，正确的有（　　）。

A. $LS_{i-j} = \min\{LF_{j-k} - D_{j-k}\}$

B. $TF_{i-j} = LS_{i-j} - ES_{i-j}$

C. $FF_{i-j} = \min\{ES_{j-k} - ES_{i-j} - D_{i-j}\}$

D. $LF_{i-j} = \min\{LF_{j-k} - D_{j-k}\}$

E. $ES_{i-j} = ES_{h-i} - D_{h-i}$

答案：BCD

5. 工程网络计划的资源优化是指通过改变（　　），使资源按照时间的分布符合优化目标。

A. 工作的持续时间　　　　B. 工作的开始时间　　　　C. 工作之间的逻辑关系

D. 工作的完成时间　　　　E. 工作的资源强度

答案：BD

项目九 建筑装饰工程施工组织总设计

 学习目标

通过本章内容的学习,使学生掌握建筑装饰工程施工组织总设计的编制程序,熟悉建筑装饰工程施工部署、施工总进度计划、施工总资源计划、施工总平面图设计的内容和编制步骤。

 教学重点

1. 建筑装饰工程施工组织总设计的编制程序;
2. 建筑装饰工程施工部署;
3. 施工总进度计划、总资源计划、总平面图的编制与设计方法。

任务一 装饰工程施工组织总设计概述

建筑装饰工程施工组织总设计是以整个建设项目或群体工程为对象,根据装饰工程的全套设计图纸和有关资料及现场的施工条件而编制,用以指导全工地各装饰施工项目的施工准备和组织施工的技术、经济、管理等方面的综合性文件,它是施工前的一项重要准备工作,也是施工企业实现生产科学管理的重要手段。它既要体现拟建工程的设计和使用要求,又要符合建筑装饰装修工程施工的客观规律,对建筑装饰装修工程施工的全过程起战略部署或战术安排的作用。

一、施工组织总设计编制依据

根据不同的装饰施工对象、不同的使用要求、区域特征、施工条件等因素,施工组织总设计内容繁简、深浅程度会有所区别,但编制的依据基本相似。其主要依据包括以下几项:

(1)装饰装修工程施工合同的要求。包括装饰装修工程的范围和内容,工程开、竣工日期,工程质量保修期及保养条件,工程造价,工程价款的支付、结算及交工验收办法,设计文件及概算和技术资料的提供日期,材料和设备的供应和进场期限,双方相互协作事项,违约责任等。

(2)装饰装修工程设计文件及有关资料。包括已批准的全部建筑装饰方案图、效果图,设计说明书,建筑总平面图,概预算等。

(3)装饰装修工程现行规范、规程和有关技术规定。包括现行规范、规程和有关技术规定,主要是指国家现行的装饰工程施工及验收规范、操作规程、概预算文件及装饰定额、技术规定等。

(4)装饰装修工程的施工条件。包括自然条件和施工现场条件。自然条件包括大气对装饰材料的理化、老化、干湿温变作用,主导风向、风速、冬雨季时间对施工的影响。施工现场条件主要有水电供应条件,劳动力及材料、构配件供应情况,主要施工机具配备情况,现场有无可利用的临时设施等。

(5)建设单位对施工可能提供的供水、供电、临时办公用房、仓库及加工用房等条件。

➤ 二、施工组织总设计编制程序

建筑装饰工程施工组织总设计的编制程序是根据其各项内容的内在相互联系确定的。其编制程序如图 9-1 所示。

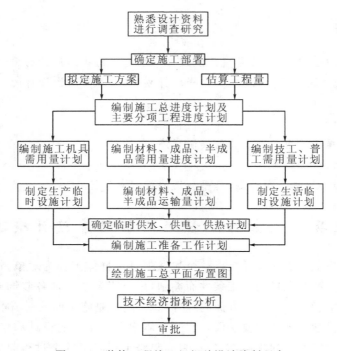

图 9-1 装饰工程施工组织总设计编制程序

➤ 三、工程概况及特点分析

建筑装饰工程概况及特点分析是对整个建设项目或建筑群所有装饰项目的总说明和总分析,是对拟装饰装修工程所作的一个简明扼要、突出重点的文字介绍,有时还可以附图或采用辅助表格加以说明。

1. 建筑装饰工程的主要情况

主要说明拟进行装饰装修工程名称、建设地点、建筑装饰标准,建筑面积、层数、施工总工期及分批分期投入使用的项目和期限;建筑装饰施工标准;主要装饰材料、设备管线的种类、型号,国内外订货的材料、设备数量;总投资额、工作量、生产流程、工艺特点;属改造工程的项目,其建筑装饰风格、特征;新技术、新材料应用及复杂程度;建筑总平面图和各项单位装饰工程设计交图日期;相关部门的有关文件或需求等以及组织施工的指导思想。

2．水、电、暖等系统的设计特点

主要说明采暖、卫生、电气、通风与空调等工程对装饰装修工程的要求。

3．装饰装修工程施工的特点

主要说明工程的重点所在，以便突出重点，抓住关键，使装饰装修工程施工顺利进行，提高施工单位的经济效益和管理水平。

4．工程所在地区的特征

工程所在地区的特征主要介绍其自然条件和技术经济条件。自然条件包括气象、地形、地质和水文情况；技术经济条件包括建设地区资源情况、劳动力及施工能力、生活设施提供情况和机械设备生产供应情况、交通运输及当地能提供给工程施工用的水、电和其他动力条件。

5．项目施工条件

主要说明主要材料、特殊材料和生产工艺设备供应条件，项目施工图纸供应的阶段划分和时间安排，以及提供施工现场的标准和时间安排。

任务二　施工部署

施工部署是对整个建设项目的装饰施工进行统筹规划和全面安排，主要解决影响建设项目全局的重大战略问题，拟定指导全局组织装饰施工的战略规划。它包括施工任务的划分，总包、分包单位的职责和分工，施工力量的集结、安排，总进度、总平面的规划，主要项目的施工方案内容、施工顺序、流水施工组织、机械选择、新技术、新施工方法、构件生产方式、吊装及主要施工过程方案，并对此做必要的附图说明。

➤ 一、工程开展程序

为了对整个装饰工程项目进行科学的规划和控制，应对施工任务从总体上进行区分，并对施工任务的开展作出科学合理的程序安排。

施工任务区分主要是明确项目经理部组织机构，形成统一的工程指挥系统；明确工程总的目标（包括质量、工期、安全、成本和文明施工等目标）；明确工程总包范围和总包范围内的分包工程；确定综合的或专业的施工组织；划分各施工单位的任务项目和施工区段；明确主攻项目和穿插施工的项目及其建设期限。

对施工任务开展程序安排时，主要从总体上把握各项目的施工顺序，并应注意如下几点：

（1）在保证工程工期的前提下，实行分期分批建设，既可使各具体项目迅速建成，尽早投入使用发挥效益，又可以在全局上实现施工的连续性和均衡性，减少暂设工程的数量，降低工程造价。

（2）统筹安排各类项目施工，保证重点，兼顾其他，确保工程项目按期使用和投产。

（3）所有工程项目均应按照先地下后地上、先深后浅、先干线后支线的原则进行安排。

（4）在安排施工程序时还应注意使已完工程的生产或使用和在建工程的施工互不妨碍，使生产、施工都方便。

（5）施工程序应当与各类物资、技术条件供应之间的平衡以及这些资源的合理利用相协调，促进均衡施工。

（6）施工程序必须注意季节的影响，应把不利于某季节施工的工程，提前到该季节来临之前或推迟到该季节终了之后施工，但应注意这样安排以后应保证质量，不拖延进度，不延长工期。大规模土方工程施工，一般要避开雨季；寒冷地区的房屋施工尽量在入冬前封闭，使冬季可进行室内作业和设备安装。

二、主要工程项目施工方案

在建筑装饰工程施工组织总设计中，施工方案一般是对建设项目中单个建筑物的装饰而言，也就是对主要建筑物的主要装饰项目的施工工艺流程及施工段划分提出原则性意见。

选择施工方案必须从实际出发，结合施工特点，做好深入细致的调查研究，掌握主、客观情况，进行综合分析比较，一般应注意的原则有：

（1）综合性原则。一种装饰施工方法要考虑多种因素，经过认真分析，才能选定最佳方案，达到提高施工速度和质量及节约材料的目的，这就是综合性原则的实质。它主要表现在：

①建筑装饰装修工程施工的目的性。建筑装饰装修工程施工的基本要求是满足一定的使用、保护和装饰作用。根据建筑类型和部位的不同、装饰设计的目的不同，因而引起的施工目的也不同。如：剧院的大厅除了满足美观舒适外，还有吸声、不发生声音的聚焦现象、无回答等要求。

装饰装修工程中有特殊使用要求的部位不少，在施工前应充分了解所装饰装修工程的用途，了解装饰的目的是确定施工方法（选择材料和做法）的前提。

②建筑装饰装修工程施工的地点性。装饰装修工程施工的地点性包括两个方面，一是建筑物的所处地区在城市中的位置，二是建筑装饰施工的具体部位。

（2）耐久性原则。建筑装饰装修并不要求建筑的装饰与主体结构的寿命一样长，一般要求维持 3～5 年，对于性质重要、位置重要的建筑或高层建筑，饰面的耐久性应相对长些，对量大面广的建筑则不要求过严。室内外装饰材料的耐久年限与其装饰部位有很大关系。

（3）先进性原则。建筑装饰装修工程施工的特点之一是同一个施工过程有不同的施工方法，在选择时要考虑施工方法在技术上和组织上的先进性，尽可能采用工厂化、机械化施工；确定工艺流程和施工方案时，尽量采用流水施工。

（4）可行性原则。建筑装饰装修工程施工的可行性原则包括材料的供应情况（本地、外地）、施工机具的选择、施工条件（季节条件、场地条件、施工技术条件）以及施工的经济性等。

（5）经济性原则。由于建筑装饰装修工程施工做法的多样化，不同的施工方法，其经济效果也不同，因此，施工方案的确定可以在几个不同而又是可行方案的比较分析上，对方案作技术经济比较，选出最终方案。

三、施工任务的划分与组织安排

在明确施工项目管理体制、机构的条件下，划分参与建设的各施工单位的施工任务，明确总包与分包单位的关系，建立施工现场统一的组织领导机构及职能部门，确定综合的和专业化的施工组织，明确各施工单位之间的分工与协作关系，划分施工阶段，确定各施工单位分期分批的主导施工项目和穿插施工项目。

四、全场临时设施的规划

根据工程开展程序和施工项目施工方案的要求，对施工现场临时设施进行规划，主要内容包括：安排生产和生活性临时设施的建设；安排原材料、成品、半成品、构件的运输和储存方式；安排场地平整方案和全场排水设施；安排场内外道路、水、电、气引入方案；安排场区内的测量标志等。

任 务 三　施 工 总 进 度 计 划

施工总进度计划是施工现场各施工活动在时间上开展状况的体现。编制施工总进度计划就是根据施工部署中的施工方案和工程项目的开展程序，对全工地的所有装饰工程项目做出时间上的安排。编制施工总进度计划的要求是保证拟建工程按期完工，迅速产生经济效益，并保证项目施工的连续性与均衡性，节约投资费用。其作用在于确定各个装饰工程施工项目及其主要工种工程、准备工作的施工期限及其开工和竣工的日期，从而确定装饰工程施工现场劳动力、材料、成品、半成品、施工机械的需要数量和调配情况，以及现场临时设施的数量、水电供应数量和能源、交通的需要数量等。

➤ 一、施工总进度计划的编制原则和依据

1. 施工总进度计划的编制原则
（1）合理安排施工顺序，保证在劳动力、物资以及资金消耗量最少的情况下，按规定工期完成拟建工程施工任务。

（2）采用合理的施工方法，使装饰工程项目的施工连续、均衡地进行。

2. 施工总进度计划的编制依据
（1）工程的初步设计或扩大初步设计。

（2）有关概（预）算指标、定额、资料和工期定额。

（3）合同规定的进度要求和施工组织规划设计。

（4）施工总方案（施工部署和施工方案）。

（5）所在地区调查资料。

➤ 二、施工总进度计划编制的步骤与方法

1. 工程分析计算
首先根据装饰工程项目的特点划分项目。项目划分不宜过多，应突出主要项目，一些附属、辅助工程可以合并。然后估算各主要项目的实物工程量。计算工程量时，可按初步（或扩大初步）设计图纸并根据各种定额手册进行计算。

2. 各单位工程施工期限的确定
根据各单位建筑装饰工程的规模、施工难易程度、承建单位的施工水平及各种资源的供应情况等施工条件确定各建筑装饰工程的施工期限。

3. 各单位建筑装饰工程开竣工时间和相互搭接关系的确定
在施工部署中已经确定了总的施工期限、施工程序和各系统的控制期限及搭接时间，但对每一个单位建筑装饰工程的开竣工时间尚未具体确定。通过对各主要建筑装饰工程的工期进

行分析,确定各主要建筑装饰工程的施工期限之后,就可以进一步安排各建筑装饰工程的搭接施工时间。通常应考虑以下主要因素:

(1)分清主次,保证重点,兼顾一般,同时进行的项目不宜过多。

(2)要满足连续、均衡施工的要求,尽量使各种施工人员、施工机械在全工地内连续施工,同时尽量使劳动力、施工机具和物资消耗量基本均衡,以利于劳动力的调度和资源供应。

(3)认真考虑施工平面图的空间关系,使施工平面布置紧凑,少占土地,减少场地内部的道路和管理长度。

(4)全面考虑各种条件限制,如施工企业自身的力量,各种原材料、机械设备的供应情况,设计单位提供图纸的情况,各年度投资数量等条件,对各建筑物的开工、竣工时间进行调整。

4. 编制施工总进度计划表

在进行上述工作之后,便可着手编制施工总进度计划表。施工总进度计划可以用横道图表达,也可以用网络图表达。由于施工总进度计划只是起控制性作用,因此不必编制得过细。

横道图计划比较直观,简单明了;网络计划可以表达出各项目或各工序间的逻辑关系,可以通过关键线路直观体现控制工期的关键项目或工序,另外还可以应用电子计算机进行计算和优化调整,近年来这种方式已经在实践中得到广泛应用。

5. 确定总进度计划

初步施工总进度计划排定后,还要经过检查、调整,才能确定较合理的施工总进度计划。一般的检查方法是观察劳动力和物资需要量的变动曲线。这些动态曲线如果有较大的高峰出现时,则可用适当地移动穿插项目的时间或调整某些项目的工期等方法逐步加以改进,最终使施工趋于均衡。

三、制订施工总进度计划保证措施

(1)组织保证措施。从组织上落实进度控制责任,建立进度控制协调制度。

(2)技术保证措施。编制施工进度计划实施细则;建立多级网络计划和施工作业周计划体系;强化事前、事中和事后进度控制。

(3)经济保证措施。确保按时供应资金;奖励工期提前者;经批准紧急工程可采用较高的计件单价;保证施工资源正常供应。

(4)合同保证措施。全面履行工程承包合同;及时协调分包单位施工进度;按时提取工程款;尽量减少业主提出工程进度索赔的机会。

任务四　施工总资源计划

一、劳动力需求量计划

劳动力需求量计划是确定暂设工程规模和组织劳动力进场的依据。编制时首先根据各个单位建筑装饰工程的主要实物工程量,查预算定额或有关资料,便可求得各个单位建筑装饰工程主要工种的劳动量,再根据总进度计划表中各单位工程工种的持续时间,即可得到某单位工程在某段时间里的平均劳动力数。用同样的方法可计算出各个单位建筑装饰工程的各主要工种在各个时期的平均工人数。将总进度计划表纵坐标方向上各单位工程同工种的人数叠加在一起并连成一条曲线，即为本工种的劳动力动态曲线图和计划表。劳动力需求量计划见表 9-1。

表 9-1 劳动力需求量计划

序号	工程名称	工种名称	高峰人数	××年				××年				备注
				一	二	三	四	一	二	三	四	
劳动力动态曲线												

二、主要材料和预制品需求量计划

根据各单位建筑装饰工程的工程量，查定额或概算指标便可得出各所需的建筑装饰材料、构件和半成品的需要量。然后根据总进度计划表，大致估计出某些建筑装饰材料在某季度的需要量，从而编制出建筑装饰材料、构件和半成品的需要量计划。它是材料和构件等落实组织货源、签订供应合同、确定运输方式、编制运输计划、组织进场、确定暂设工程规模的依据。特别要以表格的形式确定计划，安排各种材料、构件及半成品的进场顺序、时间和堆放场地。主要材料需求计划表见表 9-2，主要预制加工品需求量计划见表 9-3。

表 9-2 主要材料需求量计划

工程名称	主要材料									

注：1. 主要材料可按型钢、钢板、钢筋、管材、水泥、木材、砖、石、砂、石灰、油毡等填列。
2. 木材按成材计算。

表 9-3 主要预制加工品需求量计划

序号	名称	规格	单位	需求量				需求量进度计划					××年
				合计	正式工程	大型临时设施	施工措施	××年					
								合计	一季	二季	三季	四季	

注：预制加工品名称应与其他表一致，并应列出详细规格。

➤ 三、主要施工机具、设备需用量计划

施工机具设备需用量是指总设计部署所统一安排的机械设备和运输工具的需要数量,如统一安排的垂直运输机械、搅拌机械和加工机械等。结合施工总进度计划确定其进场时间,据此编制其需要量计划表,见表 9 - 4。

表 9 - 4　主要机具设备需用量计划表

机械名称	机械型号或规格	需用量		进退场时间(月)										提供来源
		单位	数量											

任务五　施工总平面图设计

施工总平面图是拟建项目施工场地的总布置图。它是按照施工部署、施工方案和施工总进度计划的要求绘制的。它对施工现场的交通道路、材料仓库、附属生产或加工企业、临时建筑和临时水、电、管线等进行合理规划和布置,并用图纸的形式表达出来,从而正确处理全工地施工期间所需的各项设施与永久建筑、拟建工程之间的空间关系,指导现场进行有组织、有计划的文明施工。

➤ 一、施工总平面图设计的原则、依据及内容

1. 施工总平面图设计的原则

(1)尽量减少施工用地,少占农田,使平面布置紧凑合理。

(2)合理组织运输,减少运输费用,保证运输通畅。

(3)施工区域的划分和场地的确定,应符合施工流程要求,尽量减少专业工种与各工程之间的交叉。

(4)尽量利用永久性建筑物、构筑物或现有设施为施工服务,降低施工设施的建造费用;尽量采用装配式施工设施,提高其安装速度。

(5)各种生产、生活设施应便于工人的生产和生活。

(6)满足安全防火、劳动保护的要求。

2. 施工总平面图设计的依据

(1)各种设计资料,包括建筑总平面图、地形地貌图、区域规划图、项目范围内有关的一切已有和拟建的各种设施的位置等。

(2)建设地区的自然条件和技术经济条件。

(3)工程概况、施工方案、施工进度计划,以便了解各施工阶段情况,合理规划施工场地。

(4)各种建筑装饰材料、构件、加工品、施工机械和运输工具需要量一览表,以便规划工地内部的储放场地和运输线路。

(5)各构件加工厂规模、仓库及其他临时设施的数量和外廓尺寸。

3．施工总平面图设计的内容

(1)总平面图上一切地上和地下建筑物、构筑物以及其他设施的位置和尺寸。

(2)一切为全工地施工服务的临时设施的位置,包括:

①施工用地范围,施工用的各种道路。

②加工厂、制备站及有关机械的位置。

③各种建筑材料、半成品、构件的仓库和生产工艺设备的堆场、取弃土方位置。

④行政管理房、宿舍、文化生活福利设施等的位置。

⑤水源、电源、变压器位置,临时给排水管线和供电、动力设施。

⑥机械站、车库位置。

⑦一切安全、消防设施位置。

(3)永久性测量放线标桩位置。

施工总平面图应该随着工程的进展,不断地进行修正和调整,以适应不同时期的需要。

➤ 二、施工总平面图设计的步骤

施工总平面图的设计步骤为:场外交通道路的引入→材料堆场、仓库和加工厂的布置→场内运输道路的布置→全场垂直运输机械的布置→行政与生活临时设施的布置→临时水、电管网及其他动力设施的布置→绘制正式施工总平面图。

1．场外交通道路的引入

场外交通道路的引入是指将地区或市政交通路线引入至施工场区入口处。设计全工地施工总平面图时,首先应从考虑大宗材料、成品、半成品、设备等进入工地的运输方式入手。

当大批材料由铁路运输时,要解决铁路的引入问题;当大批材料是由水路运输时,应考虑原有码头的运用和是否增设专用码头的问题;当大批材料是由公路运入工地时,由于汽车线路可以灵活布置,一般先布置场内仓库和加工厂,然后再布置场外交通的引入。

2．材料堆场、仓库和加工厂的布置

施工组织总设计中主要考虑那些需要集中供应的材料和加工件的场(厂)库的布置位置和面积。不需要集中供应的材料和加工件可放到各单位工程施工组织设计中去考虑。

各种加工厂布置,应以方便使用、安全防水、运输费用最少、不影响正式工程施工的正常进行为原则。一般应将加工厂集中布置在同一地区,且处于工地边缘。各种加工厂应与相应的仓库或材料堆场布置在同一地区。

(1)预制件加工厂应尽量利用建设地区的永久性加工厂。只有在其生产能力不能够满足工程需要时,才考虑在现场设置临时预制件厂,其位置最好布置在建设场地中的空闲地带上。

(2)钢筋加工厂可集中或分散布置,视工地具体情况而定。对于需冷加工、对焊、点焊钢筋骨架和大片钢筋网时,宜采用集中布置加工;对于小型加工、小批量生产和利用简单机具就能成型的钢筋的加工,宜采用就近的钢筋加工棚进行。

(3)木材加工厂设置与否,是集中还是分散设置,设置规模大小,应视建设地区内有无可供利用的木材加工厂而定。如建设地区无可供利用的木材加工厂,而锯材、标准门窗、标准模板等加工量又很大时,则应集中布置木材联合加工厂。对于非标准件的加工与模板修理工作等,可在工地附近设置的临时工棚进行分散加工。

（4）金属结构、锻工、电焊和机修等车间，由于它们在生产工艺上联系较紧密，应尽可能布置在一起。

3. 场内运输道路的布置

根据加工厂、仓库和各施工对象的相对位置，研究货物转运图，区分主要道路和次要道路进行道路的规划。规划厂区内道路时，应考虑以下几点：

（1）合理规划临时道路与地下管网的施工程序。在规划临时道路时，应充分利用拟建的永久性道路，提前修建永久性道路或者先修路基和简易路面。

（2）保证运输畅通。道路应有两个以上的出口，道路末端应设置回车场，且尽量避免与铁路交叉。厂内道路干线应采用环形布置，主要道路宜采用双车道，次要道路可以采用单车道。

（3）选择合理的路面结构。一般场外与省市级公路相连的干线，因其将来会成为永久性道路，因此将其一开始就修成混凝土路面；场内干线和施工机械行驶路线，最好采用砂石级配路面；场内支线一般为土路或砂石路。

4. 全场垂直运输机械的布置

垂直运输机械的布置应根据施工部署和施工方案所确定的内容而定，一般来说，小型垂直运输机械可由单位工程施工组织设计或分部工程作业计划作出具体安排，施工组织总设计一般根据工程特点和规模，考虑为全场服务的大型垂直运输机械的布置。

5. 行政与生活临时设施的布置

行政与生活临时设施包括办公室、汽车库、职工休息室、开水房、小卖部、食堂、俱乐部和浴池等。根据工地施工人数，可计算这些临时设施的建筑面积。应尽量利用建设单位的生活基地或其他永久性建筑，不足部分另行建造。

一般全工地行政管理用房宜设在全工地入口处，以便对外联系；也可设在工地中央，以便于全工地的管理。工人用的福利设施应设置在工人较集中的地方，或工人必经之处。生活基地应设在场外，距工地 500～1000 m 为宜。食堂可布置在工地内部或工地与生活区之间。

6. 临时水、电管网及其他动力设施的布置

当有可利用的水源、电源时，可以将水电从外面接入工地，沿主要干道布置干管、主线，然后与各用户接通。临时总变电站应设置在高压电引入处，不宜放在工地中心；临时水池应放在地势较高处。当无法利用现有水电时，为了获得电源，可在工地中心或其附近设置临时发电设备，沿干道布置主线；为了获得水源，可以利用地表水或地下水，并设置抽水设备和加压设备（简易水塔或加压泵），以便储水和提高水压。然后接出水管，布置管网。

7. 施工总平面图的绘制

（1）确定图幅大小和绘图比例。图幅大小和绘图比例应根据工程项目的规模、工地大小及布置内容多少来确定。图幅一般可选用 $m-2$ 号图纸，常用比例为 1:1000 或 1:2000 。

（2）合理规划和设计图面。施工总平面图，除了要反映施工现场的布置内容外，还要反映周围环境。因此，在绘图时，应合理规划和设计图面，并应留出一定的空余图面绘制指北针、图例及文字说明等。

（3）绘制总平面图的有关内容。将现场测量的方格网、现场内外已建的房屋、构筑物、道路和拟建工程等，按正确的内容绘制在图面上。

（4）绘制工地需要的临时设施。根据布置要求及计算面积,将道路、仓库、材料加工厂和水、电管网等临时设施绘制到图面上去。对复杂的工程必要时可采用模型布置。

（5）形成施工总平面图。在进行各项布置后,经分析比较、调整修改,形成施工总平面图,并做必要的文字说明,标上图例、比例尺、指北针。

完成的施工总平面图,其比例要正确,图例要规范,线条要粗细分明,字迹要端正,图面要整洁美观。

项目小结

1. 装饰工程施工组织总设计概述

建筑装饰工程施工组织总设计是以整个建设项目或群体工程为对象,根据装饰工程的全套设计图纸和有关资料及现场的施工条件而编制,用以指导全工地各装饰施工项目的施工准备和组织施工的技术、经济、管理等方面的综合性文件,它是施工前的一项重要准备工作,也是施工企业实现生产科学管理的重要手段。它既要体现拟建工程的设计和使用要求,又要符合建筑装饰装修工程施工的客观规律,对建筑装饰装修工程施工的全过程起战略部署或战术安排的作用。

2. 施工部署

施工部署是对整个建设项目的装饰施工进行统筹规划和全面安排,主要解决影响建设项目全局的重大战略问题,拟定指导全局组织装饰施工的战略规划。

3. 施工总进度计划

施工总进度计划是施工现场各施工活动在时间上开展状况的体现。编制施工总进度计划就是根据施工部署中的施工方案和工程项目的开展程序,对全工地的所有装饰工程项目做出时间上的安排。编制施工总进度计划的要求是保证拟建工程按期完工,迅速产生经济效益,并保证项目施工的连续性与均衡性,节约投资费用。

4. 施工总资源计划

（1）劳动力需求量计划;

（2）主要材料和预制品需求量计划;

（3）主要施工机具、设备需用量计划。

5. 施工总平面图设计

施工总平面图是拟建项目施工场地的总布置图。它是按照施工部署、施工方案和施工总进度计划的要求绘制的。它对施工现场的交通道路、材料仓库、附属生产或加工企业、临时建筑和临时水、电、管线等进行合理规划和布置,并用图纸的形式表达出来,从而正确处理全工地施工期间所需的各项设施与永久建筑、拟建工程之间的空间关系,指导现场进行有组织、有计划的文明施工。

项目十　建筑装饰单位工程施工组织设计

学习目标

通过本章内容的学习,掌握建筑装饰单位工程施工组织设计的编制程序,掌握单位装饰工程施工程序和施工顺序、施工起点及流向的确定方法,掌握建筑装饰工程施工方法、施工机械选择及各项技术组织措施的制定方法,掌握单位工程施工进度计划及资源需要量计划的编制方法,掌握单位工程施工平面图的设计方法。

教学重点

1.建筑装饰单位工程施工组织设计的编制程序;
2.工程概况及施工方案的选择;
3.建筑装饰单位工程施工进度计划的编制;
4.建筑装饰单位工程资源需要量计划的编制;
5.建筑装饰单位工程施工平面图的设计。

任务一　建筑装饰单位工程施工组织设计概述

建筑装饰单位工程施工组织设计是建筑装饰施工企业组织和指导建筑装饰单位工程施工全过程各项活动的技术经济文件。它是基层单位编制季度、月度、旬施工作业计划,分部分项工程作业设计及劳动力、材料、施工机具等供应计划的主要依据。

➤ 一、建筑装饰单位工程施工组织设计的内容

对一个新建的建筑工程项目来说,其建筑装饰工程施工仅属于整个工程的其中几个分部如墙面装饰、门窗工程、楼地面工程等。在现代建筑装饰装修工程中,除上述几个分部外,还包括建筑施工以外的一些项目,如家具、陈设、厨餐用具等,以及与之配套的水、电、暖、卫、空调工程。故建筑装饰单位工程施工组织设计的内容根据工程的特点,对其内容和深广度要求也不同,内容应简明扼要,使其能真正起到指导现场施工的作用。

建筑装饰单位工程施工组织设计的内容一般包括工程概况、施工方案、施工进度计划、各项资源需要量计划、施工平面图、消防安全文明施工及施工技术质量保证措施、成品保护措施等。

➤ 二、建筑装饰单位工程施工组织设计编制程序

建筑装饰单位工程施工组织设计的编制程序,是指对其各组成部分形成的先后次序及相

互之间的制约关系的处理。建筑装饰单位工程施工组织设计的编制程序如图 10-1 所示。

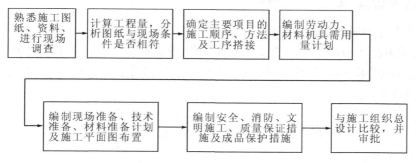

图 10-1　建筑装饰单位工程施工组织设计编制程序

任务二　工程概况

建筑装饰单位工程施工组织设计中应重点介绍本工程的特点及与项目总体工程的联系。工程概况的内容主要包括:装饰项目的建设概况、建设区域的特征、装饰项目的施工条件等。

➤ 一、建筑装饰工程的建设概况

主要介绍拟建工程的建设单位、工程名称、性质、用途和建设的目的,资金来源及工程造价,开竣工日期,设计单位、施工单位、监理单位名称,施工图纸情况,施工合同签订情况,上级有关文件或要求等。

➤ 二、建筑装饰工程所在区域的特征

了解建筑装饰工程所在区域的特征,是确定施工方案、选择施工方法的基本依据,其主要内容有以下几方面:

1. 建设地区的自然条件

建设地区的自然条件主要包括气象情况,如年平均气温、年最高气温、最低气温、冰冻期、年降雨量、最大风力、风向等。

2. 地方资源及生活设施情况

地方资源主要指当地装饰材料的供应、价格等情况;生活设施主要是指临时用的办公、宿舍、食量、仓库、加工房,水电暖卫的供应条件及其位置,周围有无有害气体和污染企业等环境情况,其他动力条件等。

3. 地方装饰企业情况

地方装饰企业情况包括当地装饰企业的资质情况、技术人员状况、机械化水平、施工力量及特长、技术水平及施工质量等。

4. 交通运输条件

交通运输条件主要是指当地交通运输的主管部门、运输能力、计划运输的道路及线路情况等。

三、建筑装饰工程的施工条件

建筑装饰工程的施工条件主要说明装饰装修工程现场条件,材料成品、半成品、施工机械、运输车辆、劳动力配备和施工单位的技术管理水平,业主提供现场临时设施情况以及装饰施工企业的生产能力、技术装备、管理水平、市场竞争能力和完成指标的情况,主要设备机具、特殊装饰材料的供应情况。

任务三 施工方案的选择

施工方案是建筑装饰单位工程施工组织设计的核心问题。所确定的施工方案合理与否,不仅影响到施工进度的安排和施工平面图的布置,而且将直接关系到工程的施工效率、质量、工期和技术经济效果,因此,必须引起足够的重视。为了防止施工方案的片面性,必须对拟定的几个施工方案进行技术分析比较,使选定的施工方案施工上可行,技术上先进,经济上合理,而且符合施工现场的实际情况。

施工方案的选择一般包括确定施工程序、确定施工起点及流向、确定施工顺序、选择施工方法和施工机械、制定主要技术组织措施。

一、确定施工程序

施工程序是指在建筑装饰工程施工过程中,不同施工阶段的不同工作内容按照其固有的、一般情况下不可违背的先后次序循序渐进地向前开展。

建筑装饰工程的施工总的程序一般分先室外后室内、先室内后室外或室内外同时进行三种情况。

选择任一种施工程序都要根据气候条件、工期要求、劳动力的配备情况等因素进行综合考虑。

(1)建筑物基体表面的处理。在建筑装饰工程施工之前首先对基层进行处理,对新建工程基层的处理一般要使其表面粗糙,以加强装饰面层与基层之间的黏结力。对改造工程或在旧建筑物上进行二次装饰,必须对基体或基层进行检验,从而确定是否对原有基层或基面和紧固连接的铲除或拆除,修补或进行其他处理,若有拆除项目,应对拆除的部位、数量、拆除物的处理办法等做出明确规定,以确保装饰施工质量。

(2)设备管线安装与装饰工程。设备管线的安装与装饰工程有着密不可分的关系。在施工过程中,建筑装饰工程的施工一般遵循在预埋阶段,先通风,后水暖,再电器线路;封闭阶段,先墙面,后顶面,再地面;装饰阶段,先油漆,后裱糊,再面板。工序不能颠倒,否则将影响工程的质量及工期,造成不必要的浪费。

二、确定施工起点及流向

施工起点及流向是指工程项目在平面或空间上开始施工的部位及其流动方向,主要取决于合同规定、保证质量和缩短工期等要求。

建筑装饰工程施工的流向一般可分为水平流向和竖向流向,装饰工程从水平流向看,通常从哪一个方向开始都可以,但竖向流程则比较复杂,特别是对于新建工程的装饰。其室外工程根据材料和施工方法的不同,分别采用自下而上(干挂石材)或自上而下(涂料喷涂)的方法。

室内装饰则有三种方式,分别是:

(1)自上而下。室内装饰工程自上而下的流水施工方案是指主体结构工程封顶、做好屋面防水层后,从顶层开始,逐层向下进行,一般有水平向下进行(见图 10-2(a))和垂直向下进行(见图 10-2(b))两种形式。

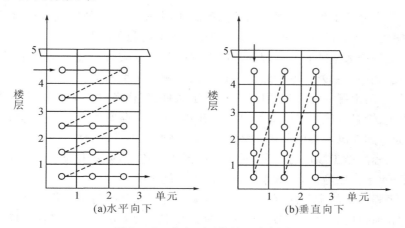

图 10-2　自上而下的施工流向图

自上而下的施工流向适用于质量要求高、工期较长或有特殊要求的工程,这种流向有助于管理、保证工程质量,但是施工工期较长,不能与主体搭接施工,要等主体结构完工后才能进行建筑装饰工程施工。如对高层酒店、商场进行改造时,采用此种流向,从顶层开始施工,仅下一层作为间隔层,停业面积小,将不会影响大堂的使用和其他层的营业;对上下水管道和原有电器线路进行改造,自上而下进行,一般只影响施工层,对整个建筑的影响较小。

(2)自下而上。室内装饰工程自下而上的流水施工方案是指主体结构施工到三层以上时(有两个层面楼板,确保底层施工安全),装饰从底层开始逐层向上的施工流向。它同样有水平向上(见图 10-3(a))和垂直向上(见图 10-3(b))两种形式。

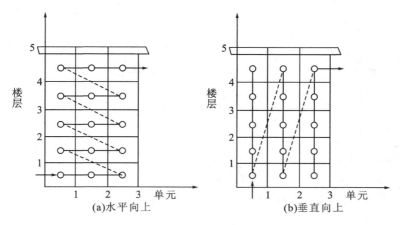

图 10-3　自下而上的施工流向

自下而上的施工流向适用于工期要求紧,特别适用于高层和超高层建筑物工程,该类建筑在结构工程还在进行时,底层已装饰完毕,可投入运营,业主提前获得了经济效益。

（3）自中而下，再自上而中。自中而下，再自上而中的施工流向，综合了上述两者的优缺点，适用于新建工程的高层建筑装饰工程。

➤ 三、确定施工顺序

施工顺序是指分项工程或工序之间的先后次序，其确定可以使工程按照客观的施工规律组织施工，能解决工程之间在时间上的搭接和在空间上的利用问题。

建筑装饰工程分为室外装饰工程和室内装饰工程。要安排好立体交叉平行搭接的施工，确定合理的施工顺序。室外和室内装饰工程施工的顺序一般有先内后外、先外后内和内外同时进行三种，具体确定哪一种施工顺序，应视施工条件、气候条件和合同工期要求来确定。通常外装饰湿作业、涂料等施工过程应尽可能避开冬雨季；高温条件下不宜安排室外金属饰面板的施工；如果为了加速脚手架的周转，缩短工期，则采取先外后内的施工顺序。

室外装饰工程的施工顺序有两种：对于外墙湿作业施工，除石材墙面外，一般采用自上而下的施工顺序；而干作业施工，一般采用自下而上的施工顺序。

室内装饰工程施工的主要内容有：地面、顶棚、墙面的装饰，门窗安装、油漆、制作家具以及相配套的水、电、风口的安装和灯饰洁具的安装。其施工劳动量大、工序繁杂，施工顺序应根据具体条件来确定，基本原则是："先湿作业、后干作业""先墙顶、后地面""先管线、后饰面"。室内装饰工程的一般施工顺序如图 10-4 所示。

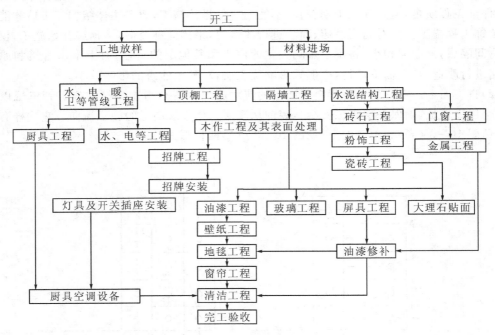

图 10-4　室内装饰工程一般施工顺序

➤ 四、选择施工方法和施工机械

正确选择施工方法和施工机械是制定施工方案的关键，每一种施工方法和施工机械又都有其优缺点，我们必须从先进、经济、合理的角度出发，选择施工方法和施工机械，以达到提高工程质量、降低工程成本、提高劳动生产率和加快工程进度的预期效果。

1. 施工方法的选择

建筑装饰工程施工方法的选择,应着重考虑影响整个建筑装饰工程施工的重要部分,对不熟悉的或特殊的施工调节的施工方法应作重点要求,应有施工详图,应注意内外装饰工程施工顺序,特别是应安排好湿作业、干作业、管线布置、吊顶等的施工顺序。要明确提出样板制度的具体要求,如哪些材料做法需做样板、哪些房间需作为样板间。对材料的采购、运输、保管亦应进行明确的规定,便于现场的操作;对常规做法和工人熟悉的装饰装修工程,只需提出应注意的特殊问题。

2. 施工机械的选择

现代化的建筑装饰工程施工要求精细程度高,单靠手工是满足不了要求的,必须配备先进的施工机具,因此,施工机具是装饰工程施工中质量和工效的基本保证。

建筑装饰工程施工所用的机具,除垂直运输和设备安装以外,主要是小型电动工具,如电锤、冲击电钻、电动曲线锯、型材切割机、风车锯、电刨、云石机、射钉枪、电动角向磨光机等。在选择施工机具时,要从以下几个方面进行考虑:

(1)选择适宜的施工机具以及机具型号。如涂料的弹涂施工,当弹涂面积小或局部进行弹涂施工时,宜选择手动式弹涂器;电动式弹涂器工效高,适用于大面积彩色弹涂施工。

(2)在同一装饰工程施工现场,应力求使装饰工程施工机具的种类和型号尽可能少一些,选择一机多能的综合性机具,便于机具的管理。

(3)应注意采用与机具配套的附件。如风车锯片有三种,应根据所锯的材料厚度配备不同的锯片;云石机具片可分为干式和湿式两种,可根据现场条件选用。

要充分发挥现有机具的作用,当本单位的机具能力不能满足装饰工程施工需要时,则应购置或租赁所需机具。

五、主要技术组织措施

技术组织措施是指在技术和组织方面对保证工程质量、安全、节约和文明施工所采用的方法。制定这些措施,应在严格执行施工验收规范、检验标准、操作规程的前提下,针对工程特点进行。

1. 技术措施

对新材料、新结构、新工艺、新技术,均应编制相应的技术措施。其内容包括:

(1)需要标明的平面图、剖面图以及工程量一览表。

(2)施工方法的特殊要求和工艺流程。

(3)冬雨期施工措施。

(4)技术要求和质量安全注意事项。

(5)材料、机具和构件的特点、使用方法及需用量。

2. 质量措施

(1)确保建筑装饰工程放线、定位等准确无误的措施。

(2)保证质量的组织措施,如建立健全质量保证体系、明确责任分工等。

(3)保证质量的经济措施,如建立奖罚制度等。

（4）解决质量通病的措施。

（5）执行施工质量的检查、验收制度。

（6）提出各分部工程的质量评定的目标计划。

3．提高经济效益措施

（1）采用先进的生产技术。

（2）保证安全生产，减少事故带来的损失。

（3）有良好的组织措施，保证人员的合理运用，提高劳动生产率。

（4）物资管理要具有计划性。

（5）减少施工管理费的支出。

4．环保措施

（1）及时清理施工垃圾，施工垃圾应集中堆放、及时清运，严禁随意凌空抛撒。

（2）进行现场施工搅拌作业时，搅拌机前台应设置沉淀池，以防污水遍地。

（3）拆除旧的装饰物时，要随时洒水，减少扬尘污染。

（4）施工现场注意噪声的控制，应制定降噪制度和措施。

（5）现制水磨石施工，必须控制污水流向，污水经沉淀后，方可排入下水管道。

5．成品保护措施

建筑装饰工程对成品保护一般采取防护、包裹、覆盖、封闭等保护措施，以及采取合理安排施工顺序来达到保护成品的目的。

6．安全措施

建筑装饰工程施工安全控制的重点是防火、安全用电和机具的安全使用。编制安全措施时要做到具有及时性、针对性和具体性。其主要内容有：

（1）对高于周围避雷设施的施工工程、金属构筑物采取防雷设施。

（2）易燃、易爆、有毒作业场所采取防火、防爆、防毒措施。

（3）垂直运输设备的强度、拉结要求及防护措施。

（4）施工部位与周围通行道路、房间隔离、防护措施。

（5）安全使用机具、安全用电措施。

任务四　建筑装饰单位工程施工进度计划

建筑装饰单位工程施工进度计划是在既定施工方案的基础上，根据规定工期和各种资源的供应条件，按照施工过程的合理施工顺序及组织施工的原则，用横道图或网络图对建筑装饰单位工程从开始施工到工程竣工的全部施工过程在时间上和空间上进行的合理安排。

一、施工进度计划的作用及编制原则

1. 施工进度计划的作用

(1)是控制工程施工进程和工程竣工期限等各项装饰装修工程施工活动的依据。

(2)确定装饰装修工程各个工序的施工顺序及需要的施工持续时间。

(3)为制定各项资源需用量计划和编制施工准备工作计划提供依据。

(4)指导现场施工安排,控制施工进度和确保施工任务的按期完成。

(5)组织协调各个工序之间的衔接、穿插、平行搭接、协作配合等关系。

(6)反映了安装工程与装饰装修工程的配合关系。

(7)是施工企业计划部门编制月、季、旬计划的基础。

因此,建筑装饰单位工程施工进度计划的编制有助于装饰施工企业领导抓住关键,统筹全局,合理地布置人力、物力,正确地指导施工生产顺利进行,有利于职工明确工作任务和责任,更好地发挥创造精神;有利于专业的及时配合,协调组织施工。若装饰工程为新建工程,其施工进度计划应在建筑工程施工进度计划规定的工期控制范围内编制;若为改造项目时,应在合同规定的工期内进行编制,以确保装饰工程在施工进度计划范围内组织施工。

2. 施工进度计划的编制原则

(1)合理安排施工顺序,保证在劳动力、物资以及资金消耗量最少的情况下,按规定工期高质量完成施工任务。

(2)采用合理的施工组织方法,使装饰工程的施工保持连续、均衡、有节奏地进行。

(3)根据工程所在区域的自然条件和技术经济条件,因地制宜布置施工活动。

二、施工进度计划的分类

建筑装饰单位工程施工进度计划根据施工项目的粗细程度可分为控制性施工进度计划和指导性施工进度计划两类。

1. 控制性施工进度计划

控制性施工进度计划是以分部工程作为施工项目划分对象,控制各分部工程的施工时间及它们之间相互配合、搭接关系的一种进度计划。它主要适用于结构较复杂、规模较大、工期较长需跨年度施工的工程,同时还适用于虽然工程规模不大、结构不算复杂,但各种资源(劳动力、材料、机械)没有落实,或者由于装饰设计的部位、材料等可能发生变化以及其他各种情况的工程。

2. 指导性施工进度计划

指导性施工进度计划按分项工程或施工过程来划分施工项目,具体确定各施工过程的施工时间及其相互搭接、相互配合的关系。它适用于任务具体明确、施工条件基本落实、各项资源供应正常、施工工期不太长的工程。

编制控制性施工进度计划的工程,当各分部工程的施工条件基本落实之后,在施工之前还应编制各分部工程的指导性施工进度计划。

三、施工进度计划编制的依据和程序

1．施工进度计划编制的依据

(1)施工组织总设计中有关对该工程规定的内容及要求。

(2)工程的初步设计或扩大初步设计。

(3)建筑装饰工程设计施工图及详图、设备工艺配置图等有关资料。

(4)建筑装饰工程施工合同规定的开、竣工日期,即规定工期。

(5)施工准备工作的要求、施工现场的条件以及分包单位的情况。

(6)主要分部分项工程的施工方案。

(7)合同规定的进展要求和施工组织规划设计。

(8)施工总方案(施工部署和施工方案)。

(9)建设地区调查资料。

2．施工进度计划的编制程序

建筑装饰单位工程施工进度计划的编制程序如图 10-5 所示。

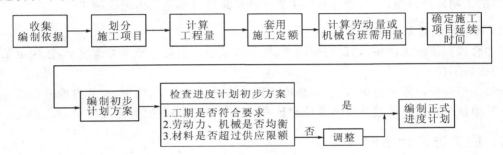

图 10-5　建筑装饰单位工程施工进度计划的编制程序

四、施工进度计划编制步骤与方法

根据建筑装饰单位工程施工进度计划的编制程序,施工进度计划编制的主要方法和步骤如下:

1．施工项目的划分

施工项目是包括一定工作内容的施工过程,是进度计划的基本组成单元。在编制施工进度计划时,首先应根据图纸和施工顺序将拟建建筑装饰单位工程的各个施工过程列出,并结合施工方法、施工条件、劳动力组织等因素加以适当调整,使之成为编制施工进度计划所需的施工项目。项目划分的一般要求和方法如下:

(1)明确施工项目划分的内容。应根据施工图纸、施工方案和施工方法,确定拟建工程可划分成哪些分部分项工程,明确其划分的范围和内容。应将一个比较完整的工艺过程划分成一个施工过程,如油漆工程、吊顶工程、墙面装饰工程等。

(2)掌握施工项目划分的粗细。施工项目划分的粗细程度应根据进度计划的需要来决定。一般对于控制性施工进度计划,其施工项目可以粗一些,通常只列出施工阶段及各施工阶段的分部工程名称;对指导性施工进度计划,其施工项目的划分可细一些,特别是其中主导工程和主要分部工程,尽量做到详细、具体、不漏项,以便于掌握施工进度,起到指导施工的作用。

(3)划分施工过程要考虑施工方案和施工机械的要求。由于建筑装饰工程施工方案的不同,施工过程的名称、数量、内容也不相同,此外还会影响施工顺序的安排。

(4)适当合并施工项目。一些次要的施工过程应合并到主要的施工过程中去,如门窗工程可以合并到墙面装饰工程中;对于在同一时间内由同一施工班组施工的过程可以合并,如门窗油漆、家具油漆、墙面油漆等均可并为油漆一项。

(5)水、电、暖、卫等专业工程的划分。水、电、暖、卫和设备安装等专业工程不必细分具体内容,由各个专业施工队自行编制计划并负责组织施工,而在建筑装饰单位工程施工进度计划中只要反映出这些工程与装饰工程的配合关系即可。

(6)抹灰工程应符合内外结合的要求。多层建筑的内、外抹灰应分别根据情况列出施工项目,内外有别,内外结合。

①外墙抹灰工程可能有若干种装饰抹灰的做法,但一般情况下合并为一项,如有石材干挂等装饰可分别列项。

②室内的各种抹灰,一般来说要分别列项,如楼地面(包括踢脚线)抹灰、顶棚及地面抹灰、楼梯间及踏步抹灰等,以便组织安排指导施工开展的先后顺序。

(7)区分直接施工与间接施工。直接在拟建装饰工程的工作面上施工的项目,经过适当合并后均应列出。不在现场施工而在拟建装饰工程工作面之外完成的项目,如各种构件在场外预制及其运输过程,一般可不必列项,只要在使用前运入施工现场即可。

2. 计算工程量

当确定了施工过程之后,应计算每个施工过程的工程量。工程量应根据有关资料、施工图纸、工程量计算规则及相应的施工方法进行计算。若编制计划时已经有预算文件,则可以直接利用预算文件中的有关工程量数据。其实际就是按工程的几何外形形状进行计算,计算时应注意以下几个问题:

(1)注意工程量的计量单位。

(2)各分部分项工程量的计量单位应与现行装饰工程施工定额的计量单位一致,以便计算劳动量和机械台班量时直接套用定额。

(3)工程量计算应结合选定的施工方法和安全技术要求,使计算所得工程量与施工实际情况相符合。

(4)结合施工组织的要求,分区、分段、分层计算工程量,以便组织流水作业层,每段上的工程量相等或相差不大时,可根据工程量总数分别除以层数、段数,可得每层、每段上的工程量。因为进度计划中的工程量仅是用来计算各种资源需用量,不作为计算工资或工程结算的依据,故不必进行精确计算。

(5)正确取用预算文件中的工程量,如已编制预算文件,则施工进度计划中的施工项目大多可直接采用预算文件中的工程量,可按施工过程的划分情况将预算文件中有关项目的工程量汇总。

3. 套用施工定额

确定了施工过程、工程量和施工方法,即可套用施工定额(当地实际采用的劳动定额及机械台班定额),以确定劳动量和机械台班量。

施工定额一般有两种形式,即时间定额和产量定额。时间定额是指某种专业、某种技术等级工人在合理的技术组织条件下,完成单位合格产品所必需的工作时间。它是以劳动工日数为单位,且便于综合计算,故在劳动量统计中用得比较普遍。产量定额是指在合理的技术组织条件下,某种专业、某种技术等级工人在单位时间内所完成的合格产品的数量。它以产品数量来表示,具有形象化的特点,故在分配任务时用得比较普遍。时间定额和产量定额互为倒数关系,即:

$$H_i = \frac{1}{S_i} \text{ 或 } S_i = \frac{1}{H_i}$$

式中:S_i——某施工过程采用的产量定额(m^3/工日、m^2/工日、m/工日、kg/工日);

　　　H_i——某施工过程采用的时间定额(工日/m^3、工日/m^2、工日/m、工日/kg)。

在套用国家或当地颁布的定额时,必须注意结合本单位工人的技术等级、实际操作水平、施工机械情况和施工现场条件等因素,确定定额的实际水平,使计算出来的劳动量、机械台班量符合实际需要。

有些采用新技术、新材料、新工艺或特殊施工方法的施工过程,定额中尚未编入,这时可参考类似施工过程的定额、经验资料,按实际情况确定。

4. 计算劳动量及机械台班量

确定工程量采用的施工定额,即可进行劳动量及机械台班量的计算。

根据各分部分项工程的工程量、施工方法和有关主管部门颁发的定额,并参照装饰施工单位的实际情况,计算各施工项目所需要的劳动量和机械台班量。一般应按下式计算:

$$P_i = \frac{Q_i}{S_i} \text{ 或 } P_i = Q_i \cdot H_i$$

式中:P_i——完成某施工过程所需要的劳动量(工日)或机械台班量(台班);

　　　Q_i——某施工过程的工程量(m^3、m^2、m、kg)。

　　　S_i——该施工过程采用的产量定额(m^3/工日、m^2/工日、m/工日、t/工日);

　　　H_i——该施工过程采用的时间定额(工日/m^3、工日/m^2、工日/m、工日/t)。

【例 10-1】已知某楼层进行花岗岩石材板楼地面铺设,其工程量为 680.6m^2,时间定额为 82.35 工日/100m^2,计算完成楼地面工程所需劳动量。

【解】　　　　　　$P_i = Q_i \cdot H_i = 680.6 \times 0.8235 = 560$(工日)

若每工日产量定额为 1.68m^2 工日,则完成楼地面铺花岗岩石材板工程所需劳动量计算为:

$$P_i = \frac{Q_i}{S_i} = 680.6/1.68 = 405 \text{(工日)}$$

工日量计算出来后,往往出现小数位,取数时可取为整数。

若遇到施工进度计划所列项目与施工定额所列项目的工作内容不一致,可进行如下处理:

(1)当施工项目由两个或两个以上的施工过程或内容合并组成时,其总劳动量可按下式进行计算:

$$P_{总} = \sum P_i = P_1 + P_2 + P_3 + \cdots + P_n$$

【例 10-2】某细部工程,其门窗套木作、油漆两个施工过程的工程量都是 285.5m^2,其时间定额分别为 0.15 工日/m^2 和 0.4 工日/m^2,试计算完成该细部工程所需总劳动量。

【解】　　　　　　　　　　$P_木 = 285.5 \times 0.15 = 42.8$(工日)

$$P_{油}=285.5\times0.4=114.2(工日)$$

$$P_{总}=P_{木}+P_{油}=42.8+114.2=157(工日)$$

（2）当某一施工过程是由同一工种，但不同做法、不同材料的若干个分项工程合并组成时，应先按下式计算其综合产量定额，再求其劳动量。

$$\overline{S}=\frac{\sum\limits_{i=1}^{n}Q_i}{\sum\limits_{i=1}^{n}P_i}=\frac{Q_1+Q_2+\cdots+Q_n}{P_1+P_2+\cdots+P_n}=\frac{Q_1+Q_2+\cdots+Q_n}{\dfrac{Q_1}{S_1}+\dfrac{Q_2}{S_2}+\cdots+\dfrac{Q_n}{S_n}}$$

$$\overline{H}=\frac{1}{\overline{S}}$$

式中：$\overline{S}$——某施工过程的综合产量定额（m³/工日、m²/工日、m/工日、t/工日等）；

$\overline{H}$——某施工过程的综合时间定额（工日/m³、工日/m²、工日/m、工日/t 等）；

$\sum\limits_{i=1}^{n}Q_i$——总工程量（m³、m²、m、t 等）；

$\sum\limits_{i=1}^{n}P_i$——总劳动量；

$Q_1,Q_2,\cdots,Q_n$——同一施工过程的各分项工程的工程量；

$S_1,S_2,\cdots,S_n$——与 $Q_1,Q_2,\cdots,Q_n$ 相对应的产量定额。

【例 10-3】某住宅楼，其外墙装饰分别为挂贴蘑菇石、干挂花岗岩两种施工做法，其工程量分别为 1230 m² 和 6936 m²，所采用的时间定额分别是 1.30 工日/m²，0.853 工日/m²，试计算其加权平均产量定额。

【解】

$$\overline{S}=\frac{\sum Q_i}{\sum P_i}=\frac{1230+6936}{1230\times1.30+6936\times0.853}=\frac{8166}{1599+5916.4}$$

$$=\frac{8166}{7515.4}=1.1(m²/工日)$$

（3）对于施工定额手册中没有列入的项目，如采用新工艺、新材料、新技术或特殊施工方法的施工过程，可参考类似项目或实测进行确定。

（4）对于水、电、暖、卫等设备安装工程，一般不需计算劳动量和机械台班量，只考虑其与装饰工程进度上的配合。

（5）对于"其他工程"项目所需劳动量，可根据其内容和数量，并结合施工现场的具体情况以占劳动量的百分比（一般为 10%～20%）计算。

5. 确定各施工过程的持续时间

计算各施工过程的持续时间的方法有三种，分别是经验估算法、定额计算法和倒排计划法。

（1）经验估算法。在施工过程中，当遇到新技术、新材料、新工艺等无定额可循的工种时，可采用经验估算法，即根据过去的施工经验并按照实际的施工条件来估算项目的施工持续时间。

经验估算法也称三时估算法，即先估计出完成该施工过程的最乐观时间、最悲观时间和最可能时间三种施工时间，再根据下列公式计算出该施工过程的延续时间。

$$m=\frac{a+4c+b}{b}$$

式中：m——该项目的施工持续时间；

a——工作的乐观（最短）持续时间估计值；

b——工作的悲观（最长）持续时间估计值；

c——工作的最可能持续时间估计值。

（2）定额计算法。这种方法是根据施工过程需要的劳动量或机械台班量，以及配备的劳动人数或机械台数，确定施工过程持续时间。其计算公式如下：

$$t = \frac{Q}{RSN} = \frac{P}{RN}$$

式中：t——某施工过程施工持续时间（小时、日、周等）；

Q——某施工过程的工程量（m、m^2、m^3 等）；

P——某施工过程所需的劳动量或机械台班量（工日、台班）；

R——某施工过程所配备的劳动人数或机械数量（人、台）；

S——产量定额；

N——每天采用的工作班制（1～3 班制）。

在应用上述公式时必须先确定施工班组的人数、机械台班数和工作班制。施工班组人数确定时，需考虑最小劳动力组合人数、最小工作面和可能安排的工人人数等因素，以达到最高的劳动生产率。与施工班组人数确定情况相似，在确定机械台数时，也应考虑机械生产效率、施工工作面、可能安排台数及维修保养时间等因素。一般情况下，当工期允许、劳动力和机械周转使用不紧张、施工工艺上无连续要求时，可采用一班制施工。当工期较紧或为了提高施工机械的周转，或者工艺上要求连续施工时，某些施工过程可考虑两班制或三班制进行施工。

【例 10 - 4】某室内墙面裱糊工程，劳动量需 860 个工日，采用一班制施工，每班出勤人数为 13 人，试求施工持续时间。

【解】

$$t = \frac{P}{RN} = \frac{860}{13 \times 1} \approx 66(\text{d})$$

（3）倒排计划法。此方式是根据规定的工程总工期及施工方法、施工经验，先确定各分部分项工程的施工持续时间，再按各分部分项工程所需的劳动量或机械台班量，计算出每个施工过程的施工班组所需的工人人数或机械台班数。其计算公式如下：

$$R = \frac{P}{Nt}$$

一般情况下，在计算时按一班制考虑。如果计算出的每天所需的施工人数、机械台数超过了本单位的现有数量或不能满足最小工作面的要求，则应根据具体情况（施工现场条件、工作面的大小、最小劳动力组合等）在技术和组织上采取积极主动的措施，如组织平行立体交叉流水施工、某些施工过程采用多班制施工。如工期太紧，施工时间不能延长，也可考虑多班组、多班制施工。

【例 10 - 5】某单位工程的吊顶工程，需要总劳动量 396 个工日，则当工期为 23 d 时，求所需工人的人数。

【解】

$$R = \frac{P}{Nt} = \frac{396}{23} \approx 17(\text{人})$$

任务五　资源需用量计划及施工平面图

建筑装饰单位工程施工进度计划编制确定以后,根据施工图样、工程量计算资料、施工方案、施工进度计划等有关技术资料,着手编制劳动力需要量计划,各种主要材料、构件和半成品需要量计划及各种施工机械的需要量计划。根据施工进度计划编制的各种资源需求量计划,是做好各种资源的供应、调度、平衡、落实的依据,也是施工单位编制月、季生产作业计划的主要依据之一。

➤ 一、各项资源需用量计划

1. 劳动力需要量计划表

按照施工准备工作计划、施工总进度计划和主要分部分项工程进度计划,结合实际工程量套用概算定额或经验资料计算所需的劳动力人数,以此可编制主要劳动力需用量计划,使劳动力消耗做到基本均衡,以避免调动频繁而窝工。同时,要提出解决劳动力不足的有关措施,加强调度管理。装饰工程工种复杂、分工较细、工人技术水平要求高,应根据工程的具体情况选择合适的施工队伍,并组织技术培训。劳动力需用量计划表的形式,如表 10-1 所示。

表 10-1　劳动力需要量计划表

序号	工种名称	施工高峰需要人数	××××年×季				现有人数	多余(+)或不足(-)
			一季	二季	三季	四季		

2. 主要材料需用量计划

主要材料需用量计划是备料、供料和确定仓库、堆场面积及运输量的依据,它是根据施工预算、材料消耗定额和施工进度计划编制的。对于建筑装饰工程,它所需物资的品种多、花样繁杂,许多物资并不能从市场直接购进,而需从全国各地,甚至国外的厂家直接订购。因此,材料需用量计划对装饰工程施工的顺利进行起着非常重要的作用。主要材料需用量计划的表格形式如表 10-2 所示。

表 10-2　主要材料需用量计划

序　号	材料名称	规　格	需　要　量		拟进场时间	备　注
			单位	数量		

3. 主要材料、成品、半成品运输量计划

建筑装饰工程中所使用的材料、成品、半成品,其体积各异,计算方法也不同(吨、件、块、立方米),运输方式有铁路、公路、空运、海运等。运输总量中应考虑不可预见系数,如建筑垃圾运

输量，由于施工地点不同、施工场地及施工条件不同，运输班次及时间应慎重考虑，若在大中城市繁华地区可能只有夜间方可外运。

高层建筑装饰工程还应考虑垂直运输间距，根据材料的体积、长宽、质量及运输工具(电梯、提升架等)的性能，合理安排垂直运输工作。主要材料、成品、半成品运输量计划如表10-3所示。

表 10-3 主要材料、成品、半成品运输量计划

序号	主要材料、成品半成品名称	单位	数量	折合吨数	运距(km)			运输量(t·km)	分类运输量(t·km)			备注
					装货点	卸货点	距离		公路	铁路	水路	

4. 主要施工机具、设备需用量计划

根据施工部署、施工方案、施工总进度计划、主要工种工程量和主要材料、成品、半成品运输量计划，确定垂直运输、水平运输并计算其需用量，编制主要施工机具、设备需用量计划，提出解决的办法和进场日期。对于建筑装饰单位工程施工所用的中小型机具、手持电动机具，由建筑装饰单位工程施工组织设计考虑。计划中所用的机具、设备应注明电动机功率，以便考虑供电容量。主要施工机具、设备需用量计划如表 10-4 所示。

表 10-4 主要施工机具、设备需要量计划

序号	机具设备名称	规格型号	电动机功率	数量				购置价格(千元)	使用时间	备注
				单位	需用	现有	不足			

5. 大型临时设施需用量计划

在考虑大型临时设施计划时，应本着尽量利用已有工程为装饰施工服务的原则，根据施工布置、施工方案和各种资源需用量计划考虑所需的一切生产和生活临时设施(包括生产、生活用房、临时道路、临时用水、用电和供热系统等)。

当建筑装饰工程与主体结构工程同时施工时，尽量利用主体结构工程施工中的大型临时设施，如卷扬机、搅拌机、水泥库、各类材料仓库等，以节省费用。

➤ 二、施工平面图设计

建筑装饰单位工程施工平面图是建筑装饰工程施工组织设计的重要内容，是根据拟建装饰工程的规模、施工方案、施工进度及施工生产中的需要，结合现场的具体情况和条件，对施工现场做出的规划和布置。将此规划和布置绘制成图，即建筑装饰工程的施工平面图。绘制施工平面图一般采用1:500～1:200的比例。

1. 施工平面图的设计原则

(1)尽量降低临时设施的修建费用。充分利用已有或拟建房屋、管线、道路和可缓拆或不拆除的项目为装饰施工服务。

（2）尽量降低运输费用。材料的半成品、成品仓库尽可能靠近使用地点，保证运输方便，减少二次搬运。

（3）有利生产、方便生活。临时设施的布置要不影响项目的施工，并使人员在地上往返时间短，居住区至施工区距离要尽量近。

（4）要满足防水和技术安全的要求。在规划布置临时设施时，对可燃性的材料仓库、加工厂等必须满足防火规范规定的安全距离，并设置必要的消防设施。

（5）符合劳动保护和环保要求。

2．施工平面图的设计依据

（1）设计和施工的原始资料。主要包括建筑物所处的地理位置、气候条件、供水供电、生产生活基地情况、交通运输条件等资料。用它来确定易燃易爆品仓库的位置及防冻材料的堆放场所、临时用生产和生活设施的布置场所。

（2）建筑装饰工程的性质。如果建筑装饰工程为新建工程，则其施工平面图在充分利用土建施工平面图的基础上，作适当调整、补充即可；对于改造装饰工程或局部装饰工程，由于可利用的空间较小，应根据具体情况妥善安排布置。

（3）建筑装饰工程的施工图。根据总平面图确定临时建筑物和临时设施的平面位置并考虑利用现有的管道，若其对施工有影响，应采取一定措施予以解决。

（4）施工方面的资料。主要包括工程的施工方案、施工方法和施工进度计划。根据施工进度计划，确定材料、机具的进场时间和堆放场所。

3．施工总平面图的设计内容

建筑装饰工程施工平面图的内容与装饰工程的性质、规模、施工条件、施工方案有着密切的关系。在设计时要因时、因需要、结合实际情况进行。具体包括：

（1）一切拟建和在建的永久性建筑物，地上、地下管线。

（2）测量放线标桩、渣土及垃圾堆放场地。

（3）垂直运输设备、脚手架的平面位置。

（4）施工用的一切临时设施，包括各类加工厂，建筑装饰材料、成品、半成品、水电、暖卫材料、设备等的仓库与堆场，行政管理和文化生活福利用房，临时给水、排水管线，供电线路、供热、通风、压缩空气管道、安全防火设施等。

4．施工平面图的设计步骤

（1）起重运输机械的布置。起重运输机械的位置直接影响搅拌站、加工厂及各种材料、构件的堆场或仓库等的位置和道路、临时设施及水、电管线的布置等，因此，它是施工现场全局布置的中心环节，应首先确定。

（2）加工厂及各种材料堆场、仓库的布置。

①加工厂的布置。木材、钢筋、水电等加工厂宜设置在建筑物四周稍远处，并有相应的材料及成品堆场。石灰及淋灰池可根据情况布置在砂浆搅拌机附近。沥青灶应选择较空的场地，远离易燃品仓库和堆场，并布置在下风向。

②仓库及堆场的布置。仓库及堆场的面积应由计算确定，然后再根据各个阶段的施工需要及材料使用的先后顺序进行布置。同一场地可供多种材料或构件使用。仓库及堆场的布置要求如下：

A. 仓库的布置。水泥仓库应选择地势较高、排水方便、靠近搅拌机的地方。各种易燃、易爆品仓库的布置应符合防火、防爆安全距离的要求。木材、钢筋、水电器材等仓库,应与加工棚结合布置,以便就地取材。

B. 材料堆场的布置。各种主要材料的堆场布置,应根据其用量的大小、使用时间的长短、供应及运输情况等研究确定。凡用量较大、使用时间较长、供应及运输较方便的材料,在保证施工进度与连续施工的情况下,均应考虑分期分批进场,以减少堆场或仓库所需面积,达到降低耗损、节约施工费用的目的。在布置堆场时,还应考虑先用先堆,后用后堆,有时在同一地方,可以先后堆放不同的材料。

(3)现场运输道路的布置。布置单位工程场内临时运输道路应遵循以下原则和要求:

①现场运输道路应按照材料和构件运输的需要,沿着仓库和堆场进行布置。

②尽可能利用永久性道路或先做好永久性道路的路基,在交工之前再铺路面。

③道路宽度要符合规定,通常单行道应不小于 3～3.5 m,双行道应不小于 5.5～6 m。

④现场运输道路布置时应保证车辆行驶通畅、有回转的可能。因此,最好围绕建筑物布置成一条环形道路,便于运输车辆回转、调头。若无条件布置成一条环形道路,应在适当的地点布置回车场。

⑤道路两侧一般应结合地形设置排水沟,沟深不小于 0.4m,底宽不小于 0.3 m。

(4)办公、生活和服务性临时设施的布置。办公、生活和服务性临时设施的布置应遵循以下原则和要求:

①应考虑使用方便,不妨碍施工,符合安全、防火的要求。

②通常情况下,办公室的布置应靠近施工现场,宜设在工地出入口处;工人休息室应设在工人作业区;宿舍应布置在安全的上风方向;门卫、收发室宜布置在工地出入口处。

③要尽量利用已有设施或已建工程,必须修建时要经过计算,合理确定面积,努力节约临时设施费用。

(5)施工供水管网的布置。施工供水管网应按下列要求进行布置:

①施工用的临时给水管。一般由建设单位的干管或自行布置的给水干管接到用水地点。布置时应力求管网总长度最短。管径的大小和龙头数目的设置需视工程规模大小通过计算确定。管道可埋于地下,也可铺设在地面上,以当时当地的气候条件和使用期限的长短而定。工地内要设置消火栓,消火栓距离建筑物不应小于 5 m,也不应大于 25 m,距离路边不大于 2 m。条件允许时,可利用城市或建设单位的永久消防设施。

②为了防止水的意外中断,可在建筑物附近设置简单蓄水池,储存一定数量的生产和消防用水。当水压不足时,须设置高压水泵。

(6)施工供电的布置。施工供电布置应符合下列要求:

①为了维修方便,施工现场一般采用架空配电线路,且要求现场架空线与施工建筑物水平距离不小于 10 m,与地面距离不小于 6 m,跨越建筑物或临时设施时,垂直距离不小于 2.5m。

②现场线路应尽量架设在道路一侧,且尽量保持线路水平,以免电杆受力不均;在低压线路中,电杆间距应为 25～40 m;分支线及引入线均应由电杆处接出,不得在两杆之间接线。

③单位工程施工用电,应在全工地施工总平面图中一并考虑。若属于扩建的单位工程,一般计算出在施工期间的用电总数,提供给建设单位予以解决,不另设变压器。只有独立的单位工程施工时,才根据计算出的现场用电量选用变压器。变压器(站)的位置应布置在现场边缘

高压线接入处,四周用铁丝网围住。变压器不宜布置在交通要道路口。

项目小结

1. 建筑装饰单位工程施工组织设计概述

建筑装饰单位工程施工组织设计的内容一般包括工程概况、施工方案、施工进度计划、各项资源需要量计划、施工平面图、消防安全文明施工及施工技术质量保证措施、成品保护措施等。

2. 工程概况

建筑装饰单位工程施工组织设计中应重点介绍本工程的特点及与项目总体工程的联系。工程概况的内容主要包括:装饰项目的建设概况、建设区域的特征、装饰项目的施工条件等。

3. 施工方案的选择

施工方案的选择一般包括确定施工程序、确定施工起点及流向、确定施工顺序、选择施工方法和施工机械、制定主要技术组织措施。

4. 建筑装饰单位工程施工进度计划

(1)建筑装饰单位工程施工进度计划根据施工项目的粗细程度可分为控制性施工进度计划和指导性施工进度计划两类。

(2)施工进度计划编制步骤与方法。

①施工项目的划分;

②计算工程量;

③套用施工定额;

④计算劳动量及机械台班量;

⑤确定各施工过程的持续时间。

5. 资源需用量计划及施工平面图

(1)建筑装饰单位工程施工进度计划编制确定以后,根据施工图样、工程量计算资料、施工方案、施工进度计划等有关技术资料,着手编制劳动力需要量计划,各种主要材料、构件和半成品需要量计划及各种施工机械的需要量计划。

(2)施工平面图设计。

建筑装饰单位工程施工平面图是建筑装饰工程施工组织设计的重要内容,是根据拟建装饰工程的规模、施工方案、施工进度及施工生产中的需要,结合现场的具体情况和条件,对施工现场做出的规划和布置。将此规划和布置绘制成图,即建筑装饰工程的施工平面图。绘制施工平面图一般用 1:500～1:200 的比例。

项目十一 建筑装饰施工项目管理

 学习目标

通过本章内容的学习,使学生掌握建筑装饰工程施工项目现场管理、进度控制、质量管理、安全管理、成本控制和施工索赔的相关内容。

 教学重点

1.施工现场管理的内容;

2.施工进度控制的方法和内容;

3.施工项目成本的构成,成本管理的内容和方法;

4.施工项目质量管理的内容;

5.施工项目安全管理的措施;

6.施工项目索赔的程序、内容和范围。

任务一 建筑装饰施工项目管理概述

➤ 一、建筑装饰施工项目管理定义

施工项目是指建筑装饰工程施工企业自建筑装饰工程施工投标开始到保修期满为止的全过程中完成的项目。

施工项目管理是指建筑装饰工程施工企业运用系统的观点、理论和科学技术以施工项目经理为核心的项目经理部,对施工项目全过程进行计划、组织、监督、控制、协调等全过程的管理。施工项目管理是工程项目管理中历时最长、涉及面最广、内容最复杂的一种管理工作。其管理的主体、任务、内容和范围与工程项目管理有着根本的差别。

建筑装饰工程,作为一个工程项目的从属部分,具有独立的施工条件,属于单位工程或多个分部工程的集合,是施工项目,但不是工程项目。因此,从严格意义上讲,建筑装饰工程项目管理就是建筑装饰工程施工项目管理,具有施工项目管理的特征。具体表现如下:

(1)建筑装饰工程项目的管理主体是建筑装饰企业,建设单位(业主)和设计单位都不能进行施工项目管理,由业主或监理单位进行的工程项目,管理中涉及的装饰施工阶段管理仍属于建设项目管理,不能算作建筑装饰工程项目管理。

(2)建筑装饰工程项目管理的对象是建筑装饰工程施工项目,项目管理的周期也就是装饰

工程施工项目的生命期。

（3）建筑装饰工程项目管理要求强化组织协调工作。装饰施工项目生产活动的特殊性、项目的一次性、施工周期长、资金多、人员流动性大等特点，决定了建筑装饰工程项目管理中的组织协调工作最为艰难、复杂、多变，必须通过强化组织协调的办法才能保证项目顺利进行。

二、项目管理的过程和内容

1. 施工项目管理的全过程

建筑装饰工程施工项目管理是指由装饰施工企业对可能获得的施工项目开展工作。施工项目管理的全过程包括以下 5 个阶段：

（1）投标签约阶段；

（2）施工准备阶段；

（3）施工阶段；

（4）验收、交工与竣工结算阶段；

（5）用后服务阶段。

建筑装饰工程施工项目管理全过程如图 11 - 1 所示。

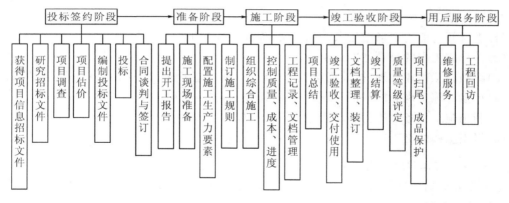

图 11 - 1　施工项目管理全过程

2. 施工项目管理的内容

项目管理的内容与程序应体现企业管理层和项目管理层参与的项目管理活动。项目管理的每一过程，都应体现计划、实施、检查、处理（PDCA）的持续改进过程。

项目管理的内容应包括：编制"项目管理规划大纲"和"项目管理实施规划"，项目进度控制，项目质量控制，项目安全控制，项目成本控制，项目人力资源管理，项目材料管理，项目机械设备管理，项目技术管理，项目资金管理，项目合同管理，项目信息管理，项目现场管理，项目组织协调，项目竣工验收，项目考核评价，项目回访保修等。

3. 施工项目管理的程序

项目管理的程序为：编制项目管理规划大纲，编制投标书并进行投标，签订施工合同，选定项目经理，项目经理接受企业法定代表人的委托组建项目经理部，企业法定代表人与项目经理签订"项目管理目标责任书"，项目经理部编制"项目管理实施规划"，进行项目开工前的准备，施工期间按"项目管理实施规划"进行管理,在项目竣工验收阶段进行竣工结算,清理各种债权债务、移交资料和工程,进行技术经济分析,做出项目管理总结报告并送企业管理层有关职能部门,企业管理层组织考核委员会对项目管理工作进行考核评价并兑现"项目管理目标责任书"中的奖惩承诺,项目经理部解体,在保修期前企业管理层根据"工程质量保修书"的约定进行项目回访保修。

任务二　建筑装饰施工项目现场管理

➢ 一、施工项目现场管理概述

1．现场管理概述

现场施工管理是建筑装饰施工企业为完成建筑装饰产品的施工任务,从接受施工任务开始到工程验收交工为止的全过程中,围绕施工现场和施工对象而进行的生产事务的组织管理工作。其目的是为了在施工现场充分利用施工条件,发挥各施工要素的作用,保持各方面工作的协调,使施工能正常进行,并按时、按质提供建筑装饰产品。

2．施工项目现场管理的内容

(1)进行开工前的现场施工条件的准备,促成工程开工。

(2)进行施工中的经常性准备工作。

(3)编制施工作业计划,按计划组织综合施工,进行施工过程的全面控制和全面协调。

(4)加强对施工现场的平面管理,合理利用空间,做到文明施工。

(5)利用施工任务书进行基层队组的施工管理。

(6)组织工程的交工验收。

3．建筑装饰工程施工作业计划

施工作业计划是计划管理中的最基本环节,是实现年季度计划的具体行动计划,是指导现场施工活动的重要依据。

(1)编制施工作业计划的依据。

①企业年、季度施工进度计划。

②企业承揽与中标的工程任务及合同要求。

③各种施工图纸和有关技术资料、单位工程施工组织设计。

④各种材料、设备的供应渠道、供应方式和进度。

⑤工程承包组的技术水平、生产能力、组织条件及历年达到的各项技术经济指标水平。

⑥施工工程资金供应情况。

(2)施工作业计划编制的内容。施工作业计划一般主要是指月度施工作业计划,其主要内容有编制说明和施工作业计划表。

①编制说明的主要内容有:编制依据、施工队组的施工条件、工程对象条件、材料及物资供应情况、有何具体困难或需要解决的问题等。

②月度施工作业计划表。

A.主要计划指标汇总表,如表 11-1 所示。

表 11－1　主要计划指标汇总表

_____年_____月

指标名称	单位	合计			接单位分列						
		上月实际完成	本月实际完成	本月比上月提高（%）	××工程处	××工程处	××加工厂	机运处	水电队	机关	…

B. 施工项目计划表，如表 11－2 所示。

表 11－2　施工项目计划表

_____年_____月

建设单位及单位工程	结构	层次	开工日期	竣工日期	面积		上月末进度	本月末形象进度	工作量（万元）	
					施工(m²)	竣工(m²)			总计	自行

C. 主要实物工程量汇总表，如表 11－3 所示。

表 11－3　主要实物工程量汇总表

_____年_____月

分项＼名称	吊顶棚（m²）	墙柱面（m²）	楼地面（m²）	门窗安装（m²）	油漆粉刷（m²）	装饰灯具（个）	其他零星项目
合计							
一队							
二队							

D. 施工进度表，如表 11－4 所示。

表 11 - 4 施工进度表

_____年_____月

序号	分部分项工程名称	单位	工程量	单价	工作量	工程内容及形象进度

E. 劳动力需用量及平衡表,如表 11 - 5 所示。

表 11 - 5 劳动力需用量及平衡表

_____年_____月

工种	计划工日数	计划工作天	出勤率	计划人数	现有人数	余缺人数(＋)(－)	备注

F. 主要材料需用量表,如表 11 - 6 所示。

表 11 - 6 主要材料需用量表

_____年_____月

建设单位及单位工程	材料名称	型号规格	单位	数量	计划需要日期	平衡供应日期	备注

G. 大型施工机械设备需用计划表,如表 11 - 7 所示。

表 11 - 7 大型施工机械设备需用计划表

_____年_____月

机械名称	能力规格	使用单位工程名称	分部分项工程名程	数量	计划台班产量	计划台班数	需要机械数量	计划起止日期	平衡供应		备注
									数量	起止日期	

H.预制构配件需用计划表,如表 11－8 所示。

表 11－8　预制构配件需用计划表

_____年_____月

建设单位及 单位工程	构配件名称	型号规格	单位	数量	计划需要日期	平衡供应日期	备注

I.技术组织措施、降低成本计划表,如表 11－9 所示。

表 11－9　技术组织措施、降低成本计划表

_____年_____月

措施项目名称	措施涉及的工程项目名称及工程量	措施执行单位及负责人	措施的经济效果										降低成本合计	备注
			降低材料费						降低人工费		降低其他直接费	降低管理费		
			水泥	木材	石材	涂料	…	小计	减少工日	金额				

　　由于各施工企业所处的地区不同,管理方式各有差别,以上各表格形式也不尽一致,内容也不一定相同,各企业可根据具体情况进行取舍。

➤ 二、施工准备工作

1. 组织准备

　　组织准备是建立项目施工的经营和指挥机构以及职能部门,并配备一定的专业管理人员的工作。大中型工程应成立专门的施工准备工作班子,具体开展施工准备工作。对于不需要单独组织项目经营指挥机构和职能部门的小型工程,则应明确规定各职能部门有关人员在施工准备工作中的职责,形成相应非独立的施工准备工作班子。有了组织机构和人员分工,繁重

的施工准备工作才能在组织上得到保证。

2．技术准备

(1)建设单位和设计单位调查了解项目的基本情况,获取有关技术资料。

(2)对施工区域的自然条件进行调查。

(3)对施工区域的技术经济条件进行调查。

(4)对施工区域的社会条件进行调查。

(5)编制施工组织设计和工程预算。

3．物资准备

物资准备的目的是为施工全过程创造必要的物质条件。主要有如下内容：

(1)施工前,应尽早办理物资计划申请和订购手续,组织预制构件、配件和铁件的生产或订购,调配机械设备等。

(2)施工开始后,应抓好进场材料、配件和机械的核对、检查和验收,进行场内材料运输调度以及材料的合理堆放,抓好材料的修旧利废等工作。

4．队伍准备

(1)按计划分期分批组织施工队伍进场。

(2)办理临时工、合同工的招收手续。

(3)按计划培训施工中所需的稀缺工种、特殊工种的工人。

5．现场场地准备

(1)搞好"三通一平",即路通、电通、水通,平整、清理施工场地。

(2)现场施工测量。对拟装修工程进行抄平、定位放线等。

6．提出开工报告

当各项工作准备就绪后,由施工承包单位提出开工报告,等批准后工程才能开工。开工报告一式四份,送公司审批后,公司留存一份,返回三份,格式可参照建筑工程开工申请报告的表格样式填写。

➤ 三、施工现场检查、调度及交工验收

1．施工现场的检查

施工现场检查的主要内容包括施工进度、平面布置、质量、安全、节约等方面。

(1)施工进度。施工进度安排要严格按照施工组织设计中施工进度计划要求来执行。施工现场管理人员要定期检查施工进度情况,对施工进度拖后的施工队或班组,要督促其在保证质量与安全的前提下加快施工速度。否则,有可能使工期拖后而影响工程按期完成交付使用。

(2)平面布置。施工现场的平面布置是合理使用场地,保证现场道路、水、电、排水系统畅通,搞好施工现场场容,以实现科学管理、文明施工为目的的重要措施。施工平面布置管理的经常性工作有:检查施工平面规划的贯彻、执行情况,督促按施工平面布置图的规定兴建各项临时设施,摆放大宗材料、成品、半成品及生产机械设备。

(3)质量。工程质量的检查和督促是保证和提高工程质量的重要措施,是施工不可缺少的工作。施工企业工程质量的好坏决定其竞争力的大小,进而决定其生存与发展。

施工作业的检查与督促的主要内容有：检查工程施工是否遵守设计规定的工艺流程，是否严格按图施工；施工是否遵守操作规程和施工组织设计规定的施工顺序；材料的储备、发放是否符合质量管理的规定；隐蔽工程的施工是否符合质量检查验收规范。

（4）安全。安全的检查和督促是为了防止工程施工高空作业和工程交叉穿插施工中发生伤亡事故的重要措施。首先，要加强对工人的安全教育，克服麻痹思想，不断提高职工安全生产的意识。同时，还要经常地对职工进行有针对性的安全生产教育，新工人上岗前要进行安全生产的基本知识教育，对容易发生事故的工种还要进行安全操作训练，确实掌握安全操作技术后才能独立操作。

（5）节约。节约的检查和督促可涉及施工管理的各个方面，它与劳动生产率、材料消耗、施工方案、平面布置、施工进度、施工质量等都有关。施工中节约的检查与督促要以施工组织设计为依据，以计划为尺度，认真检查督促施工现场人力、财力和物力的节约情况，经常总结节约经验，查明浪费的问题和原因并切实加以解决。

2. 施工调度工作

施工调度工作的主要任务是监督、检查计划和工程合同的执行情况，协调总包、分包及各施工单位之间的协作配合关系；及时、全面地掌握施工进度；采取有效措施，处理施工中出现的矛盾，克服薄弱环节，促进人力、物资的综合平衡，保证施工任务保质保量快速地完成。

施工调度工作是实现正确施工指挥的重要手段，是组织施工各环节、各专业、各工种协调动作的中心。

3. 交工验收

工程交工验收是最终建筑装饰产品，即竣工工程交付使用。被验收的工程应达到下列标准要求：工程项目按照工程合同规定和设计图纸要求已全部施工完毕，达到国家规定的质量标准，能够满足使用要求；设备调试、运转达到设计要求；交工工程做到面明、地净、水通、灯亮及采暖通风设备运转正常；建筑物外用工地以内的场地清理完毕；技术档案资料齐全，竣工结算已经完毕。

交工验收工作主要有两项，即双方及有关部门的检查、鉴定以及工程交接。

建设单位在收到施工企业提交的交工资料以后，应组织人员会同交工单位、监理单位和其他建设管理部门根据施工图纸、施工验收规范，共同对工程进行全面的检查和鉴定。经检查、鉴定符合要求后，合同双方即可签署交接验收证书，逐项办理固定资产移交，并根据承包合同的规定办理工程结算手续。除注明的承担保修的内容外，双方的经济关系和法律责任在办理结算手续后即可解除。

任务三　建筑装饰施工项目进度控制

建筑装饰工程施工项目进度控制是项目管理的重要组成部分，是项目施工进度计划实施、监督、检查、控制和协调的综合过程。

➤ 一、施工项目进度控制的方法

建筑装饰工程施工项目进度控制的方法包括系统控制、分工协作控制、信息反馈控制和循环反馈控制等方法。

（1）系统控制方法。建筑装饰工程施工项目进度控制包括项目施工进度规划系统和项目施工进度系统两部分内容。项目施工进度规划系统包括项目总进度计划、项目施工进度计划和施工作业规划等内容。

（2）分工协作控制方法。建筑装饰工程施工项目进度控制是由分工和协作两个系统组成的，它是根据项目施工进度控制机构层次，明确其进度控制职责，并建立纵向和横向两个控制系统。项目施工进度纵向控制系统由公司领导班子和项目经理部构成；项目施工进度横向控制系统则由项目经理部各职能部门构成。

（3）信息反馈控制方法。加强项目施工进度的反馈是装饰工程施工项目进度控制的协调工作之一。当项目施工进度出现偏差时，相关的信息就会反馈到项目进度控制主体，由该主体作出纠正偏差的反应，使项目施工进度朝着规划目标进行，并达到预期效果，这样就使项目施工进度规划的实施、检查和调整过程成为信息反馈控制的实施过程。

（4）循环反馈控制方法。建筑装饰工程施工项目进度控制是指项目施工进度规划、实施、检查和调整的四个过程，实质上是构成了一个循环控制系统。在项目实施过程中，可分别以工程项目、分部（分项）工程为对象，建立不同层次的循环控制系统。

➢ 二、施工项目进度控制的内容

1. 施工项目进度计划的类型

（1）项目总进度计划。施工项目从开始实施一直到竣工为止各个主要环节，一般多用直线在时间坐标上（横道图）表示。它能显示项目设计、施工、安装、竣工验收等各个阶段的日历进度，供工程师作为控制、协调总进度以及其他监理工作之用。

（2）项目施工进度规划。施工阶段各个环节（工序）的总体安排，必须报监理工程师审批。该计划以各种定额为准，根据每道工序所需耗用的工时以及计划投入的人力、工作班数以及物资、设备供应情况，求出各分部分项工程及单位工程的施工周期，然后按施工顺序及有关要求，编制出总项目施工进度计划。施工进度规划一般可用横道图或网络图表示。

（3）作业进度计划。作业进度计划是施工项目总进度计划的具体化，可将一个分部分项的一个阶段作为控制对象，也可以把一项作业活动作为控制对象，也可用横道图或网络图表示，是基层施工班组进行施工的指导性文件。

2. 施工项目进度计划的形式

施工项目进度计划主要有统计表形式、横道图或横线图、垂直进度计划、网络计划和其他形式。

3. 施工项目进度控制的主要内容

（1）施工进度事前控制内容。施工进度事前控制内容包括：提交各项施工进度计划，由业主或监理单位审查后确定；为确保进度实现而编制大量详细的实施计划。其中包括：季、月度工程施工实施计划，材料采购计划，分部与分项工程计划，施工机具调配计划等。

（2）施工进度事中控制内容。施工进度事中控制内容有：在施工进度计划中，要求每项具体任务通过签发施工任务书的方式，使其进一步落实；做好项目施工进度记录，记载计划实施中每项任务开始日期、进度情况和完成日期，及时准确地提供施工活动的各项资料，为施工项目进度检验与分析提供信息;严格进行项目施工检查,进行实际进度与计划进度的比较,并找出偏差,修改和调整项目施工进度计划。在项目的整个施工过程中,修正进度计划往往要进行多次,并且每次由业主和监理单位核审后确定。

(3)施工进度事后控制内容。施工进度事后控制内容包括:及时进行项目施工验收工作;办理工程索赔;整理项目进度资料,并建立相应档案;完善项目竣工验收管理。

三、施工项目进度控制的任务、流程和措施

1. 施工项目进度控制的任务

建筑装饰施工项目进度控制的任务是编制建筑装饰施工项目进度计划并控制其执行;编制季度、月实施作业计划并控制其执行;编制各种物资资源计划供应工作并控制其执行,严格执行和完成规定的各项目标。

2. 施工项目进度控制流程

建筑装饰工程施工进度控制流程如图 11-2 所示。

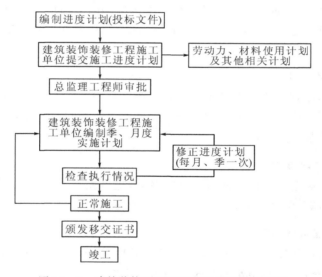

图 11-2 建筑装饰工程施工项目进度控制流程

3. 施工项目进度控制的措施

建筑装饰施工项目进度控制采取的主要措施有组织措施、技术措施、经济措施和信息管理措施等。

(1)组织措施。组织措施是指落实各个层次的建筑装饰施工项目进度控制人员、具体任务和工作责任;建立进度控制的组织系统;按建筑装饰施工项目的规模大小、装饰档次,确定其进度目标;建立进度控制协调工作制度,如协调会议定期召开时间、参加人员等;对影响建筑装饰施工进度的干扰因素进行分析和预测。

(2)技术措施。技术措施是指为了加快建筑装饰施工进度而选用先进的施工技术,它包括两个方面的内容:一是硬件技术,即工艺技术;二是软件技术,即管理技术,要求施工机具配套齐全,性能先进,轻便可靠,生产效率高。

（3）经济措施。经济措施是指实现建筑装饰施工进度计划的资金保证，它是控制进度目标的基础，如各种资源的供应、劳动分配和物质激励，都对建筑装饰施工进度控制目标产生作用。

（4）信息管理措施。信息管理措施是指不断地收集建筑装饰施工实际进度的有关资料进行整理统计，并与计划进度比较分析，做出决策，调整进度，使其与预定的工期目标相符。实践证明，建筑装饰施工项目进度控制的过程就是信息收集管理的过程。

➤ 四、影响施工项目进度的因素

为了有效地进行建筑装饰施工项目进度控制，应根据建筑装饰施工的特点，尤其是对建筑装饰施工工程规模较大、施工复杂、工期较长的施工项目，其影响施工进度的因素较多，必须对影响施工进度的因素进行分析、采取措施，使建筑装饰施工进度尽可能按计划进度进行。

其主要影响因素如下：

1. 有关单位的影响

建筑装饰工程施工项目的承包人对施工进度起决定性作用。但是，建设单位、设计单位、材料设备供应单位、银行信贷、材料运输以及水、电供应部门等任何一个单位拖后，都可能给施工造成困难而影响施工进度。由此可见，建筑装饰施工项目进度控制不单靠承包人，还需要有其他相关单位的相互配合。

2. 工艺和技术的影响

建筑装饰施工单位对设计意图和技术要求未能完全领会，工艺方法选择不当，盲目施工，在施工操作中没有严格执行技术标准、工艺规程，出现问题，新技术、新材料、新工艺缺乏经验等都会直接影响建筑装饰施工进度。

3. 不利施工条件的影响

在施工中遇到不利施工条件时使施工难度增大，进度减慢甚至停工，如工作场地狭窄、自然灾害甚至不可抗力等，都会影响建筑装饰工程施工进度。

4. 施工组织管理不当的影响

建筑装饰施工进度控制不力、决策失误、指挥不当、领导行为有误、劳动力和机具调配不当、施工现场布置不合理等，都会影响建筑装饰施工进度。

任务四　建筑装饰施工项目成本控制

在建筑装饰施工项目的施工过程中，必然要发生活劳动和物化劳动的消耗。这些消耗的货币表现形式叫做生产费用。把建筑装饰施工过程中发生的各项生产费用归结到施工项目上去，就构成了建筑装饰施工项目的成本。建筑装饰施工项目管理是以降低施工成本、提高效益为目标的一项综合性管理工作，在建筑装饰施工项目管理中占有十分重要的地位。

➤ 一、建筑装饰施工项目成本概述

1. 建筑装饰施工项目成本的概念

建筑装饰施工项目成本是在建筑装饰施工中所发生的全部生产费用的总和，即在施工中各种物化劳动和活劳动创造的价值的货币表现形式。它包括支付给生产工人的工资、奖金,消耗的材料、构配件、周转材料的摊销费或租赁费,施工机具台班费或租赁费,项目经理部为组织和管理施工所发生的全部费用支出。

在建筑装饰施工项目成本管理中,既要看到施工生产中的消耗形成的成本,又要重视成本的补偿,这才是对建筑装饰施工项目成本的完整理解。

2.建筑装饰施工项目成本的构成

建筑装饰施工项目成本由直接成本和间接成本组成。

(1)直接成本。直接成本是指建筑装饰施工过程中直接耗费的构成工程实体或有助于工程形成的各项支出,包括人工费、材料费、机具使用费和其他直接费。所谓其他直接费是指直接费以外建筑装饰施工过程中发生的其他费用,包括建筑装饰施工过程中发生的材料二次搬运费、临时设施摊销费、生产机具使用费、检验试验费、工程定位复测费、工程点交费、场地清理费等。

(2)间接成本。间接成本是指建筑装饰施工项目经理部为施工准备、组织和管理施工生产所发生的全部施工间接费支出,包括现场管理人员的人工费(基本工资、补贴、福利费)、固定资产使用维护费、工程保修费、劳动保护费、保险费、工程排污费、其他间接费等。

应值得注意的是:下列支出不得列入建筑装饰施工项目成本,也不能列入建筑装饰施工企业成本,如为购置和建造固定资产、无形资产和其他资产的支出;对外投资的支出;没收的财物;支付的滞纳金、罚款、违约金、赔偿金;企业赞助、捐赠支出;国家法律、法规规定以外的各种支付费和国家规定不得列入成本费用的其他支出。

➤ 二、建筑装饰施工项目成本控制的特点及意义

建筑装饰工程成本控制是建筑装饰施工企业为降低建筑装饰工程施工成本而进行的各项控制工作的总称。其中包括成本预测、成本计划、成本控制、成本核算和成本分析、成本控制等。建筑装饰施工项目经理部在项目施工过程中,对所发生的各种成本信息,通过有组织、有系统地预测、计划、控制、核算和分析等一系列工作,促使施工项目系统内的各种要素,按照一定的目标运行,使建筑装饰施工项目的实际成本能够控制在预定计划成本范围内。工程成本控制管理是业主和承包人双方共同关心的问题,直接涉及业主和承包人双方的经济利益。

1.建筑装饰施工项目成本控制的特点

(1)成本控制具有集合性。成本目标不是孤立的,它只有与质量目标、进度目标、效率、工作质量要求、消耗等相结合才有价值。

(2)成本控制周期要求短。成本控制的周期不可太长,通常按月进行核算、对比、分析,在实施过程中的成本控制以近期成本为主。

(3)成本控制的责任性。项目参加者对成本控制的积极性和主动性是与他对项目承担的责任形式相联系的。例如:订立的工程合同价采用成本加酬金合同方式,承包者对成本控制没有兴趣;而如果订立的是固定总价合同,他就会严格控制成本开支。

2.建筑装饰施工项目成本控制的意义

(1)建筑装饰施工项目成本控制是建筑装饰施工项目工作质量的综合反映。

建筑装饰施工项目成本的降低,表明施工过程中物化劳动和活劳动消耗的节约。活劳动

的节约,表明劳动生产率提高;物化劳动节约,说明固定资产利用率提高和材料消耗率降低。所以,抓住建筑装饰施工项目成本控制这项关键,可以及时发现建筑装饰施工项目生产和管理中存在的问题,从而及时采取措施,充分利用人力物力,降低建筑装饰施工项目成本。

(2)建筑装饰施工项目成本控制是增加企业利润,扩大社会积累最主要的途径。

在施工项目价格一定的前提下,成本越低,盈利越高。建筑装饰施工企业是以装饰施工为主业,因此其施工利润是企业经营利润的主要来源,也是企业盈利总额的主体,故降低施工项目成本即成为装饰施工企业盈利的关键。

(3)建筑装饰施工项目成本控制是推行项目经理项目承包责任制的动力。

项目经理项目承包责任制中,规定项目经理必须承包项目质量、工期与成本三大约束性目标。

成本目标是经济承包目标的综合体现。项目经理要实现其经济承包责任,就必须充分利用生产要素和市场机制,管好项目,控制投入,降低消耗,提高效率,将质量、工期和成本三大相关目标结合起来综合控制。这样,既实现了成本控制,又带动了项目的全面管理。

三、建筑装饰施工项目成本控制的内容和方法

成本控制的内容和方法,按照工程成本控制发生的时间顺序,其程序可分为三个阶段:事前控制、事中控制和事后控制。

1. 工程成本的事前控制

工程成本的事前控制主要是指工程项目开工前,对影响成本的有关因素进行预测和进行成本计划。

(1)成本预测。建筑装饰施工项目成本预测是指通过成本信息和装饰施工项目的具体情况,并运用一定的专门方法,对未来的成本水平及其可能发展趋势作出科学的估计,其实质就是将建筑装饰施工项目在施工之前对成本进行核算。

成本预测是在成本发生前,因此需要根据预计的多种变化的情况,测算成本的降低幅度,确定降低成本的目标。为确保工程项目降低成本目标的实现,可分析和研究各种可能降低成本的措施和途径。如:改进施工工艺和施工组织;节约材料费用、人工费用、机械使用费;实行全面质量管理,减少和防止不合格品、废品损失和返工损失;节约管理费用,减少不必要的开支等。

通过成本预测,可以使项目经理部在满足业主和企业要求的前提下,选择成本低、效益好的最佳成本方案,并能够在建筑装饰施工项目成本的形成过程中,针对薄弱环节,加强成本控制,克服盲目性,提高预见性。

①成本预测的方法。成本预测方法一般分为定性与定量两类。

A.定性方法。定性方法有专家会议法、主观概率法等。专家会议法就是选择具有丰富经验,对经营和管理熟悉,并有一定专长的各方面专家集中起来,针对预测对象,估计工程成本。主观概率法是与专家会议和专家调查法相结合的方法,即允许专家在预测时提出几个估计值,并评出各值出现的可能性(概率),然后计算各个专家预测值的期望值,最后对所有专家预测期望值求平均值,即为预测结果。

B.定量方法。定量方法主要有移动平均法、指数平滑法等。所谓移动平均法是指从时间序列的第一项数值开始,按一定项数求序时平均数,逐项移动,边移边平均,即可得出一个由移动平均数构成的新的时间序列,它把原有统计数据中的随机因素加以过滤,消除数据中的起伏

波动情况,使不规则的线型大致上规则化,以显示出预测对象的发展方向和趋势。指数平滑法是一种简便易行的时间序列预测方法,它是在移动平均法基础上发展起来的一种预测方法。使用移动平均法有两个明显的缺点:一是它需要大量的历史观察值的储备;二是要用时间序列中近期观察值的加权方法来解决。因为最近观察中包含着最多的未来情况的信息,所以必须要比前期观察值赋予更大的权数。即对近期的观察值应给予最大的权数,而对较远的观察值就给予递减的权数。而指数平滑法就是这样一种既可以满足上述情况的加权法,又不需要大量历史观察值的一种新的移动平均预测法。

②影响成本水平的因素。影响成本水平的因素主要有:物价变化、劳动生产率、物料消耗指标、项目管理办公费用开支等。可根据近期内其他工程的实施情况、本企业职工及当地分包企业情况、市场行情等,推测未来哪些因素会对建筑装饰施工项目的成本水平产生影响,并分析其产生的结果。

总之,成本预测是对施工项目实施之前的成本预计和推断,这往往与实施过程中及其之后的实际成本有出入,会产生预测误差。预测误差的大小反映了预测的准确程度。如果误差较大,就应分析产生误差的原因,并积累经验。

(2)成本计划。建筑装饰施工项目成本计划是以货币形式编制施工项目在计划期内的生产费用、成本水平、成本降低率以及为降低成本所采取的主要措施和规划的书面方案,它是建立施工项目成本管理责任制,开展成本控制和核算的基础。一般来说,建筑装饰施工项目成本计划应包括从开工到竣工所需的施工成本,它是建筑装饰施工项目降低成本的指导文件,是确立目标成本的依据。

建筑装饰施工项目成本计划一般由项目经理部编制,规划出实现项目经理成本承包目标的实施方案。其技术组织措施为:

①降低成本的措施要从技术和组织方面进行全面设计。

②从费用构成要素方面考虑,首先应降低装饰材料费用。因为材料费用占工程成本的大部分,其降低成本的潜力最大,可建立自己的建筑装饰材料基地,从厂方直接购进材料。

③降低机械使用费,充分发挥机械生产能力。

④降低人工费用。其根本途径是提高劳动生产率,提高劳动生产率必须通过提高生产工人的劳动积极性来实现。提高工人劳动积极性与适当的分配制度、激励办法、责任制及思想工作有关,要正确应用行为科学的理论。

⑤降低间接成本。其途径是由各业务部门进行费用节约承包,采取缩短工期的措施。

⑥降低质量成本措施。建筑装饰施工项目质量成本包括内部质量损失成本、外部质量损失成本、质量预防成本与质量鉴定成本。降低质量成本的关键是降低内部质量损失成本,而其根本途径是提高建筑装饰工程质量,避免返工和修补。

2. 工程成本的事中控制

建筑装饰装修工程在施工过程中,项目成本控制必须突出经济原则、全面性原则(包括全员成本控制和全过程成本控制)和责权利相结合的原则,根据施工的实际情况,做好项目的进度统计、用工统计、材料消耗统计、机械台班使用统计以及各项间接费用支出的统计工作,定期编写各种费用报表,对成本的形成和费用偏离成本目标的差值进行分析,查找原因,并进行纠偏和控制。

通过成本控制,最终实现甚至超过预期的成本目标。建筑装饰施工项目事中成本控制应贯穿于施工项目从招投标阶段开始直至项目竣工验收的全过程,它是建筑装饰施工企业全面成本管理的重要环节。

建筑装饰施工项目成本计划执行中的具体控制环节包括下列几个方面:

(1)下达成本控制计划。由成本控制部门或工程师根据成本计划再分门别类拟订和下达控制计划给各管理部门和施工现场的管理人员。

(2)建立落实计划成本责任制。建筑装饰施工项目成本确定之后,就要按计划要求,采用目标分解的办法,由项目经理部分配到各职能人员、单位工程承包班子和承包班组,签订成本承包合同,然后由承包者提出保证成本计划完成的具体措施,确保成本承包目标的实现。

(3)加强成本计划执行情况的检查与协调。项目经理部应定期检查成本计划的执行情况,并在检查后及时分析,采取措施,控制成本支出,保证成本计划的实现。一般应做好以下工作:

①项目经理部应根据承包成本和计划成本,绘制月度成本拆线图。在成本计划实施过程中,按月在同一图上打点,形成实际成本拆线,如图 11-3 所示。该图不但可以看出成本发展动态,还可以分析成本偏差。成本偏差有三种,即实际偏差、计划偏差、目标偏差,其计算公式如下:

$$实际偏差 = 实际成本 - 承包成本$$
$$计划偏差 = 承包成本 - 计划成本$$
$$目标偏差 = 实际成本 - 计划成本$$

在成本计划执行中,应尽量减少目标偏差,目标偏差越小,说明控制效果越好。目标偏差为计划偏差与实际偏差之和。

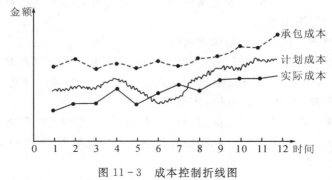

图 11-3 成本控制折线图

②根据成本偏差,用因果分析图分析产生的原因,然后设计纠偏措施,制定对策,协调成本计划。对策要列成对策表,落实执行责任,如表 11-10 所示。对责任的执行情况应进行考核。

表 11-10 成本控制纠偏对策表

计划成本	实际成本	目标偏差	解决对策	责任人	最终解决时间
⋮	⋮	⋮	⋮	⋮	⋮

3. 工程成本的事后控制

建筑装饰工程全部竣工以后,必须对竣工工程进行决算,对工程成本计划的执行情况加以总结,对成本控制情况进行全面的综合分析考核,以便找出改进成本管理的对策。

(1)工程成本分析。工程成本分析是项目经济核算的重要内容,是成本管理和经济活动分析的重要组成部分。成本分析要以降低成本计划的执行情况为依据,对照成本计划和各项消耗定额,检查技术组织措施的执行情况,分析降低成本的主客观原因、量差和价差因素、节约和超支情况,从而提出进一步降低成本措施。

（2）工程成本核算。工程成本核算就是根据原始资料记录,汇总和计算工程项目费用的支出,核算承包工程项目的原始资料。施工过程中项目成本的核算应以每月为一核算期,在月末进行。核算对象应按单位工程划分,并与施工项目管理责任目标成本的界定范围一致。进行核算时,要严格遵守工程项目所在地关于开支范围和费用划分的规定,对计入项目内的人工、材料、机械使用费,其他直接费,间接费等费用和成本,以实际发生数为准。

（3）工程成本考核。所谓成本考核,就是按施工项目成本目标责任制的有关规定,在建筑装饰施工项目完成后,对建筑装饰施工项目成本的实际指标与计划、定额、预算进行对比和考核,评定建筑装饰施工项目成本计划的完成情况和各责任者的业绩,并为此给以相应的奖励和处罚。通过成本考核,做到奖罚分明,才能有效地调动企业的每一个职工在各自的施工岗位上努力完成目标成本的积极性,为降低建筑装饰施工项目成本和增加企业积累作出自己的贡献。

综上所述,建筑装饰施工项目成本管理系统中每一个环节都是相互联系和相互作用的。成本预测是成本决策的前提,成本计划是成本决策所确定目标的具体化。成本控制则是对成本计划的实施进行监督,保证决策的成本目标实现,而成本核算又是成本计划是否实现的最后检验,它所提供的成本信息又对下一个建筑装饰施工项目成本预测和决策提供基础资料。因此,成本考核是实现成本目标责任制的保证和实现决策目标的重要手段。

任务五　建筑装饰施工项目质量控制

一、施工项目质量控制概述

（一）质量的概念

质量的概念有广义和狭义之分。广义的质量是指工程项目质量,它包括工程实体质量和工作质量两部分。工程实体质量包括分项工程质量、分部工程质量、单位工程质量。工作质量可以概括为社会工作质量和生产过程质量两个方面。狭义的质量是指产品质量,即工程实体质量或工程质量,其定义是:"反映实体满足明确和隐含需要能力的特性的总和"。

1. 工程实体质量

建筑装饰工程实体作为一种综合加工的产品,它的质量是指建筑装饰工程产品适合于某种规定的用途,满足人们要求其所具备的质量特性的程度。由于建筑装饰工程实体具有"单件、定做"的特点。建筑装饰工程实体质量特性除具有一般产品所共有的特性之外,还有其特殊之处:

（1）理化方面的性能。表现为机械性能（强度、塑性、硬度、冲击韧性等）,以及抗渗、耐热、耐磨、耐酸、耐腐蚀等性能。

（2）使用时间的特性。表现为建筑装饰工程产品的寿命或其使用性能稳定在设计指标以内所延续时间的能力。

（3）使用过程的特性。表现为建筑装饰工程产品的适用程度,对于有些功能性要求高的建筑,是否满足使用功能和环境美化的要求。

（4）经济特性。表现为造价价格,生产能力或效率,生产使用过程中的能耗、材耗及维修费用高低等。

（5）安全特性。表现为保证使用及维护过程的安全性能。

2. 工作质量

工作质量是指参与项目建设各方为了保证工程产品质量所做的组织管理工作和各项工作的水平和完善程度。工程项目的质量是规划、勘测、设计、施工等各项工作的综合反映,而不是单纯靠质量检验检查出来的。要保证工程产品质量,就要求参与项目建设的各方有关人员对影响工程质量的所有因素进行控制,通过提高工作质量来保证和提高工程质量。

工作质量并不像工程质量那样直观,它主要体现在企业的一切经营活动中,通过经济效果、生产效率、工作效率和工程质量集中表现出来。

（二）工程质量管理

1. 质量管理的概念

质量管理是指确定质量方针、目标和职责并在质量体系中通过诸如质量策划、质量控制、质量保证和质量改进使其实施的全部管理职能的所有活动。

由定义可知,质量管理是一个组织全部管理职能的一个组成部分,其职能是质量方针、质量目标和质量职责的制定与实施。质量管理是有计划、有系统的活动,为实现质量管理需要建立质量体系,而质量体系又要通过质量策划、质量控制、质量保证和质量改进等活动发挥其职能,可以说这四项活动是质量管理工作的四大支柱。

2. 质量管理的重要性

"百年大计,质量第一",质量管理工作已经越来越为人们所重视,企业领导清醒地认识到了高质量的产品和服务是市场竞争的有效手段,是争取用户、占领市场和发展企业的根本保证。

工程项目投资大,消耗的人工、材料、能源多是与工程项目的重要性和在生产生活中发挥的巨大作用相辅相成的。如果工程质量差,不但不能发挥应有的效用,反而会因质量、安全等问题影响国计民生和社会环境的安全。工程项目的一次性特点决定了工程项目只能成功不能失败,工程质量差,不但关系到工程的适用性,而且还关系到人民的生命财产安全。

工程质量的优劣,直接影响国家经济建设速度。工程质量差本身就是最大浪费,低劣的质量一方面需要大幅度增加维修的费用,另一方面还将给业主增加使用过程中的维修、改造费用。同时,低劣的质量必然缩短工程的使用寿命,使业主遭受更大的经济损失,还会带来停工、减产等间接损失。因此,质量问题直接影响着我国经济建设的进度。

（三）工程项目质量体系要素

质量体系要素是构成质量体系的基本单元,它是产生和形成工程产品的主要因素,建筑装饰施工企业要根据企业自身的特点,参照质量管理和质量保证国际标准和国家标准中所列的质量体系要素的内容,选用和增删要素,建立和完善施工企业的质量体系,并把质量管理和质量保证落实到施工项目上。一方面要按企业质量体系要素的要求,形成本工程项目的质量体系,并使之有效运行,达到提高工程质量和服务质量的目的;另一方面,工程项目要实施质量保证,特别是业主或第三方提出的外部质量保证要求,以赢得社会信誉,并且是企业进行质量体系认证的重要内容。

装饰工程作为实施建筑工程项目的一部分,其施工过程的管理体系与建筑工程基本一致,整个施工过程管理由 17 个要素构成,如图 11-4 所示。

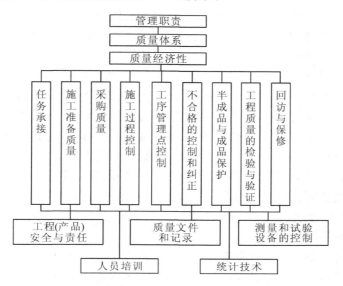

图 11-4　建筑装饰施工企业质量体系要素构成

➢ 二、建筑装饰施工项目质量控制的原则

对建筑装饰施工项目而言,质量控制就是为了确保合同、规范所规定的质量标准,所采取的一系列检测、监控措施、手段和方法。在进行建筑装饰施工质量控制过程中,应遵循以下几点原则:

(1)坚持"质量第一,用户至上"。社会主义商品经营的原则是"质量第一,用户至上"。建筑装饰产品作为一种特殊的商品,建筑装饰项目在施工中应自始至终地把"质量第一,用户至上"作为质量控制的基本原则。

(2)"以人为核心"。人是质量的创造者,质量控制必须"以人为核心",把人作为控制的动力,调动人的积极性、创造性;增强人的责任感,树立"质量第一"观念;提高人的素质,避免人的失误,以人的工作质量保工序质量,保工程质量。

(3)"以预防为主"。"以预防为主"就是要从对质量的事后检查把关,转向对质量的事前控制和事中控制;从对产品质量的检查,转向对工作质量的检查、对工序质量的检查、对中间产品的质量检查。这是确保建筑装饰施工项目质量的有效措施。

(4)坚持质量标准,严格检查,一切用数据说话。质量标准是评价产品质量的尺度,数据是质量控制的基础和依据。产品质量是否符合质量标准,必须通过严格检查,用数据说话。

(5)贯彻科学、公正、守法的职业规范。建筑装饰施工企业的项目经理,在处理质量问候过程中,应尊重客观事实,尊重科学,要正直、公正,不持偏见;遵纪、守法,杜绝不正之风;既要坚持原则、严格要求、秉公办事,又要实事求是、以理服人、热情帮助。

三、影响建筑装饰施工项目质量的因素

影响建筑装饰施工项目质量的因素包括：人、装饰材料、机具、施工方法、施工环境五个方面。事前对这五个方向的因素严加控制，是保证建筑装饰施工项目质量的关键。

(1)人的控制。人，作为控制的对象，是要避免产生失误；作为控制的动力，是要充分调动人的积极性，发挥人的主导作用。

为此，除了健全岗位责任制，改善劳动条件，公平、合理地激励劳动热情以外，还需根据工程特点，从确保质量出发，在人的技术水平、生理缺陷、心理行为、错误行为等方面来控制人的使用。

如对技术复杂、难度大、精度高的工序或操作，应由技术熟练、经验丰富的工人来完成；反应迟钝、应变能力差的人，不能操作快速运行、动作复杂的机具设备；对某些要求万无一失的工序和操作，一定要分析人的心理行为，控制人的思想活动，稳定人的情绪；对具有危险源的现场作业，应控制人的错误行为，严禁吸烟、打赌、嬉戏、误判断、误动作等。

此外，应严格禁止无技术资质的人员上岗操作，对因不懂、省事、碰运气、有意违章的行为，必须及时制止。总之，在使用人的问题上，应从政治素质、思想素质、业务素质和身体素质方面综合考虑，全面进行控制。

(2)装饰材料的控制。材料控制包括原材料、成品、半成品等的控制，主要是严格检查验收，正确、合理地使用，建立管理台账，进行收、发、储、运等各环节的技术管理，避免混料和将不合格的原材料使用到建筑装饰工程上。

(3)机具控制。机具控制包括施工机械设备、工具等的控制。要根据不同装饰工艺特点和技术需求，选用合适的机具设备，正确使用、管理和保养好机具设备，为此要健全人机固定制度、操作证制度、岗位责任制度、交接班制度、技术保养制度、安全使用制度、机具检查制度等，确保机具设备处于最佳使用状态。

(4)施工方法控制。这里所指的施工方法控制，包含施工方案、施工工艺、施工组织设计、施工技术措施等的控制，主要应切合工程实际，能解决施工难题，技术可行，经济合理，有利于保证工程质量，加快进度，降低成本。

(5)环境控制。影响建筑装饰工程质量的环境因素较多，有工程技术环境，如建筑物的内外装饰环境等；工程管理环境，如质量保证体系、质量管理制度等；劳动环境，如劳动组合、作业场所、工作面等。环境因素对工程质量的影响，具有复杂多变的特点。如气象条件就变化万千，温度、湿度、大风、暴雨、酷暑、严寒都直接影响着建筑装饰工程质量。又如前一工序往往就是后一工序的环境，前一分项、分部工程也就是后一分项、分部工程的环境。因此，根据工程特点和具体条件，应对影响质量的环境因素，采取有效的措施严加控制。尤其是施工现场，应建立文明施工和文明生产的环境，保持装饰材料、工件堆放有序，工作场所清洁、整齐，施工程序井井有条，为确保质量、安全创造良好条件。

四、建筑装饰施工项目质量控制的任务及内容

1. 建筑装饰施工项目质量控制的主要任务

建筑装饰工程质量控制，主要是指在施工现场对施工过程的计划、实施、检查和监督等工作。其任务主要是落实企业关于确保工程质量的计划，采取具体步骤和措施，使保证质量的体系得以有效地运行，达到提高建筑装饰工程质量的目的。

2.建筑装饰施工项目质量控制的主要内容

(1)贯彻执行国家和本行业有关的施工规范、技术标准和操作规程,以及上级有关质量的要求等。

(2)建立及执行保证工程质量的各种管理制度。

(3)制定保证质量的各种技术措施。

(4)坚持材料的检验和施工过程的质量检验。

(5)组织分项工程、分部工程及单位工程的质量检验评定。

(6)广泛组织质量管理小组,开展群众性的质量管理活动。

(7)进行质量回访,听取用户意见,及时进行保修,积累资料和总结经验。

(8)开展群众性的质量教育活动,开展创优工程活动,不断提高员工的质量意识。

➤ 五、建筑装饰工程质量验收

1.建筑装饰工程质量验收的意义

工程质量验收是指建筑装饰工程在施工过程中按照国家标准对其质量进行检查验收的活动。这项工作的主要意义在于鼓励先进,鞭策落后,推动质量管理工作,不断提高质量水平。

2.建筑装饰工程质量的检查

(1)建筑装饰工程质量检查的依据。包括:国家颁发的有关施工质量验收规范、施工技术操作规程;原材料、半成品和构配件的质量检验标准;设计图纸、设计变更、施工说明以及承包合同等有关设计文件。

(2)建筑装饰工程质量验收项目及适用范围如表 11－11 所示。

表 11－11　建筑装饰装修工程质量验收项目及适用范围

序　号	项目名称	适　用　范　围
1	一般抹灰工程	石灰砂浆、水泥混合砂浆、水泥砂浆、聚合物水泥砂浆、膨胀珍珠岩水泥砂浆、麻刀石膏灰等
2	装饰抹灰工程	水刷石、水磨石、干粘石、假面砖、拉条灰、拉毛灰、洒毛灰、喷砂、滚涂、弹涂、仿石和彩色抹灰等
3	门窗工程	铝合金门窗安装、钢门窗安装、塑料门窗安装等
4	油漆工程	混色油漆、清漆和美术油漆工程以及木地板烫蜡、擦软蜡、大理石、水磨石地面打蜡工程等
5	刷(喷)浆工程	石灰浆、大白浆、可赛银浆、聚合物水泥浆和不溶性涂料、无机涂料等以及室内美术刷浆、喷浆工程等
6	玻璃工程	平板玻璃、夹丝玻璃、磨砂玻璃、钢化玻璃、压花玻璃和玻璃砖等安装
7	裱糊工程	普通壁纸、塑料壁纸和玻璃纤维墙纸等
8	饰面工程	天然石饰面板:大理石饰面板、花岗石饰面板等 人造石饰面板:人造大理石饰面板、预制水磨石、水刷石饰面板等 饰面砖:外墙面砖、轴面砖、陶瓷锦砖(马赛克)等
9	罩面板及钢木骨架安装	罩面板:胶合板、塑料板、纤维板、钙塑板、刨花板、木丝板、木板等 钢木骨架:木骨架、钢木组合骨架、轻钢龙骨骨架等
10	细木制品	楼梯扶手、贴脸板、护墙板、窗帘盒、窗台板、挂镜线等
11	花饰安装	混凝土花饰、水泥砂浆花饰、水刷石花饰、石膏花饰等

（3）建筑装饰的工程质量检查的内容。主要包括：原材料、半成品、成品和构配件等进场材料的质量保证书和抽样试验资料；施工过程的自检原始记录和有关技术档案资料；使用功能检查；项目外观检查（根据规范和合同要求，主要包括主控项目和一般项目）。

（4）质量检查的方法。建筑装饰施工现场进行质量检查的方法有观感目测法、实测法和试验法三种。

①观感目测法。其手段可归纳为看、摸、敲、照四个字。

"看"即外观目测，是对照规范或规程要求进行外观质量的检查。如饰面表面颜色、质感、造型、平整度等，都可用目测观察其是否符合要求。如纸面无斑痕、空鼓、气泡、拆皱，每一墙面纸的颜色、花纹一致；斜视无胶痕，纹理无压平、起光现象；对缝无离缝、搭缝、张嘴；对缝处要完整，裁纸的一边不能对缝，只能搭接；墙纸只能在阴角处搭接；阳角应采用包角等。又如，清水墙面是否洁净，喷涂是否密实和颜色是否均匀，内墙抹灰大面及边角是否平直，地面是否光洁、平整，施工顺序是否合理，工人操作是否正确等，均是通过观感目测检查、评价。

"摸"即手感检查，用于建筑装饰工程的某些项目。如油漆表面的平整度和光滑程度等。

"敲"是运用工具进行音感检查，对地面工程、装饰工程中的水磨石、面砖、锦砖和大理石贴面等，均应进行敲击检查，通过声音的虚实确定有无空鼓，还可根据声音的清脆和沉闷，判定是否属于面层空鼓。此外，用手敲玻璃，如发出颤动音响，一般是底灰不满或压条不实。

"照"是指对于人眼不能直接达到的高度、深度和亮度不足的部位，检查人员借助灯光或镜子反光来检查。如门窗上口的填缝等。

②实测法。实测法就是通过实测数据与建筑装饰装修工程施工质量验收规范所规定的允许偏差对照，来判别质量是否合格。实测检查法的手段，也可归纳为靠、吊、量、套四个字。

"靠"是指用工具（靠尺、楔形塞尺）测量表面平整度，它适用于地面、墙面顶棚等要求平整度的项目。

"吊"是指用工具（拖线板、线坠等）测量垂直度。如用线坠和拖线板吊测墙、柱的垂直度等。

"量"是用测量工具和计量仪表等检查装饰构造的尺寸、轴线、位置标高、湿度、温度等偏差。

"套"是以方尺套方，辅以塞尺检查。如对阴阳角的方正、踢脚线的垂直度、室内装饰配置构件的方正等项目的检查。对门窗洞口及装饰构配件的对角线（串角）检查，也是套方的特殊手段。

③试验法。试验法指必须通过试验手段，才能对质量进行判断的检查方法。比如在建筑装饰装修工程施工中，有大量的预埋件、连接件、铆固件等，为保证饰面板与基层连接的安全牢固性，对于钉件的质量、规格、螺栓及各种连接紧固件的设置位置、数量及埋入深度等，必要时要进行拉力试验，检验焊接和预埋连接件的质量。

任务六　建筑装饰施工项目安全管理

➤ 一、建筑装饰工程安全管理的任务

建筑装饰施工项目安全管理就是施工项目在施工过程中，组织安全生产的全部管理活动。通过对生产因素具体的状态控制，使生产因素不安全的行为和状态减少或消除，不引发人为事故，尤其是不引发使人受到伤害的事故，充分保证建筑装饰施工项目效益目标的实现。

建筑装饰施工企业是以施工生产经营为主业的经济实体。全部生产经营活动，是在特定

空间进行人、财、物动态组合的过程,并通过这一过程向社会交付有商品性的建筑装饰产品。在完成建筑装饰产品过程中,人员的频繁流动、生产复杂性和产品的一次性等显著的生产特点,决定了组织安全生产的特殊性。

安全生产是施工项目重要的控制目标之一,也是衡量建筑装饰施工项目管理水平的重要标志。因此,施工项目必须把实现安全生产,当做组织施工活动时的重要任务。

建筑装饰施工项目安全管理,主要包括安全施工与劳动保护两个方面。安全施工是建筑装饰施工企业组织施工活动和安全工作的指导方针,要确立"施工必须安全,安全促进施工"的辩证思想;劳动保护是保护劳动者在施工中的安全和健康。

安全管理的任务就是要想尽一切办法找出施工生产中的不安全因素,用技术上与管理上的措施去消除这些不安全的因素,做到预防为主,防患于未然,保证施工顺利进行,保证员工的安全与健康。

二、建筑装饰工程安全管理制度

建筑装饰工程安全管理制度主要有:

(1)安全施工生产责任制。

(2)安全技术措施计划制度。

(3)安全施工生产教育制度。

(4)安全施工生产检查制度。

(5)工伤事故的调查和处理制度。

(6)防护用品及食品安全管理制度。

(7)安全值班制度。

三、建筑装饰工程安全管理措施

建筑装饰施工现场的安全管理,重点是进行人的不安全行为与物的不安全状态的控制,落实安全管理的决策与目标,以消除一切事故、避免事故伤害、减少事故损失为管理目的。

建筑装饰施工项目安全管理措施是安全管理的方法与手段,管理的重点是对生产各因素状态的约束与控制。根据建筑装饰施工生产的特点,安全管理措施要带有鲜明的行业特色。

1. 落实安全责任,实施责任管理

建筑装饰施工项目经理部承担控制、管理施工生产进度、成本、质量、安全等目标的责任。因此,必须同时承担进行安全管理、实现安全生产的责任。

(1)建立、完善以项目经理为首的安全生产领导组织,有组织、有领导地开展安全管理活动,承担组织、领导安全生产的责任。

(2)建立项目经理部各级人员安全生产责任制度,明确各级人员的安全责任,抓制度落实、抓责任落实,定期检查安全责任落实情况。

(3)建筑装饰施工项目应通过监察部门的安全生产资质审查,并得到认可。

(4)建筑装饰施工项目经理部负责施工生产中物的状态审验与认可,承担物的状态漏验、失控的管理责任,接受由此而出现的经济损失。

(5)一切管理、操作人员均需与施工项目经理部签订安全协议,向施工项目经理部做出安全保证。

（6）安全生产责任落实情况的检查，应认真、详细地记录，作为分配、奖惩的原始资料之一。

2. 安全教育与训练

进行安全教育与训练，能增强人的安全生产意识，掌握安全生产知识，有效地防止人的不安全行为，减少人的失误。安全教育与训练是进行人的行为控制的重要方法和手段。因此，进行安全教育与训练要适时、宜人、内容合理、方式多样且形成制度。组织安全教育与训练要做到严肃、严格、严密、严谨、讲求实效。

3. 安全检查

安全检查是发现不安全行为和不安全状态的重要途径，是消除事故隐患、落实整改措施、防止事故伤害、改善劳动条件的重要方法。

（1）安全检查的形式：有普遍检查、专业检查和季节性检查。

（2）安全检查的内容：主要是查思想、查管理、查制度、查现场、查隐患、查事故处理。

（3）安全检查的方法：常用的有一般检查方法和安全检查表法。

（4）消除危险因素的关键。安全检查的目的是发现、处理、消除危险因素，避免事故伤害，实现安全生产。消除危险因素的关键环节，在于认真地整改，真正地、确确实实地把危险因素消除。对于一些由于各种原因而一时不能消除的危险因素，应逐项分析，寻求解决办法，安排整改计划，尽快予以消除。

安全检查的整改，必须坚持"三定"和"不推不拖"，不使危险因素长期存在而危及人的安全。

4. 作业标准化

在操作者产生的不安全行为中，由于不知正确的操作方法，为了干得快些而省略了必要的操作步骤，坚持自己的操作习惯等原因所占比例很大。按科学的作业标准规范人的行为，有利于控制人的不安全行为，减少人的失误。

5. 生产技术与安全技术的统一

生产技术工作是通过完善生产工艺过程、完备生产设备、规范工艺操作、发挥技术的作用来保证生产顺利进行，包含了安全技术在保证生产顺利进行的全部职能和作用。两者的实施目标虽各有侧重，但工作目的完全统一在保证生产顺利进行、实现效益这一共同的基点上。生产技术、安全技术的统一，体现了安全生产责任制落实、具体地落实"管生产同时管安全"的管理原则。

6. 正确对待事故的调查与处理

事故是违背人们意愿，且又不希望发生的事件。一旦发生事故，不能以违背人们意愿为理由，予以否定。在对待事故的调查与处理时，其关键在于对事故的发生要有正确认识，并用严肃、认真、科学、积极的态度，处理好已发生的事故，尽量减少损失。同时采取有效措施，避免同类事故重复发生。

此时，未遂事故同样暴露了安全管理的缺陷、生产因素状态控制的薄弱。因此，未遂事故要如同已经发生的事故一样对待，并要调查、分析、处理妥当。

任务七　建筑装饰工程施工索赔

一、索赔的概念

在工程建设中,索赔有广义和狭义之分。广义的索赔包括承包商向业主提出的索赔以及业主向承包商提出的索赔。狭义的索赔特指承包商向业主提出的索赔,而将业主向承包商提出的索赔称为反索赔。

签订工程承包合同后,在施工过程中可能发生许多问题,如发包方修改设计、额外增加工程项目、要求加快施工进度、工程施工的复杂多变以及招标文件中出现与实际不符等。由于这些原因,使施工单位在施工中付出了额外的费用,施工单位可通过合法的途径要求发包方赔偿,该项工作叫做"施工索赔"。

索赔是一种正当的权利要求,也是承包商保护自己的一种有效手段,只要发生了超过原合同规定的意外事件而使承包商遭受损失,且该事件的发生也不能归责于承包商,则无论是时间上还是经济上,只要承包商认为不能从原合同的规定中获得该损失的补偿,他均可向业主主张自己的权利。

二、索赔的依据和证据

索赔要有依据和证据,每一施工索赔事项的提出都必须做到有理、有据、合法,也就是说索赔事项是工程承包合同中规定的,要求索赔是正当的。提出索赔事项必须依据法律、法规、条例及双方签订的合同,同时必须有完备的资料作为凭据。

1. 索赔的依据

索赔的依据包括装饰工程施工合同中的有关条款以及《建筑法》《合同法》、建筑装饰法规的具体规定。当承包商在施工过程中遇到干扰事件而遭受损失后,承包商就可以根据责任原因,寻找索赔依据,向业主方提出索赔。承包商在索赔报告中必须指出索赔要求是按照合同的哪一个条款提出的,或者是依据何种法律的哪一条规定提出的。寻找索赔理由,主要是通过合同分析和法律分析进行的。

2. 索赔的证据

证据作为索赔文件的一部分,直接关系到索赔能否成功。工程师在对索赔进行审核时,往往重点审查承包商提出的索赔依据是否可靠合理,所提供的证据是否属实、充分。因此,作为承包商,如果希望索赔能够达到预期效果,必须辅以大量证据,以证明自己的索赔要求。因此,在装饰工程施工过程中,为了保证索赔成功,承包方应指定专人负责收集和保管以下工程资料:

(1)经签证认可的设计图纸、技术规范、施工进度计划表及其执行情况。

(2)施工人员计划表和日报表。

(3)施工备忘录和有关会议记录以及定期与甲方代表的谈话资料。

(4)施工材料和设备进场、使用情况。

(5)工程进度记录。

(6)工程会计资料。

(7)工程检查、试验报告。

(8)工程照片、来往有关信件。

(9)各项付款单据和工资薪金单据。

(10)所有的合同文件,包括标书、施工图纸和设计变更通知等。

三、建筑装饰装修工程施工索赔的程序

建筑装饰工程在施工过程中如果发生了索赔事项,一般可按下列步骤进行索赔:

1. 意向通知

索赔事件发生时或发生后,监理工程师应先有思想准备。

2. 提出索赔申请

索赔事件发生后的有效期内(一般为 28d)承包商应首先与监理工程师通话或洽谈,表明索赔意见,承包商要向监理工程师提出书面索赔申请,并抄送业主。其内容主要包括索赔事件发生的时间、实际情况及影响程度,同时提出索赔依据的合同条款等。

3. 编写索赔报告

索赔事件发生后,承包商应立即搜集证据,寻找合同依据,进行责任分析,计算索赔金额,最后编写索赔报告,在规定期限内报送监理工程师,抄送业主。

4. 索赔处理

监理工程师接到索赔报告后,应认真审查,了解和分析合同实施情况,考察其索赔依据和证据是否完整、可靠,索赔值计算是否准确。经审查并签名后,即可签发付款证明,由业主支付赔款事项,至此索赔即告结束。

在审核索赔文件中,如果监理工程师有异议,施工承包单位应作出解释,必要时应补充凭证资料,直到监理工程师承认索赔有理。对争议较大的索赔问题,可由中间人调解解决,或进而由仲裁诉讼解决。

四、索赔报告

索赔报告是承包商向业主提出索赔要求的书面文件,由承包商编写。

1. 索赔报告的基本要求

(1)索赔事件应真实。索赔的处理原则即是赔偿实际损失。所以,索赔事件是否真实,直接关系到承包商的信誉和索赔能否成功。如果承包商提出不真实、不合情理、缺乏根据的索赔要求,工程师应予以拒绝或者要求承包商进行修改。同时,这可能会影响工程师对承包商的信任程度,造成在今后工作中即使承包商提出的索赔合情合理,也会因缺乏信任而导致索赔失败。所以,索赔报告中所指出的干扰事件,必须具备充分有效的证据予以证明。

(2)原因责任划分应清楚、准确。一般来说,索赔是针对对方责任所引起的干扰事件而作出的,所以索赔时,对干扰事件产生的原因应作出客观分析,以及明确承包商和业主应承担的责任,只有这样索赔才公正、合理。

(3)索赔应有合同文件的支持。承包商应在索赔报告中直接引用相应的合同条款,同时,应强调干扰事件、对方责任、对工程的影响以及与索赔值之间的直接因果关系。

(4)索赔报告应简明扼要,责任明晰,条理清楚,各种结论、定义准确,有逻辑性,索赔证据

和索赔值的计算应详细、准确。

2. 索赔报告的格式和内容

索赔文件一般包括三个部分：

（1）承包商致工程师的信件。在信中简要介绍索赔要求、干扰事件的经过以及索赔的理由等。

（2）索赔报告正文。承包商可以设计统一格式的索赔报告，使得索赔处理比较方便。对于单项索赔，通常要写入的内容包括：题目、事件陈述、合同依据、事件影响、结论、成本增加、工期拖延、各种证据材料等。对于综合索赔，一般较为灵活，其内容包括：

①题目。简要说明针对什么提出索赔。

②索赔事件陈述。叙述干扰事件的起因、事件经过、事件过程中双方的活动及行为，特别强调对方不符合约定的行为，或没有履行合同义务的情况。在这里还要提出事件的时间、地点和事件的结果。

③索赔理由。总结发生事件，同时引用合同条款或合同变更及补充协议条款，以证明对方的行为违反合同。或者指出对方的要求超出合同规定，造成干扰事件的发生，有责任对由此造成的损失进行补偿。

④影响。简要说明事件对承包商的施工过程的影响，重点围绕由于上述干扰而造成的成本增加及工期延误。需要注意的是，成本增加及工期延误必须与上述干扰事件之间有着直接的因果关系。

⑤结论。由于上述索赔事件的影响，造成承包商的工期延长和费用增加，通过详细的索赔值的计算，提出索赔要求。

（3）附件。即该报告所列举事实、理由、影响的证明文件和各种计算基础，以及计算依据的证明文件。

📖 项目小结

1. 建筑装饰施工项目管理概述

施工项目管理是指建筑装饰工程施工企业运用系统的观点、理论和科学技术以施工项目经理为核心的项目经理部，对施工项目全过程进行计划、组织、监督、控制、协调等全过程的管理。

2. 建筑装饰施工项目现场管理

现场施工管理是建筑装饰施工企业为完成建筑装饰产品的施工任务，从接受施工任务开始到工程验收交工为止的全过程中，围绕施工现场和施工对象而进行的生产事务的组织管理工作。其目的是为了在施工现场充分利用施工条件，发挥各施工要素的作用，保持各方面工作的协调，使施工能正常进行，并按时、按质提供建筑装饰产品。

3. 建筑装饰施工项目进度控制

建筑装饰工程施工项目进度控制是项目管理的重要组成部分，是项目施工进度计划实施、监督、检查、控制和协调的综合过程。

建筑装饰工程施工项目进度控制的方法包括系统控制、分工协作控制、信息反馈控制和循环反馈控制等方法。

4. 建筑装饰施工项目成本控制

建筑装饰施工项目成本是在建筑装饰施工中所发生的全部生产费用的总和，即在施工中各种物化劳动和活劳动创造的价值的货币表现形式。它包括支付给生产工人的工资、奖金,消耗的材料、构配件、周转材料的摊销费或租赁费,施工机具台班费或租赁费,项目经理部为组织和管理施工所发生的全部费用支出。

5. 建筑装饰施工项目质量控制

质量的概念有广义和狭义之分。广义的质量是指工程项目质量,它包括工程实体质量和工作质量两部分。工程实体质量包括分项工程质量、分部工程质量、单位工程质量。工作质量可以概括为社会工作质量和生产过程质量两个方面。

6. 建筑装饰施工项目安全管理

建筑装饰施工项目安全管理就是施工项目在施工过程中,组织安全生产的全部管理活动。通过对生产因素具体的状态控制,使生产因素不安全的行为和状态减少或消除,不引发人为事故,尤其是不引发使人受到伤害的事故,充分保证建筑装饰施工项目效益目标的实现。

建筑装饰施工项目安全管理,主要包括安全施工与劳动保护两个方面。安全施工是建筑装饰施工企业组织施工活动和安全工作的指导方针,要确立"施工必须安全,安全促进施工"的辩证思想。劳动保护是保护劳动者在施工中的安全和健康。

7. 建筑装饰工程施工索赔

索赔是一种正当的权利要求,也是承包商保护自己的一种有效手段,只要发生了超过原合同规定的意外事件而使承包商遭受损失,且该事件的发生也不能归责于承包商,则无论是时间上还是经济上,只要承包商认为不能从原合同的规定中获得该损失的补偿,他均可向业主主张自己的权利。

在工程建设中,索赔有广义和狭义之分。广义的索赔包括承包商向业主提出的索赔以及业主向承包商提出的索赔。狭义的索赔特指承包商向业主提出的索赔,而将业主向承包商提出的索赔称为反索赔。

 案例分析

【案例1】某综合楼建设项目,由于工期紧,刚确定施工单位的第二天,在施工单位还未来得及任命项目经理和组建项目经理部的情况下,业主就要求施工单位提供项目管理规划,施工单位在不情愿的情况下提供了一份针对该项目的施工组织设计,其内容深度满足管理规划要求,但业主不接受,一定要求施工单位提供项目管理规划。

问题:

(1)项目经理未任命和项目经理部还未建立,就正式发表了施工组织设计,其程序是否正确?

(2)业主一定要求施工单位提供项目管理规划,其要求是否正确?

(3)项目管理规划是指导项目管理工作的纲领性文件。请简述施工项目管理规划的规划目标及内涵。

参考答案:

(1)程序不正确。应先任命项目经理和成立项目经理部,然后由项目经理组织项目部的人员编写施工组织设计。

(2)业主的要求不正确。因为项目管理规划为企业内部文件,不具有对外性。施工单位提供给业主的应为施工组织设计。

（3）施工项目管理规划的规划目标及内涵有：

①规划目标包括项目的管理目标、质量目标、工期目标、成本目标、安全目标、文明施工及环境保护目标；

②内涵包括施工部署、技术组织措施、施工进度计划、施工准备工作计划和资源供应计划和其他文件等。

【案例2】某综合办公大楼工程由半地下室、主楼、裙房三部分组成，建筑面积22483 ㎡，主楼为20层办公楼，主体为内筒外框架钢结构，外饰全玻璃幕墙。工期要求紧。该项目部所在企业为房屋建筑工程施工总承包公司，项目经理为国家一级注册建造师，大中专学生占管理人员总数的76％，技工、高级技工占员工总数62％。

问题：

（1）最适合该工程的项目组织形式是什么？说明原因。

（2）项目经理部的外部关系协调包括哪几个方面？

参考答案：

（1）最适合该工程的项目组织形式是工作队式项目组织。因为：该项目较复杂、工期紧、建筑面积大，属于大型项目；建筑企业为国家一级企业，且项目经理为国家一级注册建造师，能力较强，管理人员及员工素质较高，管理水平较高。

（2）外部关系协调包括：①协调好与分包方之间的关系。②协调好与劳务作业层之间的关系。③协调土建与安装分包的关系。④重视公共关系。施工中要经常和建设单位、设计单位、质量监督部门以及政府主管部门、行业管理部门取得联系，主动争取他们的支持和帮助，充分利用它们各自的优势，为工程项目服务。

【案例3】某承包商通过资格预审后，对招标文件进行了仔细分析，发现业主所提出的工期要求过于苛刻，且合同条款中规定每拖延1d工期罚合同价的1‰。若要保证实现工期要求，必须采取特殊措施，从而大大增加成本。此外还发现原设计结构方案采用框架剪力墙体系过于保守。因此，该承包商在投标文件中说明业主的工期要求难以实现，因而按自己认为的合理工期（比业主要求的工期增加3个月）编制施工进度计划并据此报价；还建议将框架剪力墙体系改为框架体系，并对这两种结构体系进行了技术经济分析和比较，证明框架体系不仅能保证工程结构的可靠性和安全性、增加使用面积、提高空间利用的灵活性，而且可降低造价约3％。

该承包商将技术标和商务标分别封装，在封口处加盖本单位公章和项目经理签字后，在投标截止日期前1d上午将投标文件报送业主。次日（即投标截止日当天）下午，在规定的开标时间前1h，该承包商又递交了一份补充资料，其中声明将原报价降低4％。但是，招标单位的有关工作人员认为，根据国际上"一标一投"的惯例，一个承包商不得递交两份投标文件，因而拒收承包商的补充资料。

开标会由市招投标办的工作人员主持，市公证处有关人员到会，各投标单位代表均到场。开标前，市公证处人员对各投标单位的资质进行审查，并对所有投标文件进行审查，确认所有投标文件均有效后，正式开标。主持人宣读投标单位名称、投标价格、投标工期和有关投标文件的重要说明。

问题：

(1) 该承包商运用了哪几种投标技巧？其运用是否得当？请逐一加以说明。

(2) 从所介绍的背景资料来看，在该项目招标程序中存在哪些问题？请分别作简单说明。

参考答案：

(1)该承包商运用了三种报价技巧，即多方案报价法、增加建议方案法和突然降价法（突然袭击法）。其中，多方案报价法运用不当，因为运用该报价技巧时，必须对原方案（本案例指业主的工期要求）报价，而该承包商在投标时仅说明了该工期要求难以实现，却并未报出相应的投标价，只是按自己确定的工期报价，这不是响应性投标。

增加建议方案法运用得当，通过对两个结构体系方案的技术经济分析和比较（这意味着对两个方案均报了价），论证了建议方案（框架体系）的技术可行性和经济合理性，对业主有很强的说服力。

突然降价法也运用得当，原投标文件的递交时间比规定的投标截止时间仅提前 1d 多，这既是符合常理的，又为竞争对手调整、确定最终报价留有一定的时间，起到了迷惑竞争对手的作用。若提前时间太多，会引起竞争对手的怀疑，而在开标前 1h 突然递交一份补充文件，这时竞争对手已不可能再调整报价了。

(2)该项目招标程序中存在以下问题：

① 招标单位的有关工作人员不应拒收承包商的补充文件，因为承包商在投标截止时间之前所递交的任何正式书面文件都是有效文件，都是投标文件的有效组成部分，也就是说，补充文件与原投标文件共同构成一份投标文件，而不是两份相互独立的投标文件。

② 根据《中华人民共和国招标投标法》，应由招标人主持开标会，并宣读投标单位名称、投标价格等内容，而不应由市招投标办公室工作人员主持和宣读。

③ 资格审查应在投标之前进行（背景资料说明了承包商已通过资格预审），公证处人员无权对承包商资格进行审查，其到场的作用在于确认开标的公正性和合法性（包括投标文件的合法性）。

④ 公证处人员确认所有投标文件均为有效标书是错误的，因为该承包商的投标文件仅有单位公章和项目经理的签字，而无法定代表人或其代理人的印鉴，应作为废标处理。

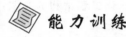 **能 力 训 练**

一、单项选择题

1. 下列关于建设工程项目全寿命周期的说法中，正确的是（　　）。

A. 建设工程项目的全寿命周期包括项目的决策阶段、实施阶段

B. 项目立项（立项批准）是项目实施的标志

C. 项目实施阶段管理的主要任务是通过管理使项目的目标得以实现

D. 建设工程项目管理的时间范畴是建设工程项目的全寿命周期

答案：C

2.建设工程项目管理的时间范畴是建设工程项目的（　　）。

A. 全寿命周期　　　　B. 决策阶段　　　　C. 实施阶段　　　　D. 施工阶段

答案：C

3. 甲施工企业委托乙工程项目管理咨询公司为该企业项目管理提供信息管理的咨询服务,则乙工程项目管理咨询公司所提供的咨询服务属于( )的范畴。

　　A. 业主方项目管理　　　B. 咨询方项目管理　　C. 施工方项目管理　　D. 分包方项目管理

答案:C

4. 项目全寿命管理的集成指的是( )。

　　A. DM+PM+FM　　　　B. LM+PM+FM　　C. DM+PM+CM　　D. BM+PM+CM

答案:A

5. 建设工程项目决策阶段策划的内容包括( )。

　　A. 项目实施的环境的调查与分析

　　B. 项目目标论证和项目定义

　　C. 项目融资方案的深化分析

　　D. 项目实施的条件的调查与分析

答案:B

6. 下列关于施工总承包模式的说法中,正确的是( )。

　　A. 即使在施工过程中发生设计变更,也不能引发索赔

　　B. 施工图设计全部完成后开始招标,建设周期可能较长

　　C. 业主方的管理水平和技术水平决定建设工程项目质量的好坏

　　D. 业主方组织与协调的工作量比平行发包会大

答案:B

7. 国外项目管理的应用首先在( )的工程管理中,而后逐步推广。

　　A. 业主方　　　　　　　B. 承包商方　　　　　　C. 设计方　　　　　　D. 供货方

答案:A

8. 下列选项中,属于项目目标主动控制的工作是( )。

　　A. 事前分析可能导致目标偏离的各种影响因素

　　B. 目标出现偏离时采取纠偏措施

　　C. 将目标的实际值与计划值比较

　　D. 分析项目目标的实际值与计划值产生偏差的原因

答案:A

9. 工程项目施工应建立以( )为首的生产经营管理系统。

　　A. 总承包商　　　　　　B. 项目总工程师　　　　C. 业主　　　　　　　D. 项目经理

答案:D

10. 建设项目工程设计文件中如果出现结施图与建施图中尺寸不一致等错误,则可能导致项目施工过程的延误,这种风险属于风险类型中的( )。

　　A. 工程环境风险　　　　B. 组织风险　　　　　　C. 技术风险　　　　　　D. 经济与管理风险

答案:C

11. 甲监理单位受乙建设单位委托对某工程项目实施监理,该工程项目的设计单位为丙设计院。在监理过程中,甲监理单位的某专业监理工程师发现丙设计院的工程设计不符合建筑工程设计标准,该监理工程师应当( )。

　　A. 要求丙设计院改正

B. 要求乙建设单位改正

C. 报告乙建设单位要求丙设计院改正

D. 报告总监理工程师下达停工令

答案：C

12. 某工程发包后，发包人未按约定预付，承包人在约定预付时间 7 天后向发包人发出要求预付的通知，发包人收到通知后仍未按要求预付，于是在发出通知后 7 天，承包人决定停止施工，由此造成的工期拖延损失由（ ）承担。

A. 承包人　　　　　　B. 发包人　　　　　　C. 分包人　　　　　　D. 工程师

答案：B

13. 某工程包含两个子项工程，合同约定甲项 200 元/m²，乙项 180 元/m²，且从第一个月起，按 5% 的比例扣保留金；另外约定工程师签发月度付款凭证的最低金额为 25 万元。现承包商第一个月实际完成并经工程师确认的甲、乙两子项的工程量分别为 700m²、500m²，则本月应付的工程款为（ ）万元。

A. 0　　　　　　　　B. 21.85　　　　　　C. 23　　　　　　　D. 25

答案：B

解析：注意本题问的是应付的工程款是多少，也就是应该付还没付的工程款。所以，本月应付的工程款＝$(200×700+180×500)×(1-5\%)=21.85$ 万元。

二、多项选择题

1. 建设工程项目总承包方项目管理的目标包括（ ）。

A. 总承包方的成本目标

B. 项目的进度目标

C. 项目的质量目标

D. 项目的总投资目标

E. 项目总范围目标

答案：ABCD

2. 国际上业主方项目管理的方式主要有（ ）。

A. 业主方自行项目管理

B. 业主方委托项目管理咨询公司承担全部业主方项目管理的任务

C. 业主方委托项目管理咨询公司与业主方人员共同进行项目管理

D. 设计施工承包方式

E. EPC 总承包方式

答案：ABC

3. 施工组织设计一般应包括的内容有（ ）。

A. 工程概况　　B. 分部工程作业设计　　C. 施工部署及施工方案　　D. 施工进度计划

E. 施工平面图

答案：ACDE

4. 工程监理人员认为工程施工不符合（ ）的，有权要求建筑施工企业改正。

A. 工程设计要求　　　　B. 监理规划　　　　C. 施工技术标准　　　D. 合同约定

E. 监理实施细则

答案:ACD

5.比率法的特点是把对比分析的数值变成相对数,再观察其相互之间的关系。常用的方法有(　　)。

A.相关比率法　　　　　B.差额比率法　　　　C.构成比率法　　　　D.动态比率法

E.静态比率法

答案:ACD

6.按工程进度编制施工成本计划,可以在进度计划的(　　)上按时间编制成本支出计划。

A.横道图　　　　　　　B.单代号网络图　　　C.双代号网络图　　　D.时标网络图

E.搭接网络图

答案:AD

7.下列关于工程结算方式的表述,正确的是(　　)。

A.可以先预付部分工程款,在施工过程中按月结算工程进度款,竣工后进行竣工结算

B.实行竣工后一次结算方式的,承包商不能预支工程款

C.实行按月结算的,当月结算的工程款应与工程形象进度一致,竣工后不再结算

D.实行分阶段结算的,可以按月预支工程款

E.实行竣工后一次结算的工程,当年结算的工程款应与分年度的工程量一致,年终不另清算

答案:ADE

参考文献

[1] 郝永池.建筑装饰施工组织与管理[M].北京:机械工业出版社,2010.

[2] 冯美宇.建筑装饰施工组织与管理[M].武汉:武汉理工大学出版社,2014.

[3] 安德锋,等.建筑装饰施工组织与管理[M].北京:北京理工大学出版社,2010.

[4] 穆静波.建筑装饰装修工程施工组织设计与进度管理[M].北京:中国建筑工业出版社,2002.

[5] 毛颖,等.建筑装饰工程招投标与合同管理[M].北京:北京理工大学出版社,2015.

[6] 蔡红.建筑装饰工程招投标与合同管理[M].北京:高等教育出版社,2007.

[7] 刘黎虹.工程招投标与合同管理[M].北京:机械工业出版社,2012.

[8] 全国二级建造师执业资格考试用书编写委员会.2013全国二级建造师考试教材建设工程施工管理[M].北京:中国建筑工业出版社,2011.

[9] 郭宏伟.招投标与合同管理[M].北京:科学出版社,2012.

[10] 林密.工程项目招投标与合同管理[M].北京:中国建筑工业出版社,2007.

[11] 孙磊,等.建筑装饰工程招投标与合同管理[M].北京:北京理工大学出版社,2010.

高职高专"十三五"建筑及工程管理类专业系列规划教材

> **建筑设计类**
(1)建筑物理
(2)建筑初步
(3)建筑模型制作
(4)建筑设计概论
(5)建筑设计原理
(6)中外建筑史
(7)建筑结构设计
(8)室内设计基础
(9)手绘效果图表现技法
(10)建筑装饰制图
(11)建筑装饰材料
(12)建筑装饰构造
(13)建筑装饰工程项目管理
(14)建筑装饰施工组织与管理
(15)建筑装饰工程招投标与组织管理
(16)建筑装饰施工技术
(17)建筑装饰工程概预算
(18)居住建筑设计
(19)公共建筑设计
(20)工业建筑设计
(21)商业建筑设计
(22)城市规划原理
(23)建筑装饰装修工程施工
(24)建筑装饰综合实训

> **土建施工类**
(1)建筑工程制图与识图
(2)建筑识图与构造
(3)建筑材料
(4)建筑工程测量
(5)建筑力学
(6)建筑 CAD
(7)工程经济

(8)钢筋混凝土
(9)房屋建筑学
(10)土力学与地基基础
(11)建筑结构
(12)建筑施工技术
(13)钢结构
(14)砌体结构
(15)建筑施工组织与管理
(16)高层建筑施工
(17)建筑抗震设计
(18)工程材料试验
(19)无机胶凝材料项目化教程
(20)文明施工与环境保护
(21)地基与基础工程施工
(22)混凝土结构工程施工
(23)砌体工程施工
(24)钢结构工程施工
(25)屋面与防水工程施工
(26)现代木结构工程施工与管理
(27)建筑工程质量控制
(28)建筑工程英语
(29)建筑工程识图实训
(30)建筑工程技术综合实训

> **建筑设备类**
(1)建筑设备安装基本技能
(2)电工基础
(3)电子技术基础
(4)流体力学
(5)热工学基础
(6)自动控制原理
(7)单片机原理及其应用
(8)PLC 应用技术
(9)建筑弱电技术

(10)建筑电气控制技术

(11)建筑电气施工技术

(12)建筑供电与照明系统

(13)建筑给排水工程

(14)楼宇智能基础

(15)楼宇智能化技术

(16)中央空调设计与施工

＞ 工程管理类

(1)建设工程概论

(2)建筑工程项目管理

(3)建设法规

(4)建设工程招投标与合同管理

(5)建设工程监理概论

(6)建设工程合同管理

(7)建筑工程经济与管理

(8)建筑企业管理

(9)建筑企业会计

(10)建筑工程资料管理

(11)建筑工程资料管理实训

(12)建筑工程质量与安全管理

(13)工程管理专业英语

＞ 房地产类

(1)房地产开发与经营

(2)房地产估价

(3)房地产经济学

(4)房地产市场调查

(5)房地产市场营销策划

(6)房地产经纪

(7)房地产测绘

(8)房地产基本制度与政策

(9)房地产金融

(10)房地产开发企业会计

(11)房地产投资分析

(12)房地产项目管理

(13)房地产项目策划

(14)物业管理

＞ 工程造价类

(1)工程造价管理

(2)建筑工程概预算

(3)建筑工程计量与计价

(4)平法识图与钢筋算量

(5)工程计量与计价实训

(6)工程造价控制

(7)建筑设备安装计量与计价

(8)建筑装饰计量与计价

(9)建筑水电安装计量与计价

(10)工程造价案例分析与实务

(11)工程造价实用软件

(12)工程造价综合实训

(13)工程造价专业英语

欢迎各位老师联系投稿！

联系人：祝翠华

手机：13572026447　办公电话：029－82668526

电子邮件：zhu_cuihua@163.com　37209887@qq.com

QQ：37209887(加为好友时请注明"教材编写"等字样)

土建类教学出版交流群 QQ：290477505(加入时请注明"学校＋姓名＋方向"等)

图书在版编目(CIP)数据

建筑装饰工程招投标与组织管理/孙来忠主编 . —
西安:西安交通大学出版社,2016.3(2024.8重印)
ISBN 978 - 7 - 5605 - 8247 - 4

Ⅰ.①建… Ⅱ.①孙… Ⅲ.①建筑装饰-建筑工程-
招标-组织管理②建筑装饰-建筑工程-投标-组织管理
Ⅳ.①TU723

中国版本图书馆 CIP 数据核字(2016)第 024037 号

书　　名	建筑装饰工程招投标与组织管理	
主　　编	孙来忠　韦　莉	
责任编辑	王建洪	

出版发行	西安交通大学出版社	
	(西安市兴庆南路 1 号　邮政编码 710048)	
网　　址	http://www.xjtupress.com	
电　　话	(029)82668357　82667874(市场营销中心)	
	(029)82668315(总编办)	
传　　真	(029)82668280	
印　　刷	西安五星印刷有限公司	

开　　本	787mm×1092mm　1/16　　印张 18.75　　字数 452 千字	
版次印次	2016 年 3 月第 1 版　　2024 年 8 月第 2 次印刷	
书　　号	ISBN 978 - 7 - 5605 - 8247 - 4	
定　　价	39.80 元	

如发现印装质量问题,请与本社市场营销中心联系。
订购热线:(029)82665248　(029)82667874
投稿热线:(029)82665379
读者信箱:xi_rwig@126.com